カラー図解 メカトロニクス入門

油圧バルブのメカニズム

Mechanisms of Hydraulic Valves

Structure and Principle of Hydraulic Components and Systems

油圧機器・システムの構造と作動原理

芝浦工業大学教授
西海孝夫 著
Shibaura Institute of Technology
Prof. Takao Nishiumi

秀和システム

はじめに

JISによれば、油圧とは『加圧した油を媒体として信号およびエネルギーを伝達、制御または分配可能とする技術』と定義されています。油圧の起源は、17世紀のパスカルによる増圧器の発明に遡りますが、昨今では電気・電子・情報工学など多彩な科学技術と融合を図り、メカトロニクス技術として新たな工学分野を築き上げています。メカトロニクス(Mechatronics)とは、もともとはメカニクス(Mechanics)とエレクトロニクス(Electronics)とを合成した和製英語でしたが、現在では重要な技術用語として全世界に周知されています。

この書はメカトロニクスの入門書として、「油圧のメカニズム」を取り上げています。油圧機器・システムは、機械の中に多くの可動部品とともに高低圧の油が満たされて流れ、まるで、精密な「絡繰り人形」のように振る舞います。油圧で利用されている機器は、幾多の製品分類があり、個々が様々な役割を持ちつつ、複雑な機構や構造を有しているため、それぞれの作動原理を理解することはなかなか容易ではありません。

従来からの書籍の図版では、白黒印刷のために、可動部品の動きをはじめ、油の流れ方向や圧力の高低は、断面図を見る機会の多い熟練の設計技術者の方々ですら困難とされていました。

そこで本書は、フルカラーの印刷を施すことによって、入門者にも容易に理解できるように心がけ、まるで可動部品の動きや油の流れを動画で見るように表現されています。油圧に触れて間もない初学者や学生の方から、日々現場で実際に油圧を取り扱う設計者・技術者の方まで、多様な「油圧のメカニズム」が分るよう可視化に配慮して制作しました。

油圧は、ポンプ、バルブ、アクチュエータの主要機器に加え、そのほかの補機に分類できますが、出版に際して頁数の関係から全ての内容を一冊の書籍に網羅することができませんでした。よって本編では、まず油圧バルブの仕組みについて、その構造と作動原理および特徴や性能について解説するとともに、油圧を縁の下で支える付属機器と要素について概説します。なお近々に続編として、油圧ポンプや油圧アクチュエータの構造と作動原理および作動油の流体力学に関して出版の予定です。

非才を顧みず本書の構想を数十年にわたり練ってきましたが、出版にあたり自身の不勉強や推敲不足のために多くの勘違いや誤記があることを懸念しています。読者からのご叱責ご指導を頂ければ幸いです。末筆ながら、図表・資料・データ・写真などのご提供を快諾頂いた各油圧機器企業ならびに、執筆にあたり様々な立場からご支援を頂いた関連各位に対して厚く御礼申し上げます。

2020年2月吉日

クアラルンプールにて　西海 孝夫

カラー図解 メカトロニクス入門

油圧バルブのメカニズム

油圧機器・システムの構造と作動原理

第6章　比例制御弁とサーボ弁　151

第7章　付属機器と要素　189

本書の色分けについて

本書では、油圧機器や油圧システムでの作動油の流れや圧力、部品の動きなど、内部でのメカニズムの役割を表現するために、大略として以下の色(カラー)を用いて図解しています。ただし、統一性に欠けるカラー部があることをご了承ください。

PINK	高圧油およびその流れ
LIGHT BLUE	低圧油およびその流れ・タンク油
RED	高圧油よりも高い圧力部
BLUE	油圧ポンプの吸込部
PURPLE	ドレン部の油・低圧油よりも低い圧力部
YELLOW	高圧油と低圧油との中間部・油圧アクチュエータ部
YELLOW GREEN	油圧アクチュエータ部
ORANGE	パイロット油・油圧アクチュエータ部
GREEN	油圧アクチュエータ部
SKIN	ガス部・低圧油
LIGHT GRAY	機器部品
DARK GRAY	機器部品

序章　油圧の基礎

油圧とは、加圧した油を動力伝達の媒体として用いる技術です。また**油圧システム**とは、油圧のエネルギーを生成、伝達、制御および変換するための**油圧機器**(油圧ポンプ、バルブ、アクチュエータなど)を主体として、これらに組み込まれるセンサ・コンピュータ・ソフトウエアなども含む総称です。

本章では、初めて油圧を学ぶ方を対象として、液圧の歴史、パスカルの原理、油圧システムの仕組みと特徴、そして最後に、その応用分野と技術動向など油圧の概要について解説します。

0-1 液圧の歴史

● 液圧とは？

液圧とは、加圧された油や水を媒体として、その流体動力を伝達・制御して負荷を駆動させる技術手法です。液体のほかに空気、機能性流体などの作動流体を含め、昨今ではフルードパワーと呼ばれています。

液圧の歴史を振り返るとき、流体のエネルギーを機械的なエネルギーに変換する水車や消防用としての容積式ポンプは紀元前に遡りますが、17世紀中頃に出現したパスカルの原理が、液圧技術のルーツと言われています。図0-1に液圧、すなわち油圧と水圧に関わる主な歴史的な出来事と適用事例を表します。1795年のブラマー(J. Bramah)らの水圧プレスの特許が端を開き、アームストロング(W. Amstrong)は、水圧クレーンへの適用や、アキュムレータ(蓄圧器)などの機器を試作し、液圧装置の実用化を成し遂げました。

● ロンドン水力会社の設立

これらの液圧技術は、19世紀後半に動力源として5～7MPa程度に加圧された水を工場などへ供給するシステムを生み、その結果、イギリスの幾つかの都市に水力会社が設立されました。ロンドン水力会社(The London Hydraulic Power Company)の例では、蒸気機関で駆動される往復運動ポンプにより昇圧された水は、道路に埋設されている管路(主管路の直径：178mm、延べ長さ：約300km、動力：約2500kW)を流れ、テムズ川周辺の工場施設に送られていました。この水圧システムは、ロンドンタワーブリッジや地下鉄のエレベータなどにも利用され、市民生活に欠かすことのできない存在であったと想像されます(図0-2)。しかしながら、作動流体としての水は、低粘度で潤滑性に乏しく、金属材料に錆や腐食を引き起こすため、当時の水圧技術には限界が感じられていました。

● 油圧の起源

そのような背景の中で、20世紀の初頭、現存する2種類の油圧ポンプの礎がアメリカで築かれ、はじめての油圧システムが創られました。一つは、ジャーネ(R. Janney)らのアキシアルピストンポンプを用いた油圧伝動装置です。もう一つは、ヘレショー(H. S. Hele-Shaw)らやトーマ(H. Thoma)が設計したラジアルピストンポンプです。これらポンプの出現とともに、機械加工、シール･パッキン、作動油、材料の技術革新は、高性能な油圧システムの実現を可能としていきました。

さらに、ソレノイドで操作する制御弁は、油圧装置による機械自動化を導き、20世紀中期での油圧サーボ弁の発明は、大きな負荷を高速で駆動できるパワフルな油圧システムへと変貌させました。

図0-1　液圧の歴史

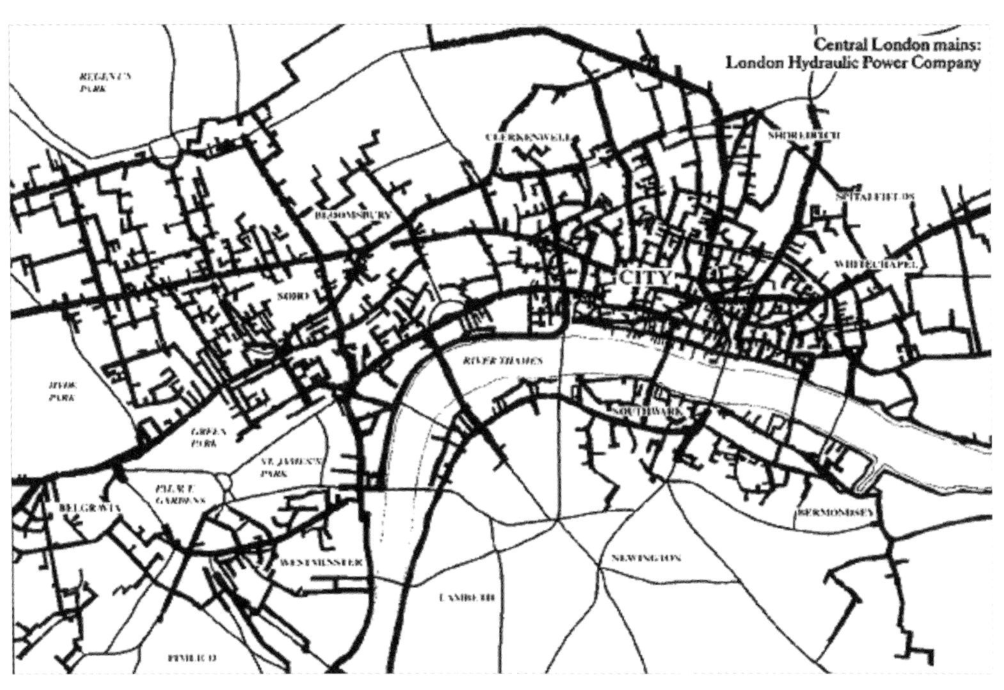

図0-2　ロンドン水力会社の配管図[2)]

0-2 パスカルの原理と動力伝達

● パスカルの原理

作動油を介して力を伝える油圧システムでは、**パスカルの原理**、すなわち『密閉容器内の静止液体の一部に加えられた圧力は、すべての液体に等しい大きさで伝わる』を理解する必要があります。たとえば、図0-3に示すように、断面積Aのピストン上面に力Fを垂直に作用させると、作動油が充填された密閉容器のピストン下面の**圧力**pは、

$$p = \frac{F}{A} \tag{0.1}$$

となります。液体の重さを無視すれば、この圧力pは、液体分子を介して静止流体の各部へ、そのままの強さで伝わります。また、容器内面の形状が平面であれ曲面であれ、圧力は面に垂直に作用します。

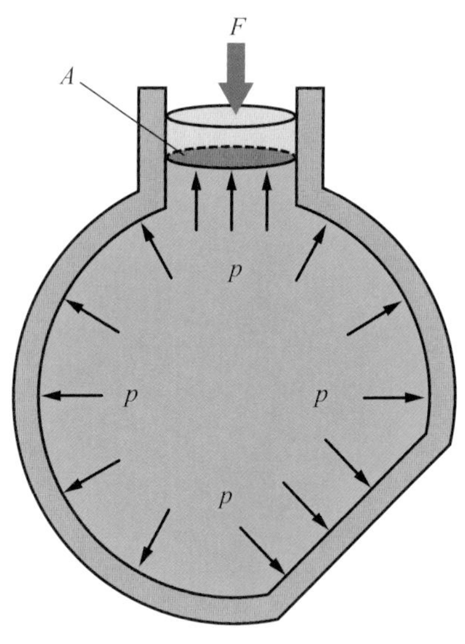

図0-3　パスカルの原理

● 油圧ジャッキの原理

図0-4に、パスカルの原理を利用した**油圧ジャッキ**の構造を簡略化して示します。手動でレバーに操作力fを与えると、力F_1が断面積$A_1=\pi d_1^2/4$のピストン①に加わり、ピストン下面に圧力pが発生します。この圧力pは、連結管内の作動油を介して、断面積$A_2=\pi d_2^2/4$のピストン②の下面に同じ強さで伝わり、ピストンに力F_2を上向きに与えます。すなわち、式(0.1)より、

$$p = \frac{F_1}{A_1} = \frac{F_2}{A_2} \tag{0.2}$$

の関係が成り立ち、次式が得られます。

$$F_2 = \left(\frac{d_2}{d_1}\right)^2 F_1 \tag{0.3}$$

ここで、ピストン②の上面に載せた質量mの物体を持ち上げるとき、ピストンにかかる荷重Wは、重力加速度をgとすると$W=mg$です。荷重Wとピストンへの力F_2は作用反作用の法則により$W=F_2$で釣り合うことになります。式(0.3)から、油圧ジャッキのような倍力装置を用いれば、ピストンの直径比d_2/d_1の二乗に比例して力を増幅できることがわかります。

● 押しのけ容積

同図において、定められた時間t_cの間に断面積A_1のピストン①が下降しx_1だけ変位すると、$V=A_1x_1$の体積が押しのけられます。このようにストロークごとに吐出される流体の容積を**押しのけ容積**といいます。よって、連結管を単位時間当たりに通過する作動油の体積、すなわち**流量**Qは、準静的に考えて作動油の圧縮性を無視すれば、

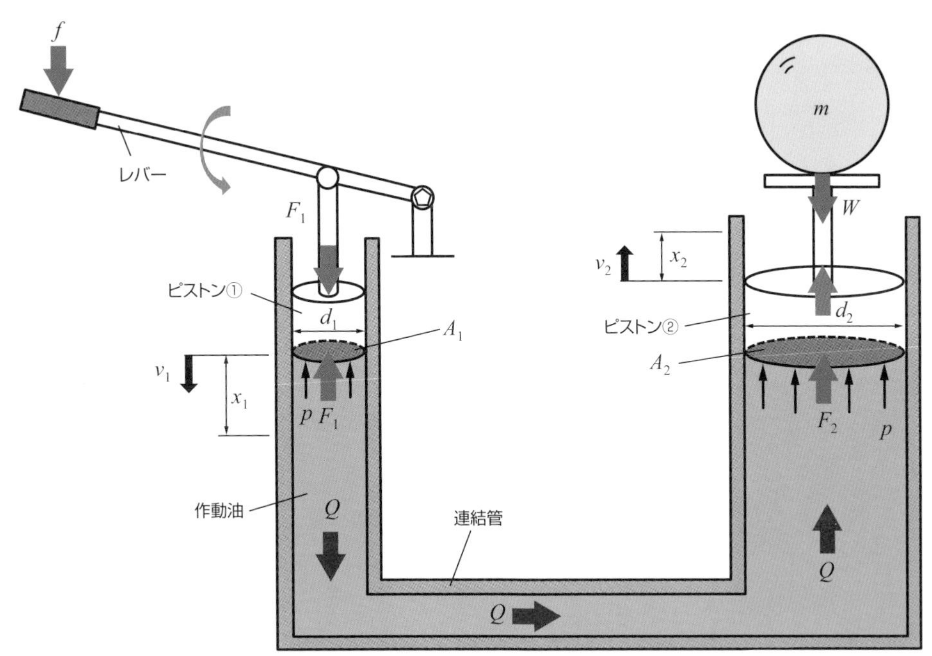

図0-4　油圧ジャッキの作動原理

$$Q = \frac{V}{t_c} = \frac{A_1 x_1}{t_c} \tag{0.4}$$

で表されます。この押しのけ容積Vは、連結管を経て、断面積A_2のピストン②を同時に上昇させ、x_2だけ変位させるので、ここでの流量Qは、

$$Q = \frac{A_2 x_2}{t_c} \tag{0.5}$$

となります。したがって、式(0.4)、(0.5)より、ピストン②の移動距離x_2は、

$$x_2 = \left(\frac{d_1}{d_2}\right)^2 x_1 \tag{0.6}$$

であり、力とは逆に、ピストン直径の比d_2/d_1の二乗に反比例することとなります。なお、2つのピストンが、それぞれ一定な速度v_1、v_2で移動する場合には、$v_1 = x_1/t_c$、$v_2 = x_2/t_c$であるので、式(0.4)、(0.5)より、

$$Q = A_1 v_1 = A_2 v_2 \tag{0.7}$$

の**連続の式**が得られます。

● 動力の変換

このとき、断面積A_1のピストン①は、力F_1を受けて速度v_1で動くので、**仕事率**(単位時間当たりの仕事)、すなわち機械的な**動力**Lは、

$$L = F_1 v_1 \tag{0.8}$$

で表されます。上式は、式(0.2)、(0.7)より、

$$L = A_1 p \left(\frac{Q}{A_1}\right) = pQ \tag{0.9}$$

となり、圧力pと流量Qの積で表される流体の動力、すなわち**油圧動力**に変換されます。この油圧動力は、断面積A_2に力F_2を与えながら、ピストン②を速度v_2で持ち上げます。したがって、式(0.9)は、式(0.2)、(0.7)より次式となり、機械的な動力に再び変換されます。

$$L = \left(\frac{F_2}{A_2}\right) A_2 v_2 = F_2 v_2 \tag{0.10}$$

後述するように、ピストン①は機械的な動力を油圧動力に変換する油圧ポンプに、ピストン②は負荷に抵抗して油圧動力を機械的な動力に変換するアクチュエータに対応します。

0-3 油圧ジャッキ

● 作動原理

図0-5に示すとおり、**油圧ジャッキ**はラム(ピストン)、シリンダ、油タンク、プランジャ、吸込み側のチェック弁、吐出し側のチェック弁、逃がし弁(リリース弁)などから構成されています。

作動油は、シリンダの外周部の油タンクに入っています。レバーを押し上げると、プランジャが上昇してポンプ室の体積が増加します。ポンプ圧力が大気圧より低い負圧となり、吸込み側のチェック弁が開き、油タンクの作動油はポンプ室に導かれます。これに続き、ポンプ部のレバーを押し下げると、プランジャが下降してポンプ室の体積が減少します。ポンプ室圧力が上昇するので、吐出し側のチェック弁では、圧力による力(本著では**油圧力**と呼ぶ)は、ばねの弾性力(本著では**ばね力**と呼ぶ)より大きくなりポペットが開き、高圧の作動油(本著では**圧油**と呼ぶ)はシリンダ室に導かれます。このとき、吸込み側のチェック弁はポンプ室によって押され閉じています。シリンダ室の圧力は、ラムの下面に作用して、その油圧力はラムを上昇させます。

このようにレバーの上下運動を繰り返すことによって、重量負荷に対抗してラムは上方向に移動します。ラムが上昇し規定の伸長値まで達すると、上昇制限機構が働き、レバーによるポンプ操作を行っても規定値以上に伸びることはありません。

● 上昇制限機構

この上昇制限機構は、以下のとおりです。ラムの上昇にともないリミットピンがアッパーベアリングに当たると、バルブピンが押下げられます。これにより上昇制限用のチェック弁は、ばね力に抗して開きます。シリンダ室の圧油はリミットピンが入る横穴との隙間を通り油タンクに戻るため、ラムの上昇が制限されます。なお、逃がし弁を開くと、圧油は油タンクに逃げて、シリンダ室の圧力は降下して重量負荷の重力によりラムは下降します。ラムが底部まで達したならば、逃がし弁のねじを回して閉じておきます。

このような油圧ジャッキは、別名ダルマジャッキとも呼ばれ、JIS D8101:2006 自動車用油圧式携行普通型ジャッキの規定に則り設計および検査されます。特徴は簡単な部品構成でありながら、手動で数トンの重量物を持ち上げられるので、自動車の修理など広範囲な用途に利用されています。

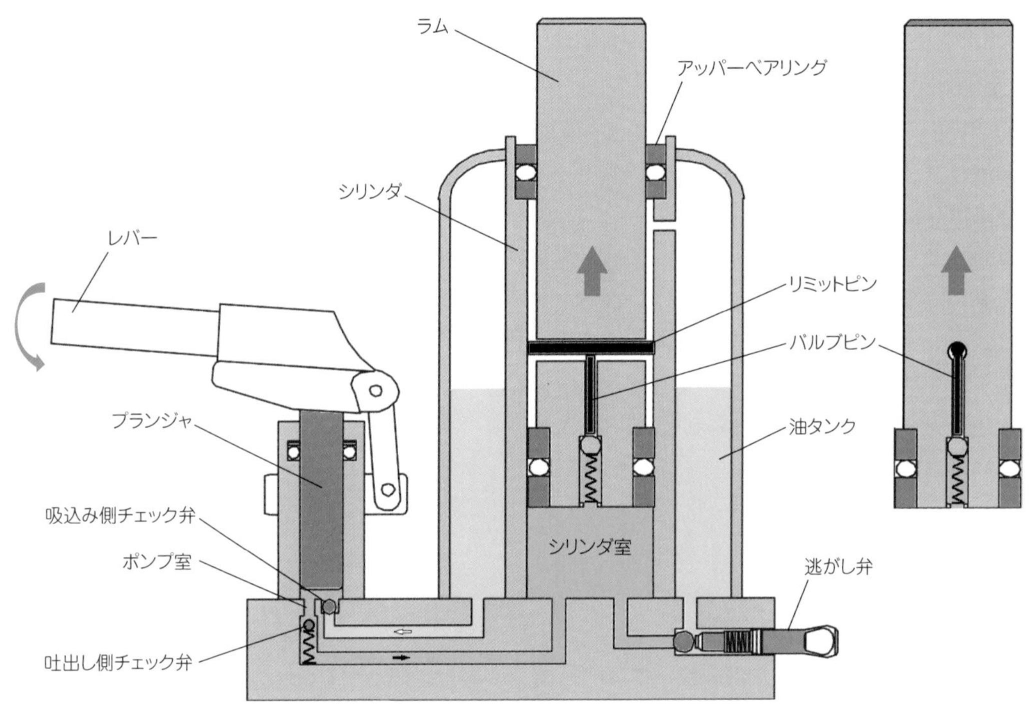

(a)内部構造

(b)外観写真

図0-5　油圧ジャッキの構造[3)]

0-4 油圧システム

● 油圧システムの概要

図0-6に、**油圧システム**の概要を示します。まず、電動機(電気モータ)やエンジン(内燃機関)から得られる機械的な動力は、**油圧ポンプ**により油圧動力に変換され、圧力と流量を生成します。この高圧油は、用途に応じて様々な**バルブ**(制御弁)を通り、その圧力、流量、流れ方向が電気信号または手動により制御および調整されます。つぎに、作動油は、**アクチュエータ**に送り込まれ、油圧動力は機械的な動力に再変換され、負荷が求めている仕事を生み出します。このように、油圧システムは、主に①油圧ポンプ、②バルブ、③アクチュエータの3つの油圧機器から構成されます。

油圧システムに用いられる**ポンプ**は、容積形で可動部とケーシングとの密閉空間の容積変化により作動油を吸い込んで吐き出す機構です。油圧ポンプの種類は、可動部の構造からピストンポンプ、ベーンポンプ、ギヤポンプなどに分類されます。バルブは、圧力、流量、流れの方向を制御する機能を有し、それぞれ圧力制御弁、流量制御弁、方向制御弁と呼ばれています。アクチュエータは、油の持つエネルギーを用いて機械的な仕事を成す機器で、往復運動に変換する**シリンダ**と回転運動に変換する**油圧モータ**に大別されます。

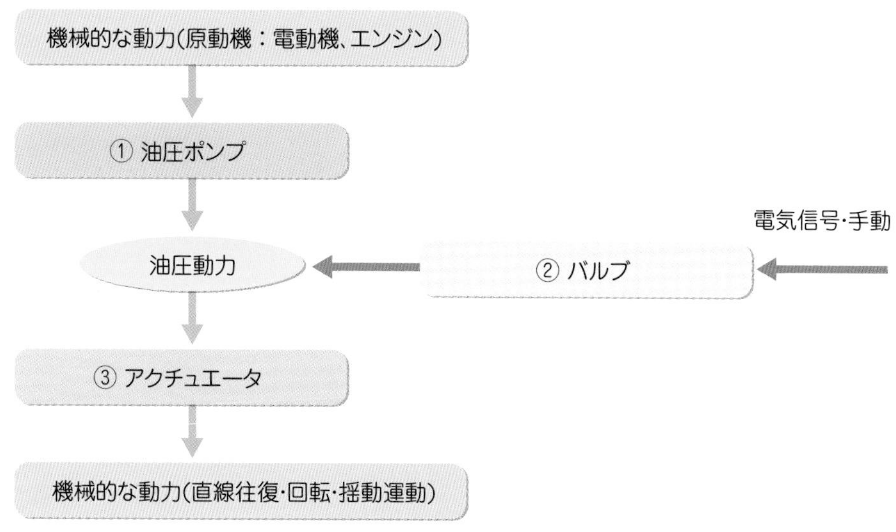

図0-6　油圧システムの概要

0-5 油圧装置

● 油圧装置の仕組み

図0-7(a)は、油圧の仕組みを断面回路図で示したものです。この例は、工作機械などのドリルにより加工物に穴あけ作業するための油圧装置です。この**油圧装置**は、油圧ポンプ、3種類のバルブ(圧力制御弁、流量制御弁、方向制御弁)、アクチュエータ(シリンダ)の主要油圧機器に加え、電動機(電気モータ)、油タンク、フィルタ、圧力計、管路から構成されます。

電動機で駆動される油圧ポンプは、油タンクより作動油を吸上げ圧油として主管路に送ります。その際に、油タンク内の作動油は、フィルタでろ過され清浄度が保たれます。ポンプから供される**供給圧力**は、圧力計で確認しながら、圧力調整弁(リリーフ弁)のハンドルにて調整されます。この**設定圧力**によって、ドリルを工作物に押し付けて切削するシリンダの力が決まります。もしシリンダの力が小さすぎると穴あけ作業はできず、大きすぎるとドリル刃が損傷します。また、外部負荷による圧力、すなわち**負荷圧力**が異常に高まると、リリーフ弁は安全弁としての役割を果たします。

一方で流量は、作動油が流量制御弁を通るときに調整されます。流量制御弁のハンドルを回すことで、シリンダへの供給流量が調整され、ドリルが前進または後退するときの速度が変化します。速度が遅いと作業工程に無駄な時間を費やし、速いと穴加工の精度が劣化します。

● 方向制御弁の役割

方向制御弁は、ソレノイドに電流を流すとスプールが移動して、シリンダと方向制御弁を結ぶ管路内の作動油の流れ方向が変わり、シリンダすなわちドリルの移動方向が決まります。たとえば、ソレノイドのSOL.bを励磁すると、スプールは左方向に移動し、PポートがBポートと接続します。これにより、シリンダの左側(キャップ側)に作動油は流入し、ピストンの左面に圧力を受けてピストンは右方向に移動します。シリンダの右側(ロッド側)から排出された作動油は、方向制御弁のAポートからTポートに抜け、戻り管路を経て油タンクに大気圧下で放出されます。

これに対して、ソノイドのSOL.aを励磁すると、スプールは右方向に移動し、PポートがAポートと接続します。これにより、シリンダの右側(ロッド側)に作動油は流入し、ピストンの右面に圧力を受けピストンは左方向に移動します。シリンダの左側(キャップ側)から排出された作動油は、方向制御弁のBポートからTポートに抜け、戻り管路を経て油タンクに大気圧下で放出されます。そのほかに、リリーフ弁や油圧ポンプなどからの余剰な作動油の漏れ、すなわち**ドレン**はドレン管路を通り油タンクに戻されます。この作動油の戻り側回路において、絞りや管路の流体抵抗などによって生じる圧力を**背圧**と呼びます。

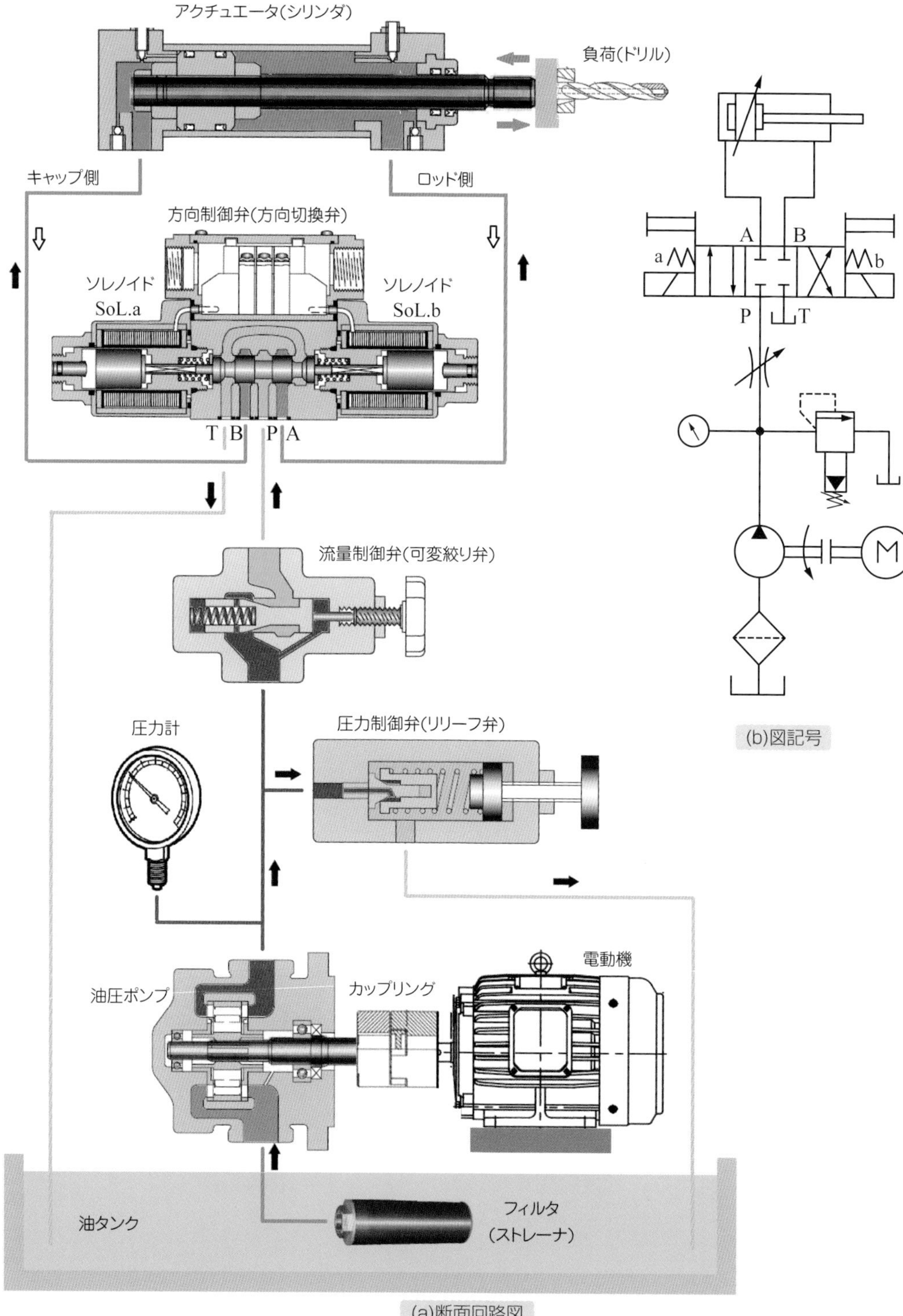

(a)断面回路図

(b)図記号

図0-7　油圧装置[1)]

● 油圧ユニット

このように油圧装置は、油圧ポンプ、バルブ、アクチュエータなどの主要機器に加え、電動機、油タンク、管路、フィルタ、圧力計など付属機器(アクセサリー)から成ります。これに加えて、**油圧システム**は、電気入力信号により種々のバルブを制御するならば、電気回路、センサ、アンプ、コンピュータ、ソフトウエアなどの電気・電子・情報技術と融合されて**メカトロニクス**の形態をとります。同図(b)は、この**油圧回路**をJIS B 0125:2007で規定されている**図記号**で表しています。図0-8は、図0-7において、アクチュエータ(油圧シリンダ)を除く油圧装置を一体にして組み上げた**油圧ユニット**の一例です。

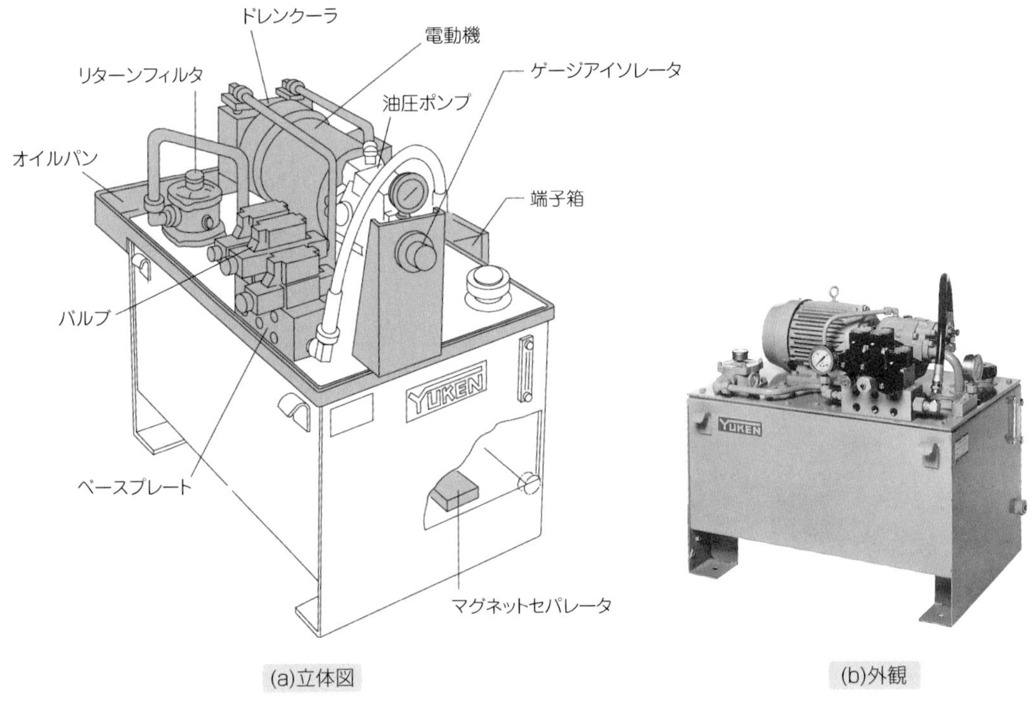

図0-8　油圧ユニット[1)]

0-6 油圧の特徴

油圧の特徴を一概に言及することは難しく、適用分野、使用用途、作動条件などで随分と異なっています。ただ、何と言っても油圧駆動の特長は、『大きな動力を迅速で正確に制御・伝達できる』ことです。長所を項目に分けて考えると、つぎのとおりです。

● 油圧の長所

(1) わずかな電気的な操作信号を油圧機器に与えることで、大きな負荷の位置(角度)、速度(角速度)、力(トルク)、加速度(角加速度)などを精密で高速に制御できる。

(2) 負荷を駆動する力(トルク)や速度(角速度)を独立して無段階かつ広範囲に調整することが容易で、運動の方向も直線または回転と自由に変えられる。

(3) 1台の油圧ポンプからの管路やホースの長さを変え、柔軟に流体動力を配分して、同時に複数のアクチュエータにより個々の負荷を駆動できる。

(4) 過負荷が発生したとき、圧力制御弁により高圧油を自動的に逃がし、システムの安全性を確保できる。また、突然な外部からの衝撃に対しても頑丈で耐久性があり、重作業などにも適している。

(5) アクチュエータ単体でのパワーレイト(Power Rate：単位時間当たりの動力[W/s])は、電気駆動や空圧駆動に比べ高い。したがって、アクチュエータが小型軽量となり、その可動部の慣性が小さいため、応答性を向上でき衝撃も少ない。

(6) 作動油は、空気に比べ圧縮性がほとんど無く、油圧ポンプにより極めて高い圧力まで昇圧できる。そのため、剛性の観点から、アクチュエータによる位置決め精度や速応性は十分に優れている。

(7) アキュムレータを用いて、流体エネルギーが蓄積でき、瞬時に高圧・大容量の作動油をアクチュエータに送り込み、重量物を高速に移動できる。

(8) 水圧に比べると、油圧では、作動油は潤滑性、防錆性が良好なため、機器やシステムの保守管理が容易である。

以上の長所に対して、油圧システムの短所は、次頁のとおりです。

● 油圧の短所

(1) 作動油の漏れは、工場設備の環境を害し、ひいては自然環境や土壌の汚染をもたらす。シール技術の進歩により漏れ量を少なくすることはできるが、皆無とすることは、少ないコストの中では困難とされている。

(2) 油圧機器では、多くの狭い隙間に作動油が流れているため、油中に混入するコンタミネーション(汚染物質)の管理は、厳しく行わなければならず、とくに、サーボ弁を用いた油圧システムの信頼性向上には必要不可欠とされる。

(3) 鉱物性油圧作動油は、引火点が200～250℃程度の可燃性物質であるので、消防法が適用されることもあり、火災に対する配慮を怠ってはならない。

(4) 油圧ポンプから引起される騒音は、人間の耳に嫌悪感を持つ周波数領域であり、また油圧バルブからも流体音が生じ、電気駆動と比較するとき、低騒音化は大きな課題とされている。このポンプからの圧力脈動は、油圧回路内を伝播し管路などを励振させ、油圧機器に損傷を与えることもある。

(5) 機械エネルギーを流体エネルギーに変換する油圧ポンプは、常に摩擦や漏れの損失を余儀なくされる。とくに、負荷が稼動していない状態でのエネルギー損失は、省エネルギー対策として十分に抑えなければならない。

(6) 油圧ポンプや油タンクなどから成る油圧源は、油圧システムに必須のものであり、設置場所を要する。

(7) 作動油の温度変化により、その粘度が変わるため、ときとして流量制御は難しくなり、制御精度の低下をきたすこともある。

(8) 油圧配管は、電気配線に比べて、パイプや継手などで接合するため手間が掛かり面倒である。

0-7 油圧技術の応用分野

● フルードパワーとは？

図0-9の樹形図に示すとおり、油圧に水圧、空気圧、機能性流体などを加えた技術を**フルードパワー**と呼んでいます。油圧システムの応用分野は、同図や図0-10に示すように建設機械、農林業機械、加工・成形機械、自動車、産業・特殊車両、鉄道、船舶海洋、航空宇宙、試験機・シミュレータ、特殊機械、防衛機器など多岐にわたります。

図0-9　フルードパワーの樹形図[4)]

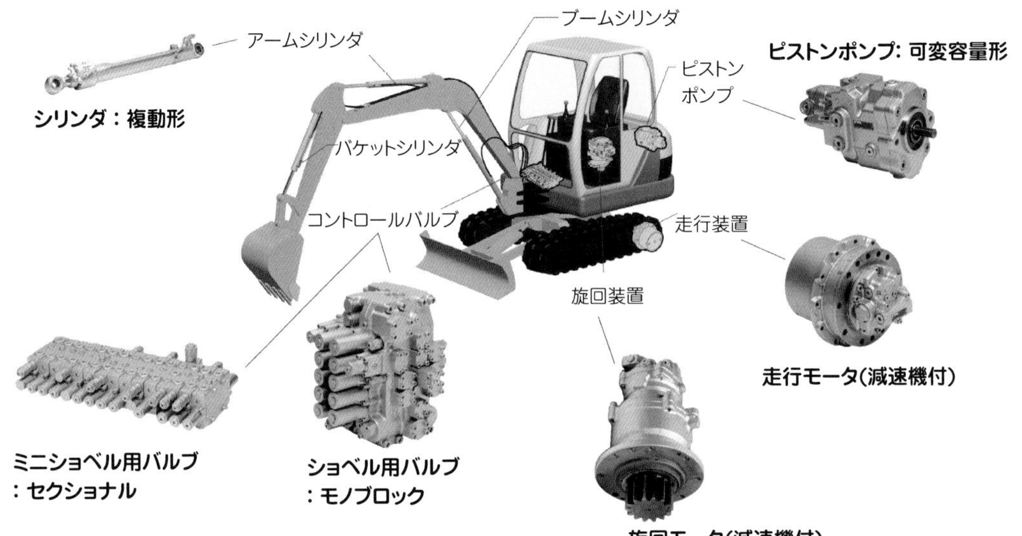

(a)ショベルなど建設機械

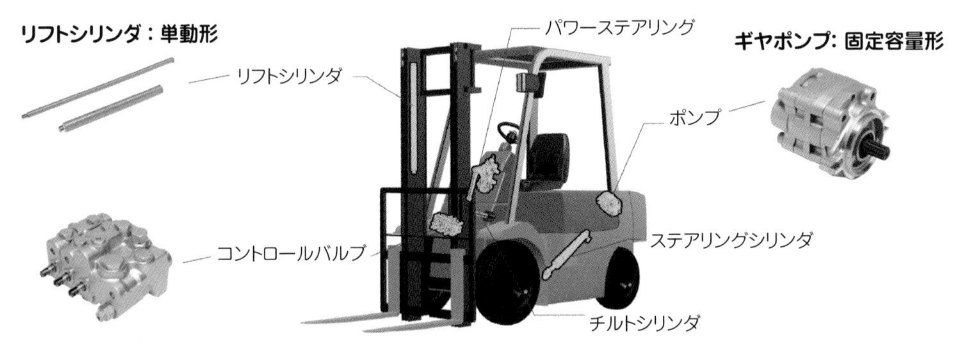

(b)フォークリフトなど産業車両

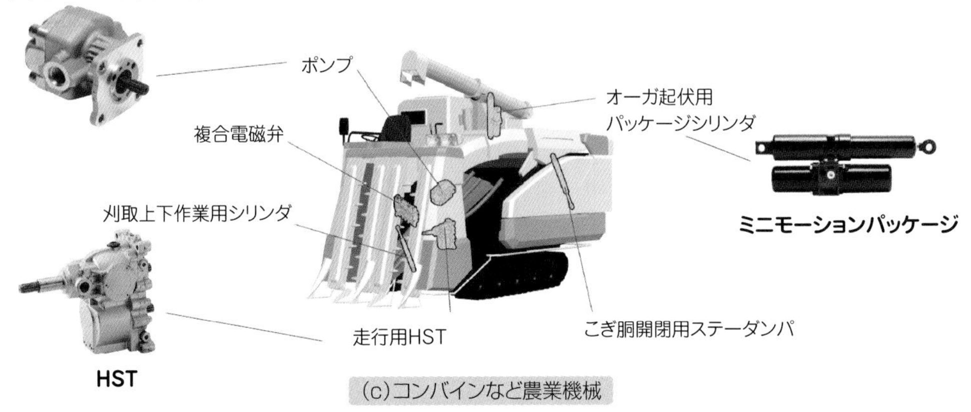

(c)コンバインなど農業機械

図0-10　油圧の応用分野[5)]

油圧システムは、莫大な流体エネルギーを蓄積し瞬時に供給でき、安全社会の実現にも貢献しています。その典型例が、図0-11に示す阪神淡路大震災を教訓として建造された実大三次元震動破壊実験設備(通称 E-Defense)です。この設備は、実際の大型建造物の破壊過程を観察して信頼性に富む耐震設計に反映するため、床面積300m^{2}の台に載せた約1200トンの4階建てのビルをも加振できます。このシリンダの直径は、約1.5mと世界最大規模を誇ります。水平方向にそれぞれ5本、鉛直方向に14本、合わせて24本の大型油圧アクチュエータが設置され、定格流量15m^3/sのサーボ弁により最大で130MWの動力を制御しています。各種制御理論によるシステム同定とオンライン制御則を実装することで、容量1m^{3}の油圧アキュムレータ20本に蓄圧された流体エネルギーは、加振周波数15Hz、加振加速度0.9Gで震度7以上の複雑な地震波形を再現できます。

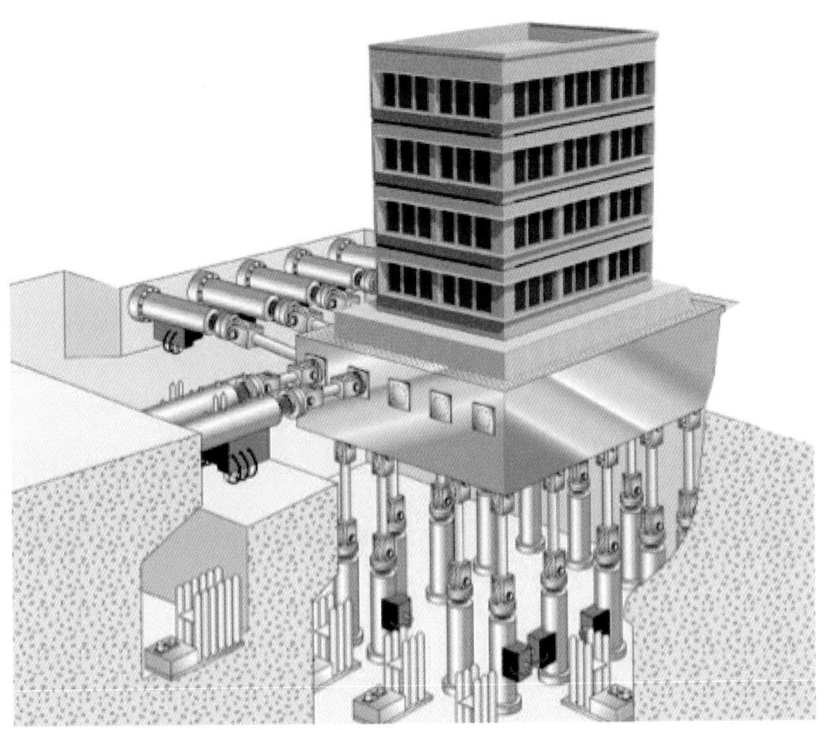

図0-11　実大三次元震動破壊実験設備[6)]

0-8 今後の油圧システム

図0-12(a)に示すように、多くの産業・工作機械で従来から用いられている油圧システムは、電動機で油圧ポンプを一定回転させ、各種制御弁やポンプ自身の可変容量機能を用いて所望の圧力と流量を供給しています。ところがアクチュエータが駆動してない場合でも油圧ポンプが常に回転しているために、油圧システムに生じる漏れ損失や、油圧ポンプの回転から起こる機械的な摩擦損失など無駄なエネルギーが消費されていました。これに対して、同図(b)に示す将来型のハイブリッド油圧システムは、コントローラによってインバータ駆動やACサーボモータの回転速度やトルクを制御し、機械や装置が要求する流体エネルギーを必要な分だけ双方向の油圧ポンプによって与えることができます。一般的に同図(a)を**開回路**、同図(b)を**閉回路**の油圧システムといいます。

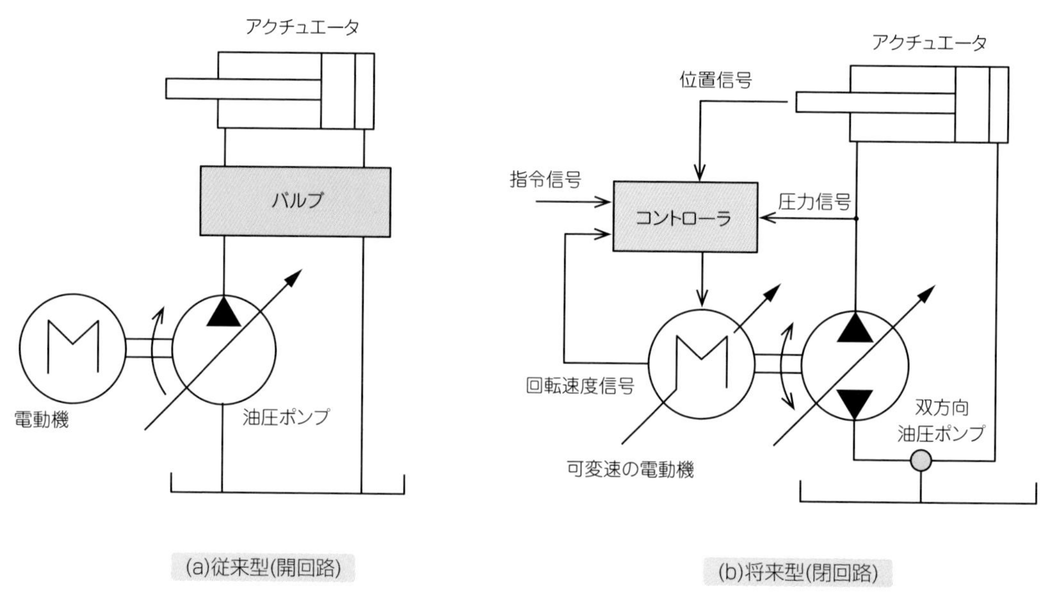

図0-12　油圧システムの形態

本著では、油圧にとって重要な3つの主要機器(ポンプ、バルブ、アクチュエータ)の中で、とくに油圧バルブについて以下で記述します。油圧ポンプと油圧アクチュエータについては、続編にて記述する予定です。

第1章　油圧バルブ

油圧バルブは、制御弁とも呼ばれ油圧回路にて作動油の方向、圧力、流量を制御する油圧機器で、単に**バルブ**とも呼びます。この制御弁を用いれば油圧アクチュエータの発進や停止、速度の増減、作動順序などを制御できます。

1-1 制御弁

● 制御弁とは？

制御弁は、図1-1に示すように役割によって①方向制御弁、②圧力制御弁、③流量制御弁に分類でき、取り付け方法や形状などによって④積層弁、⑤カートリッジ弁、⑥ロジック弁に分類できます。また、圧力・流量・流れ方向を同時に連続的に制御できる⑦比例制御弁、⑧サーボ弁があります。

制御弁は、内部に多くの絞りを持っています。絞り流路の断面積は、弁体の移動により変化します。**弁体**は、バルブの部品で**ポペット**と**スプール**に大別されます。ポペット弁やスプール弁によって流れを制御するとき、弁体と弁座あるいは流路には絞りが形成されます。図1-2に示すオリフィス絞りでは、流量Qと上下流の圧力差$\Delta p = p_1 - p_2$の関係は、つぎのオリフィスの式で表されます。

$$Q = \alpha A \sqrt{\frac{2\Delta p}{\rho}} \tag{1.1}$$

ここに、αは流量係数、Aは開口面積、ρは作動油の密度です。バルブにより流量や圧力を制御したいならば、上記のパラメータをなるべく一定に保ちながら、開口面積Aを変化させればよいことがわかります。ただし、ポペット弁やスプール弁の流量係数αは、レイノルズ数という無次元数などで変化することに注意が必要です。

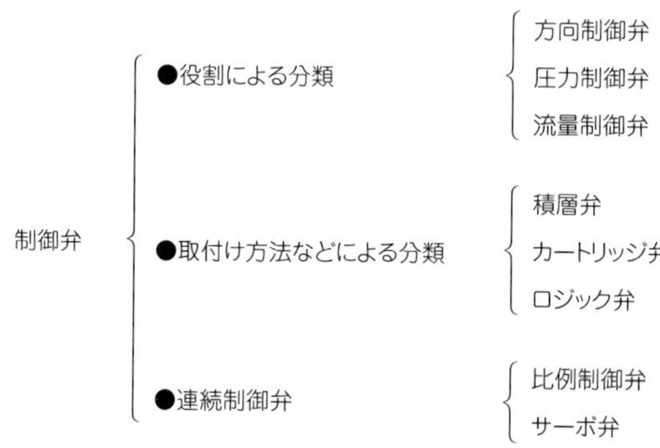

図1-1　制御弁の分類

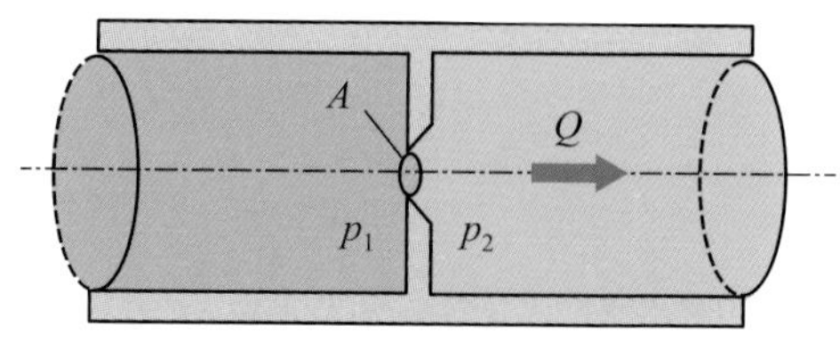

図1-2　オリフィス絞り

1-2 ポペット弁

ポペットの形状には円錐、円錐台、球があります。図1-3に示すように、**ポペット弁**は、弁体が弁座から直角方向に移動する機構です。ここに**弁座**とは、弁体に相対する側で**シート**とも呼びます。ポペット弁が閉位置の状態では、絞り部の隙間からの漏れは基本的にありません。

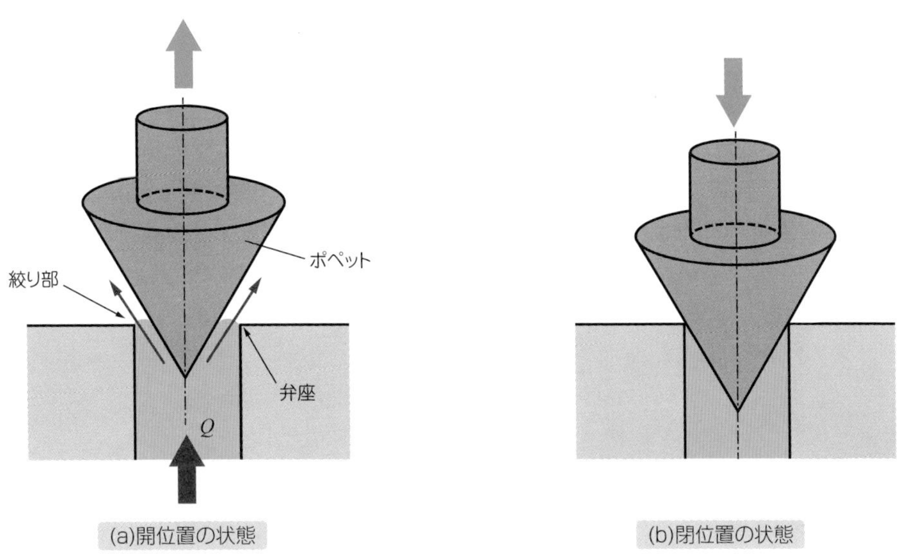

図1-3 ポペット弁

● ポペット弁の流量係数

図1-4に、ポペット弁に関しての流量係数αの実験例について示します。弁座シート面の長さは、$t=1.82$mm、0.98mm、0.08mmの3種類(Ⅰ形、Ⅱ形、Ⅲ形)であり、シート面の直径は、それぞれ$2r_1=10.0$ ～ 12.0mm、$2r_2=11.4$ ～ 12.6mm、ポペットの半頂角は$\phi=45°$です。図1-5は、このポペット弁の流量係数αに関して、式(1.1)より求めた実験結果です。式(1.1)での計算に際しては、流れに垂直な平均開口面積を$A=\pi(r_1+r_2)\delta$、ポペット上下流の差圧を$\Delta p=p_u-p_d$と置いています。同図は、ポペットの開度$h=1.41\delta$をパラメータとして変化させ整理しています。なお、横軸は無次元数Πであり次式で与えられます。

$$\Pi = Re\frac{2\delta}{(r_1+r_2)} \tag{1.2}$$

ここに、レイノルズ数Reは、隙間δを代表長さ、断面平均流速を$v_m=Q/A$、作動油の動粘度をνとすると、

$$Re = \frac{v_m \delta}{\nu} \tag{1.3}$$

で表されます。

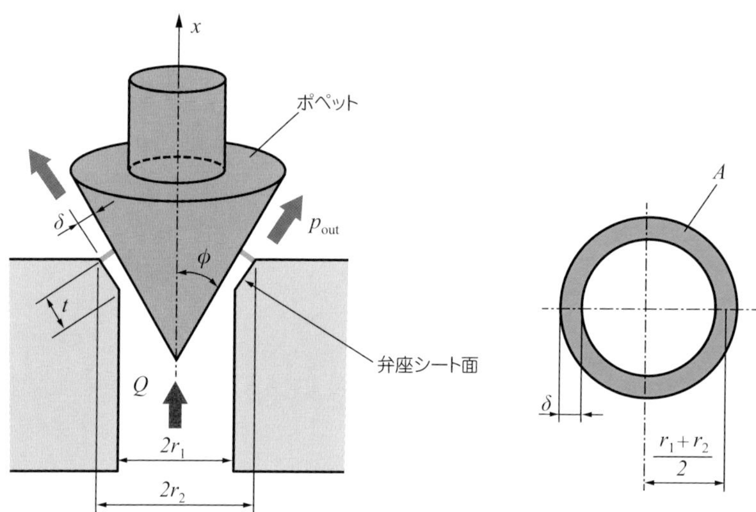

図1-4　ポペット弁の形状と開口面積

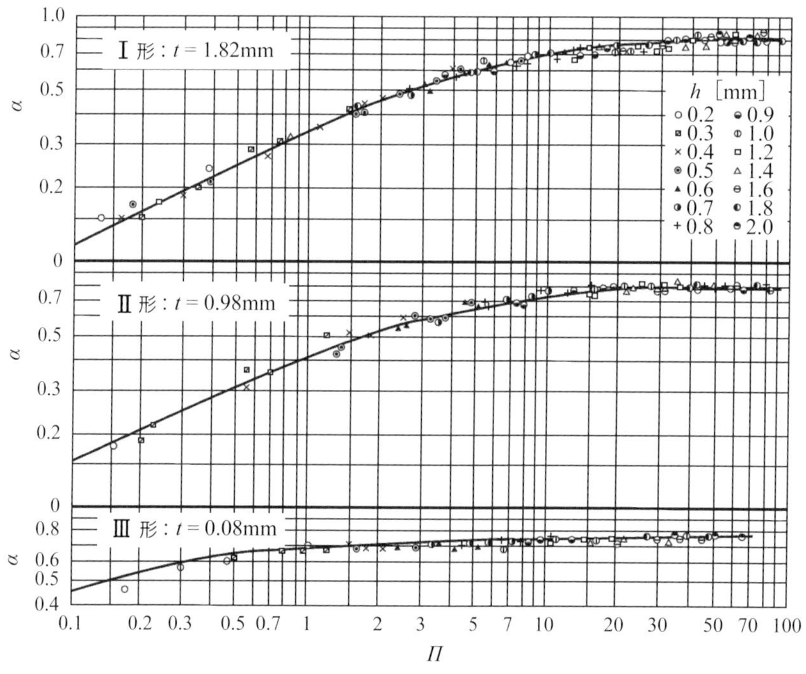

図1-5　ポペット弁の流量係数[7)]

1-3 スプール弁

スプールの形状は串形で、円筒形状の穴に内接しています。図1-6に示すように、**スプール弁**は、弁体が軸方向に移動して流路の開閉や絞り動作を行う機構です。スプールの半径方向には、隙間が存在するため、閉位置の状態でもわずかな漏れが存在します。ここで、スプールが弁作用を営む滑り面を**ランド**と呼び、作動油が出入りする面を**ポート**と呼びます。スプール弁の利点として、ポペット弁に比べ、軸方向に圧力が平衡するため、外部からの操作力が小さくてすみます。

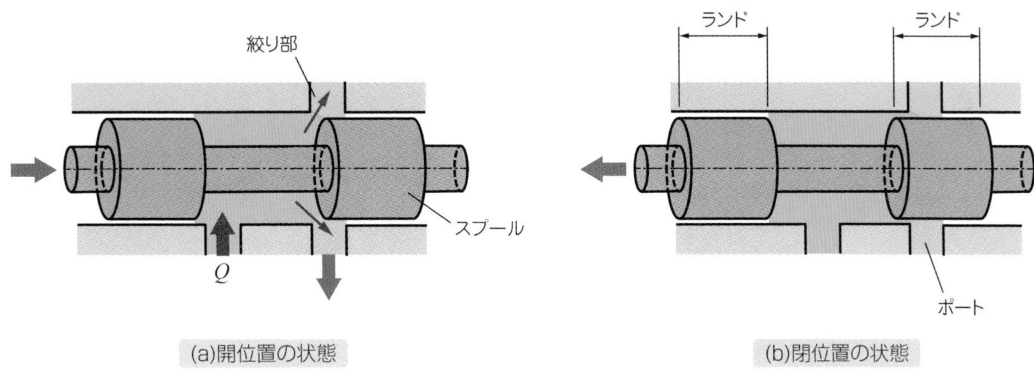

図1-6　スプール弁

● スプール弁の流量係数

図1-7に、スプール弁に関しての流量係数αの実験例を示します。スプールのランド直径は$d=30$mm、ロッド直径は$d_r=22$mm、スプール隙間は$c_r=15.05\mu$mです。図1-8は、このスプール弁の流量係数αに関して、式(1.1)を用いて求めた実験結果です。同図の横軸には、次式に示すレイノルズ数Reが用いられています。

$$Re=\frac{v_m d_h}{\nu}=\frac{(Q/A)(2A/\pi d)}{\nu}=\frac{2Q}{\pi d\nu} \tag{1.4}$$

ここに、v_mは断面平均流速、νは動粘度です。また、Aは開口面積、d_hは開口部の水力直径であり、スプールの開度をx、ぬれ縁(ぶち)長さ(断面積Aの周囲長さ)をSとすれば、それぞれ次式で表されます。

$$A=\pi d\sqrt{x^2+c_r{}^2} \tag{1.5}$$

$$d_h=4\frac{A}{S}\approx 4\frac{A}{2\pi d}=\frac{2A}{\pi d} \tag{1.6}$$

2つのグラフ(図1-5と図1-8)からわかるように、横軸の無次元数Πやレイノルズ数Re、すなわち流速や断面積が増大するにしたがい、ポペット弁もスプール弁も流量係数はおおよそ$\alpha=0.7$に漸近します。通常の制御弁では、このような条件で主に作動していると考えられるので、一般に$\alpha=0.6\sim0.8$程度に見積もることが妥当です。

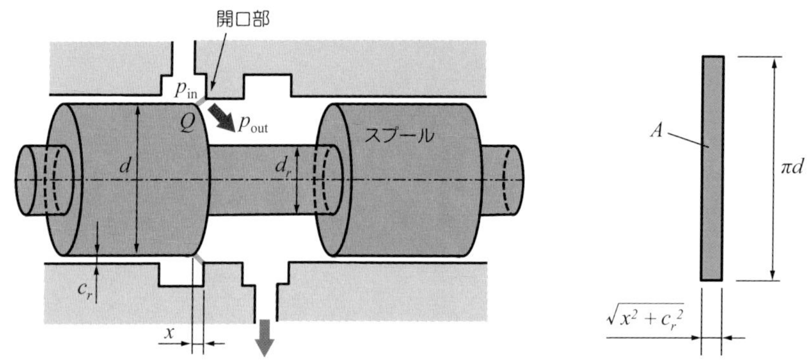

図1-7　スプール弁の形状と開口面積

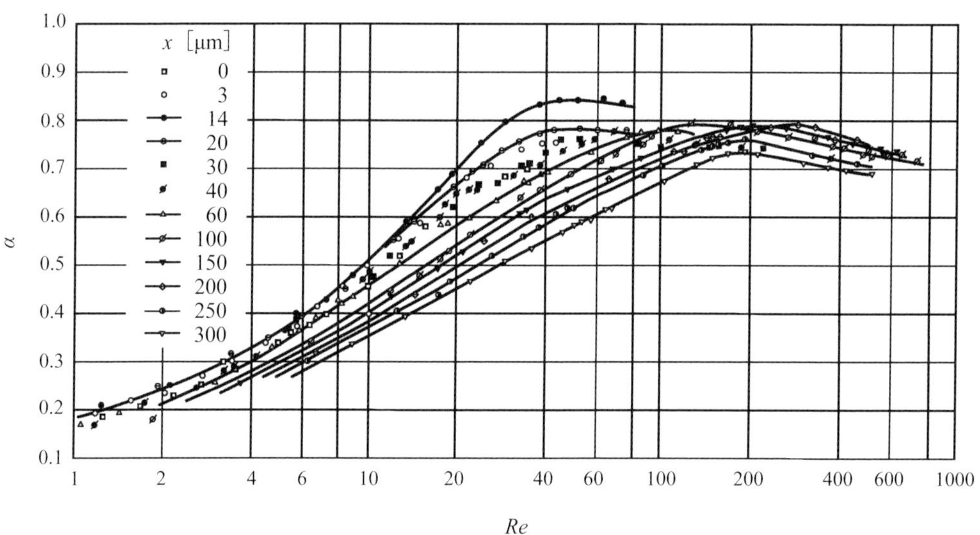

図1-8　スプール弁の流量係数[8)]

第2章　方向制御弁

方向制御弁とは、作動油の流れ方向を制御して、シリンダや油圧モータなどの油圧アクチュエータの始動、停止、移動方向を決めるためのバルブです。方向制御弁の弁体として、スプールとポペットが用いられます。スプールは、弁体への圧力分布を相殺しやすく、大きな流量や高い圧力に適合できるので、一般的に利用されています。方向制御弁は、制御の目的や機能の違いによって、①チェック弁、②シャトル弁、③方向切換弁、④パイロット操作チェック弁、⑤マルチコントロール弁などに分類されます。

2-1 チェック弁

チェック弁は、弁体であるポペットを押し開き、一方向だけ作動油の流れを許容し、逆方向の流れを阻止します。別名では、**逆止め弁**あるいはノンリターン弁とも呼ばれています。チェック弁のcheckとは「阻止」とか「抑制」の意味を持ち、弁体にはポペットが多く用いられています。チェック弁は、ばねなしとばね付きに分類できます。遠隔からの圧力により弁体を作動させるには、パイロット操作チェック弁があります。このバルブについては後で述べます。またチェック弁は単独で使用されるほかに、ほかの制御弁に内蔵して併設されることがあります。

● ばねなしチェック弁

ばねなしチェック弁の作動原理と図記号を図2-1に示します。チェック弁は、球状弁体あるいは円錐状弁体のポペットと、弁座を持つボディーにより構成されています。同図(a)の作動原理図に見るように、球状ポペットが重力によりシート面に線接触しています。この場合に、入口ポートの圧力p_{in}と出口ポートの圧力p_{out}は、ポペットの軸方向の投影面積A_eに働くので、$p_{\mathrm{out}} > p_{\mathrm{in}}$では、ポペットが弁座に作用する力$F$は、

$$F = A_e(p_{\mathrm{out}} - p_{\mathrm{in}}) \tag{2.1}$$

となり、シート面に密着しています。ここで、投影面積A_eは下側流路の直径をd_sとすると$A_e = \pi d_s^2/4$です。なお、圧力p_{out}は、球状ポペットの直径をd_bとすると、環状部の外周面積$A_o = \pi(d_b^2 - d_s^2)/4$にも働きますが、上下面で相殺されます。両圧力の関係が$p_{\mathrm{in}} > p_{\mathrm{out}}$となると、ポペットがシート面から離れ、作動油は入口ポート側から出口ポート側に流れます。このように流量を制御しない流れのことを**自由流れ**と呼びます。

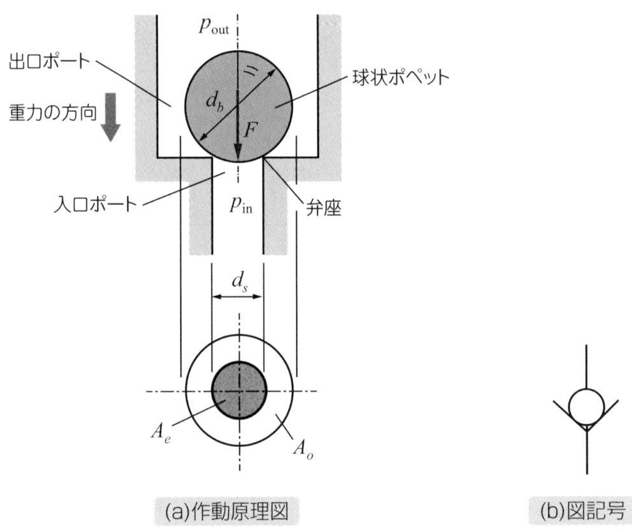

図2-1　ばねなしチェック弁の内部構造と図記号

● ばね付チェック弁

ばね付チェック弁は、流体圧力がばね力を超えるまで、ばねによって閉位置を保持するバルブです。その作動原理と図記号を図2-2に示します。ばねなしチェック弁(図2-1)と比較すると、出口ポートにばねが付け加えられ、ポペットの弁座シート面への押し付け力を高め、着座を確実にしています。押し付け力Fは、ばね定数をk、ばねの初期たわみをx_oとすれば、

$$F = A_e(p_{\text{out}} - p_{\text{in}}) + kx_o \tag{2.2}$$

で表されます。上式にて、$F=0$となるとき、ポペットは弁座シート面から離れるので、そのときの入口ポートの圧力p_{in}は、

$$p_{\text{in}} = p_{\text{out}} + \frac{kx_o}{A_e} \tag{2.3}$$

となります。押し付け力は、ばね力に打ち勝ち、入口ポートから出口ポートに自由流れを許します。このように弁が開き始めるときの圧力を**クラッキング圧力**と呼びます。一方、出口ポートに高圧力が作用し、入口ポートに低圧力が働くときは、ばね力と油圧力との和がポペットに作用しシートに押し付けられるので、出口ポート側から入口ポート側への逆の流れは確実に遮断されます。なお同図(b)の図記号は、球形状の弁体、弁座、ばねの部品を模擬しています。

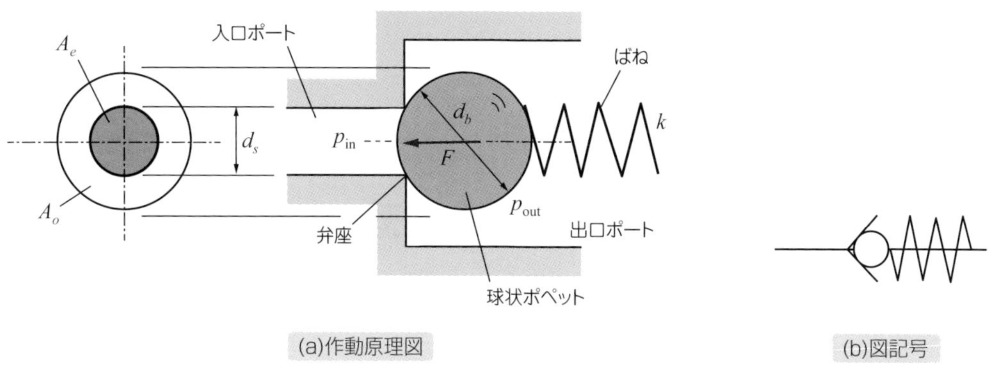

図2-2　ばね付チェック弁の内部構造と図記号

図2-3は、ばね付チェック弁の内部構造です。このチェック弁は、ポペット、ばね、シートから主に構成されています。インライン形は2つのポートが一直線上に配列され、アングル形は両ポートが垂直に配列されています。アングル形は、取付け位置の都合で選定され、配管をはずさずにポペットやばねを交換できる利点がありますが、インライン形に比べて一般的に圧力損失が大きい短所もあります。

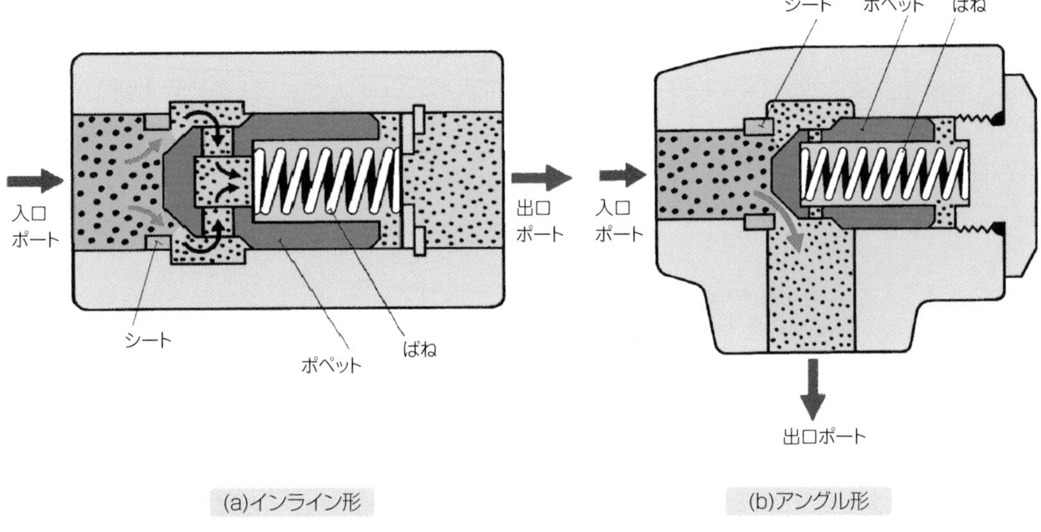

図2-3　チェック弁(ばね付)[1)]

一般にチェック弁のばね力は弱く、クラッキング圧力は0.01～0.4MPa程度に設定されています。ただし、比較的に高いクラッキング圧力を持つチェック弁は、油圧回路内でパイロット圧力を発生させるために用いられます。部品のばねを外せば、ノースプリング形いわゆる、ばねなしチェック弁となりますが、必ず弁体を上向きとなるように装着しなければなりません。このノースプリング形のクラッキング圧力は、極めて低い値です。

● チェック弁の特性

図2-4は、自由流れでの圧力降下特性の一例です。圧力損失すなわち圧力降下量Δpは、ポペットが全開しない間では、ほぼ一定圧力を保ちますが、全開にすると急激に増加し、流量Qも増えます。チェック弁を使用するときは、このようなデータより、圧力損失を予め見積もっておく必要があります。同図中に破線でばねなしチェック弁の特性を示します。なお、このデータの定格流量は120L/min、最高圧力は35MPa、クラッキング圧力は0.05MPa、作動油の動粘度は$v=36\text{mm}^2/\text{s}$です。

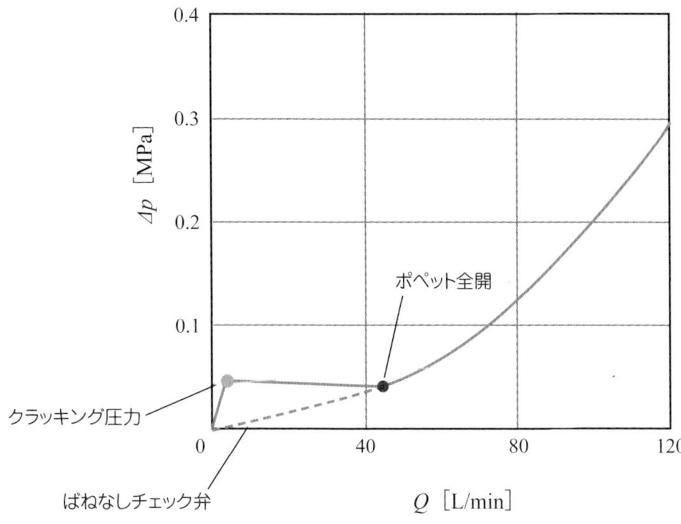

図2-4　チェック弁の自由流れでの圧力降下特性 [1)]

図2-5は、実際のチェック弁の圧力降下特性例を表しています。クラッキング圧力p_cでポペットが開き、流量Qが増加するにしたがい、アングル形の方がインライン形に比べ、圧力降下値Δpは増加の傾向にあります。図中の定格流量とは、クラッキング圧力$p_c = 0.04$MPaの弁において、比重0.85、動粘度30mm^2/sの作動油を用いたとき、自由流れの圧力降下値Δpが最大で0.3MPaとなる流量です。

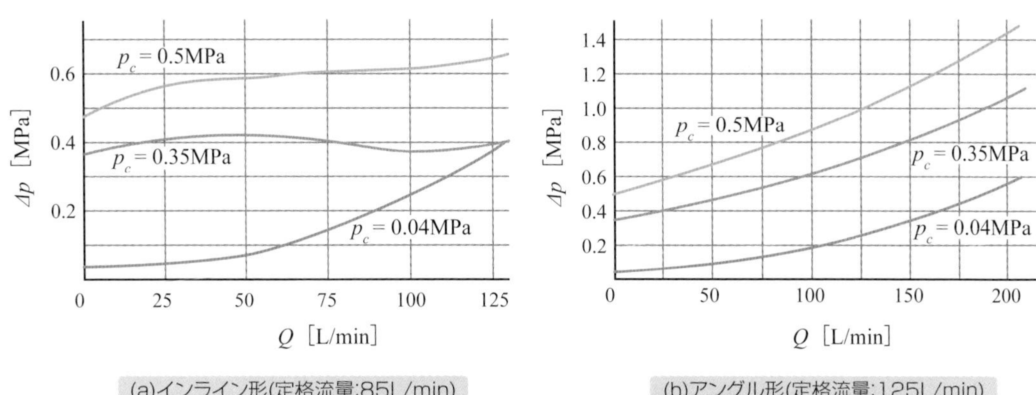

図2-5　チェック弁の圧力降下特性 [1)]

2-2 シャトル弁

シャトル弁は、図2-6(a)のように2つの入口ポートAとB、1つの共通の出口ポートCを持っています。シャトル(Shuttle)とは、双方に動き往復するという意味があります。このバルブは、ばねなしチェック弁の原理を利用しています。2つの入口ポートの圧力の高低を比較して弁体を片面に移動させ、いずれか一方の入口ポートに連通させます。Bポートの圧力p_bがAポートの圧力p_aに比べて高いので、弁体は左方向に動きAポート側の弁座面と接合して閉じ、Bポートからの圧油がCポートへと流れます。同図(b)にシャトル弁の図記号を示します。

同図(c)のシャトル弁は、出口ポートの圧力の高低を比較する形式で、油圧ポンプとアクチュエータとの間の閉回路に設けられます。出口側のAポートとBポートの圧力p_aとp_bを比較して、弁体が低圧側の左方向に動き高圧側が閉じます。これによりCポートに接続された油タンクからの作動油は、低圧側のAポートへと導かれ、油圧ポンプの吸込み側に送られます。

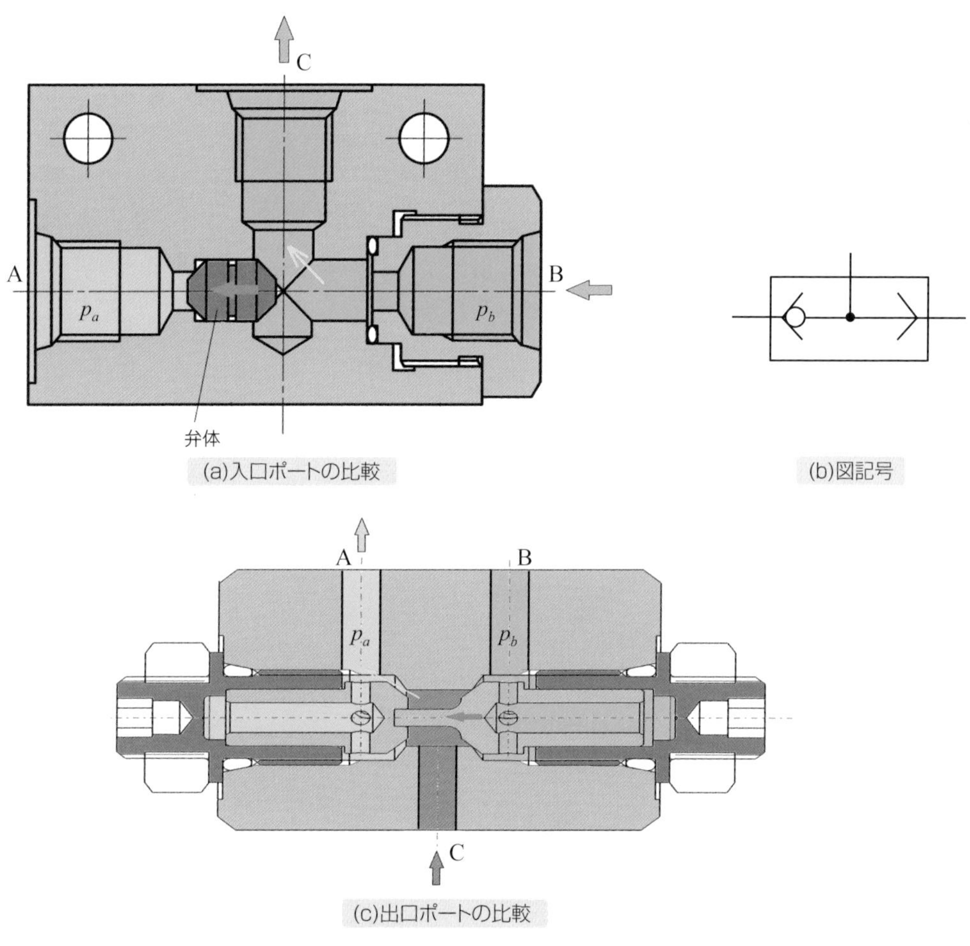

図2-6 シャトル弁[9),10)]

2-3 方向切換弁

● 方向切換弁の分類

方向切換弁は、流れの方向を切換え、3つ以上のポートを備える方向制御弁です。このバルブによって、油圧シリンダは前後に往復運動し、油圧モータは正逆に回転運動します。また、これら油圧アクチュエータの運動途中での停止位置を決められます。方向切換弁は、①接続ポートの数、②弁体の切換位置の数、③ノーマル位置での弁内流路の接続状態、④バルブの制御方法と操作機構、⑤ノーマル位置への復帰方法の5通りに分類され、様々な種類の組み合わせが選択できます。ここで、**ノーマル位置**とは、操作力や制御信号が働いていないときの弁体の位置です。

● 接続ポートの数

表2-1は、弁体の切換位置が2位置のとき、接続ポート数が2から5までの例を表しています。それぞれメインポートの数により、2ポート弁、3ポート弁、4ポート弁、5ポート弁と呼びます。

表2-1　接続ポート

2ポート弁	3ポート弁	4ポート弁	5ポート弁
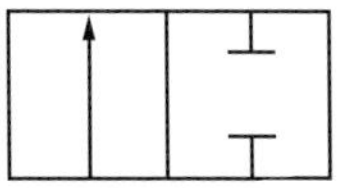	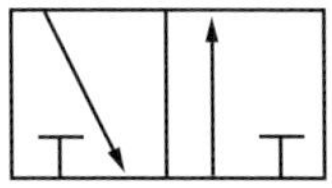	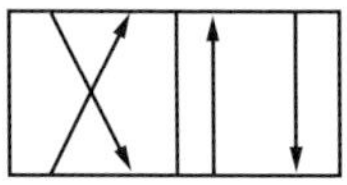	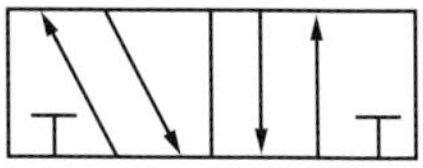

● 弁体の切換位置の数

表2-2は、接続ポート数が4ポートのとき、弁体の切換位置数が2から4までの例を示しています。それぞれ弁体の位置により、2位置弁、3位置弁、4位置弁と呼びます。

表2-2　弁体の切換位置

2位置弁	3位置弁	4位置弁
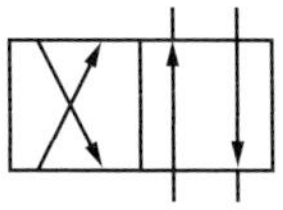	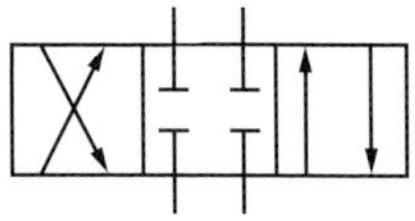	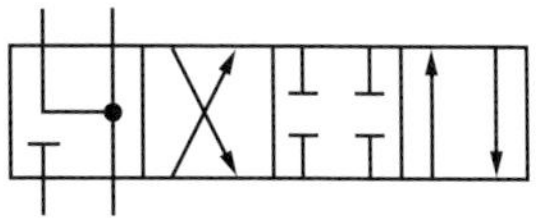

ここでは、**弁体の位置**が、中央、左、右と3ヶ所の3位置弁について以下で説明します。このような奇数位置を持つバルブにおいて弁体が中央にあるとき**中央位置**といいます。

図2-7に、**スプール変位**と弁体の位置を示します。ここで、PポートはPumpの略記で圧力側の供給ポート、TポートはTankの略記で油タンク側の戻りポート、AポートおよびBポートはと

もに油圧アクチュエータとの接続ポートを表しています。

操作力が働いていないノーマル位置では、全ポートが閉じ、**オールポートブロック**で作動油の流れはありません(同図(a))。他方、操作力が加わっているときの弁体の終端位置を**作動位置**といいます。スプールが右方に変位した作動位置では、作動油はPポートからBポートに通じるとともにAポートからTポートへ通じて流れが生じます(同図(b))。また、スプールが左方に変位した作動位置では、作動油はPポートからAポートに通じるとともにBポートからTポートに通じて流れが生じます(同図(c))。同図(d)に示す図記号では、同図(b)の状態はP→B、A→Tの矢印が交差(Cross:クロス)な右位置に相応し、同図(c)の状態はP→A、B→Tの矢印が平行(Parallel:パラレル)な左位置に相応しています。

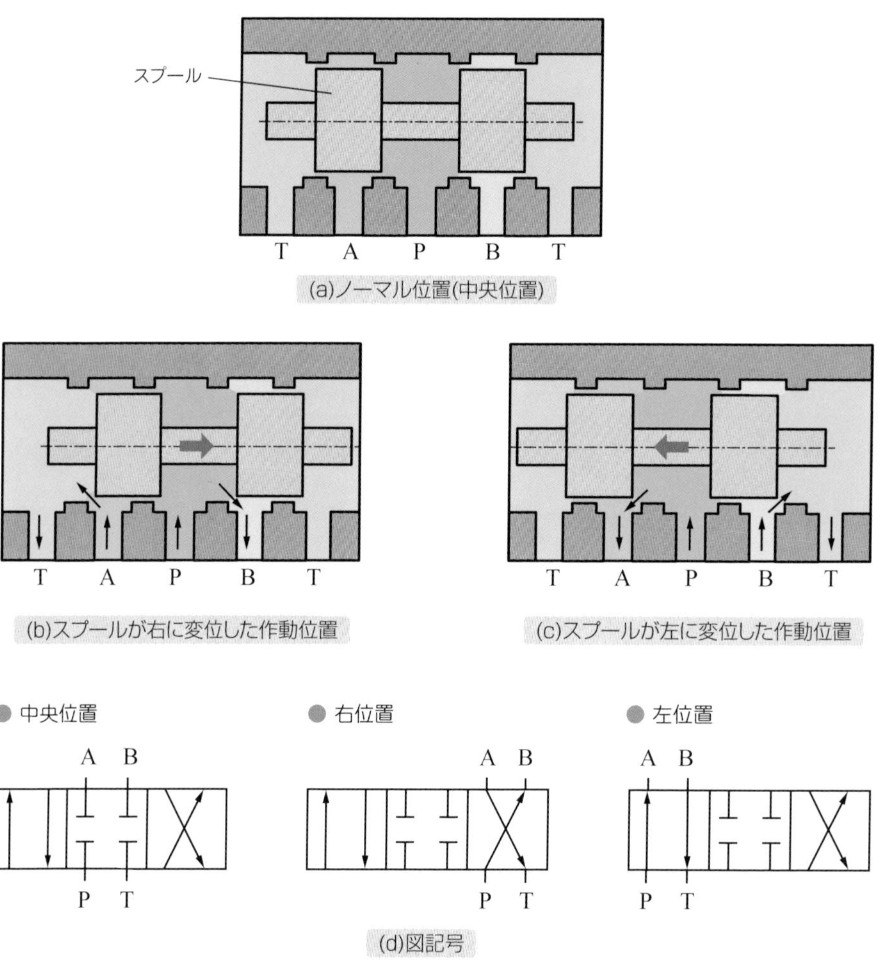

図2-7 スプール変位と弁体の位置

● ノーマル位置での弁内流路の接続状態

表2-3はノーマル位置でのスプール形式、図記号、スプール形状を示します。

(1) **クローズドセンタ**は、**オールポートブロック**とも呼ばれ、すべてのポートが閉じている状態です。中央位置でポンプの圧力およびシリンダ位置は保持されます。とくに2位置形の場合には、切換途中で各ポートはブロックになり衝撃が発生するので注意が必要です。

(2) **オープンセンタ**は、**オールポートオープン**とも呼ばれ、すべてのポートが通じている状態です。中央位置で油圧ポンプを**アンロード**(無負荷状態)するとともに、アクチュエータは中央位置で保持されないので外力により自由に動かされます。

(3) **ABT接続**は、AポートとBポートはTポートに通じ、Pポートは閉じている状態です。中央位置でポンプ圧力が保持されるとともに、アクチュエータは中央位置で保持されないので外力により自由に動かせます。また2位置形としては、切換途中で回路圧力を保持したい場合に使用されます。切換途中の衝撃はクローズドセンタに比べて小さいのが特徴です。

(4) **絞り付ABT接続**は、ABT接続の変形で、AポートからTポート、BポートからTポート間に各1個の絞りを設けた形式です。これによりアクチュエータの停止を早めることができます。

(5) **PAT接続**は、PポートとAポートはTポートに通じ、Bポートは閉じている状態です。中央位置でポンプをアンロードするとともに、一方向のみの送油によりアクチュエータを停止させておきたいとき使用します。

(6) **PT接続**(過渡時に閉)は、PポートとTポートに通じ、AポートとBポートは閉じている状態です。中央位置でポンプをアンロードするとともに、アクチュエータの位置を保持します。

(7) **PT接続**(過渡時に開)は、PポートとTポートに通じ、AポートとBポートは閉じている状態です。切換途中の各ポートは油タンクへ開放されるので、衝撃は余りありません。

(8) **絞り付オープンセンタ**は、PポートとAポートが、かつBポートとTポートが通じ、両者の間に絞りが付いています。このスプール形式は、主に2位置形に使用され、切換途中の衝撃は余りありません。

(9) **2ウェイ**は、3ポート弁でクローズドセンタと同じように、すべてのポートが閉じている状態です。中央位置でポンプ圧力およびシリンダ位置が保持され、2方向切換弁として使用されます。

(10) **PAB接続**は、中央位置で差動回路を構成できます。

(11) **BT接続**は、BポートとTポートが通じ、PポートとAポートは閉じています。この形式は、中央位置にて、Pポートからの漏れによるアクチュエータの一方向の微動を防止できます。

(12) **PA接続**は、PポートとAポートが通じ、BポートとTポートは閉じています。この形式は、中央位置にて、一端をブロックし、一方向から圧油を送り込みアクチュエータを確実に停止できます。

(13) **AT接続**は、AポートとTポートが通じ、PポートとBポートは閉じています。この形式は、中央位置にて、Pポートからの漏れによるアクチュエータの一方向の微動を防止できます。

このほか、様々なポートの接続状態があり、主にアクチュエータが停止して保持する状況にもとづき選定されます。なお表2-3でのスプールの番号は、油圧機器メーカによって異なりますので注意が必要です。

表2-3　スプールの形式と中央位置[1)]

番号	図記号	スプール関係図（中央位置）
“2”	クローズドセンタ	
	A B P T	TBPA
“3”	オープンセンタ	
	A B P T	TBPA
“4”	ABT接続	
	A B P T	TBPA
“40”	絞り付ABT接続	
	A B P T	TBPA
“5”	PAT接続	
	A B P T	TBPA
“6”	PT接続（過渡時閉）	
	A B P T	TBPA
“60”	PT接続（過渡時開）	
	A B P T	TBPA

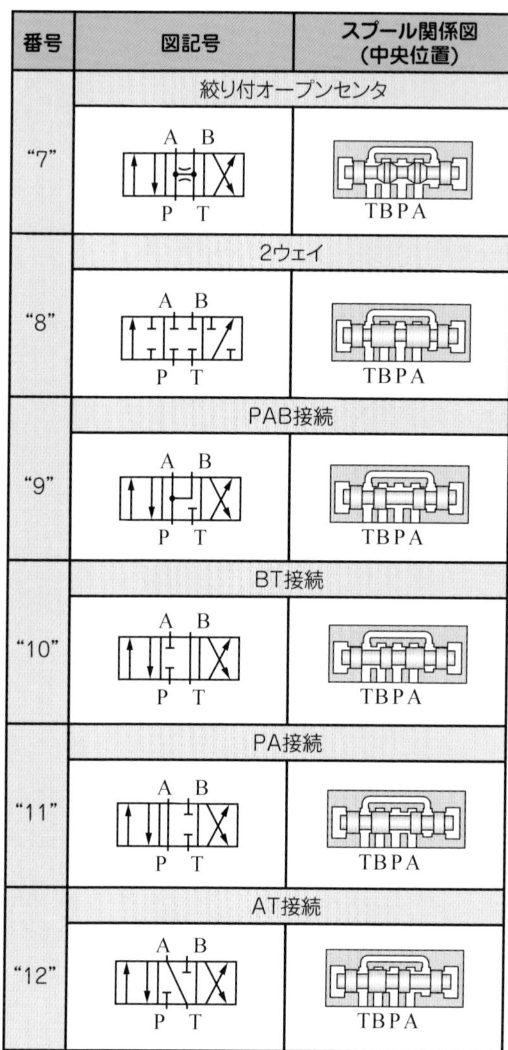

番号	図記号	スプール関係図（中央位置）
“7”	絞り付オープンセンタ	
	A B P T	TBPA
“8”	2ウェイ	
	A B P T	TBPA
“9”	PAB接続	
	A B P T	TBPA
“10”	BT接続	
	A B P T	TBPA
“11”	PA接続	
	A B P T	TBPA
“12”	AT接続	
	A B P T	TBPA

● スプールのラップ

上述のような接続状態において、スプール弁などのランド部とポート部との間の重なりの状態を**ラップ**と呼びます。図2-8に示すように、ラップは、ゼロラップ、オーバラップ、アンダラップに分類できます。

ゼロラップとは、スプール弁などで、中立点にあるときポートが閉じており、わずかでもスプール変位するとポートが開き、作動油が流れるような状態です。**オーバラップ**とは、スプール弁などで、スプールが中立点から少し変位しはじめてポートが開き、作動油が流れるような状態です。**アンダラップ**とは、スプール弁などで、スプールが中立点にあるときポートがすでに開いており、常に作動油が流れるような状態です。

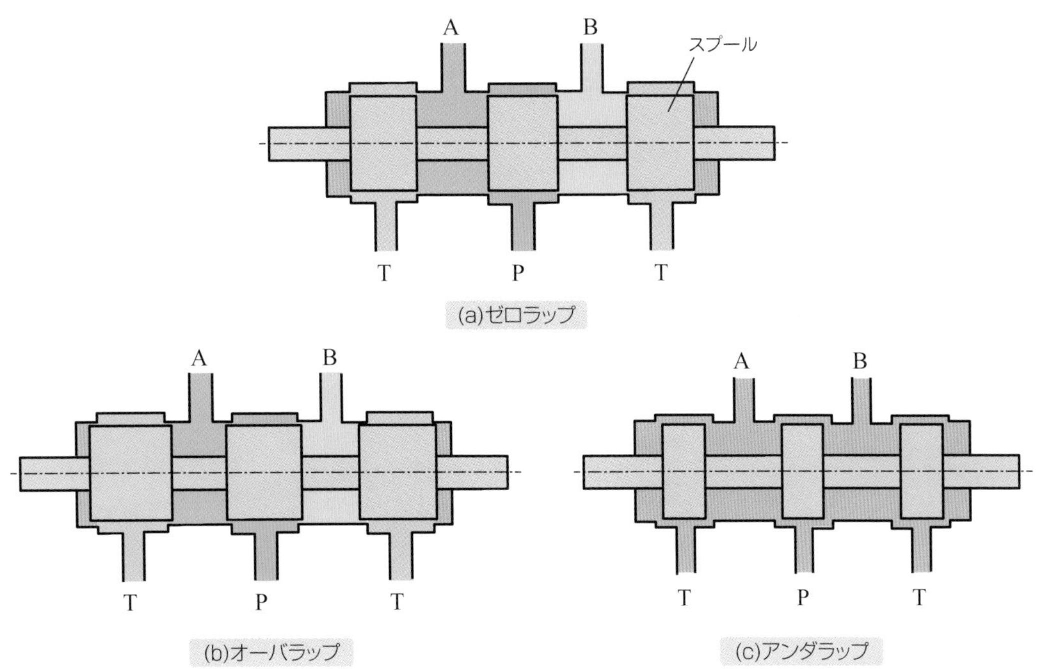

図2-8 スプールのラップ

● バルブの操作方法と中央位置への復帰方法

表2-4にバルブの操作方法を図記号で示します。入力信号をバルブに伝える操作機構には、手足による人力操作、機械的手段による機械操作、電気的手段による電気操作、油圧や空気圧による油空圧パイロット操作およびこれらを組み合わせた制御方式があります。

ばねによってスプールが初期の中央位置に戻り復帰する方法は**スプリングリターン**または**スプリングオフセット**とも呼ばれ、とくに3位置弁に対して**スプリングセンタ**と呼んでいます。そのほかに、2位置スプリングオフセットやノースプリングでの**デテント**が用意されています。

そのほかに制御弁では、アクチュエータや負荷側で要求される最大流量によって流路の口径が選択されます。最大流量とは、弁の作動や切換に異常をきたさない限界の流量をいいます。

表2-4　バルブの操作方法

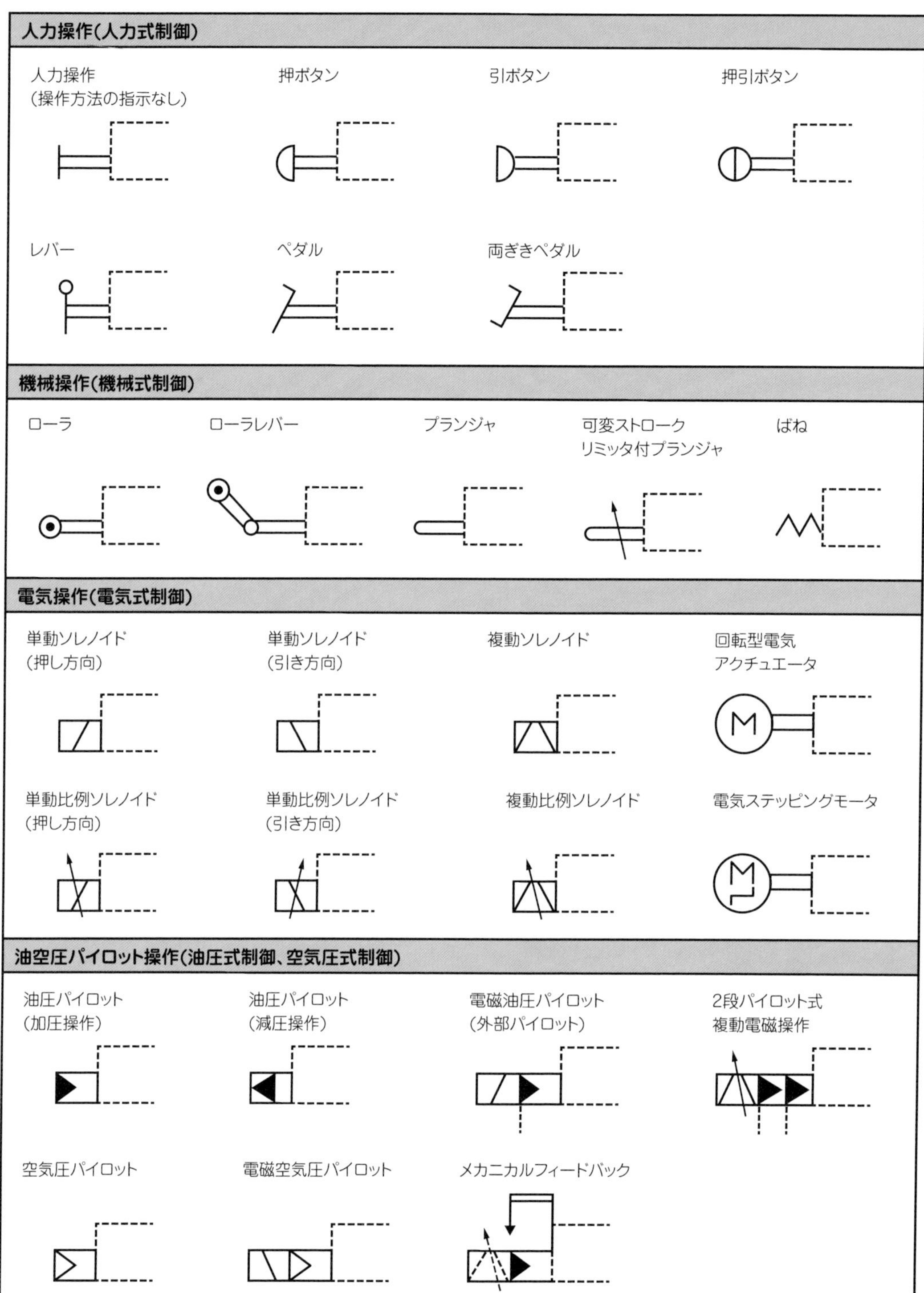

2-4 手動操作切換弁

人力式制御による方向制御弁に手動操作切換弁があります。**手動操作切換弁**は、レバーを介して手でスプールを動かし、作動油の流れ方向を切換えるバルブです。

図2-9は、手動操作切換弁の内部構造と図記号です。レバーが#2の位置では、Pポートからの圧油は、オーバラップのスプールにより、AポートにもBポートに導通せずにシリンダを駆動しません(同図(a), (b))。レバーを#1または#3の位置に動かすと、スプールはヒンジを介して右方または左方に移動します。これにより、Pポートからの圧油は、AポートまたはBポートを経て、シリンダのキャップ側またはロッド側に流れ込み、シリンダは右方または左方に移動します。シリンダのロッド側またはキャップ側に残存する作動油は、BポートまたはAポートを経て、再びスプール内を通りTポートより油タンクに戻ります。

● スプールの位置決め機構

スプールの**位置決め機構**は、以下のノースプリングデテント形、スプリングセンタ形、スプリングオフセット形の3種類があり、用途によって選択されます。

(1) **ノースプリングデテント形**は、レバーから手を放してもスプールが現状の位置を保持する機構が施されています(同図(a))。ここで**デテント**(Detent)とは、機械部品で「爪」とか「戻り止め」という意味で、機械的に作り出された抵抗によって弁体を所定の位置に保持する機構と定義されています。デテントの構造は、スプールの左端にV字形状の溝が切られ、カバーに挿入された小さなボールがばね力により溝に押し付けられています。

(2) **スプリングセンタ形**は、レバーから手を放すと、スプールは中央位置にばね力で強制的に保持されます(同図(b))。

(3) **スプリングオフセット形**は、スプリングリターン形とも呼ばれ、2位置弁に用いられます(同図(c))。スプールは、ばね力により常に片方に位置していますので、レバーに触れていないときには、レバーは#1の位置にあります。この位置では、Pポートからの圧油はAポートに流れてアクチュエータを通り、BポートからTポートへと流れて油タンクに戻ります。レバーを#2の位置に動かすと、Pポートからの圧油はBポートに流れてアクチュエータを通り、AポートからTポートへと流れて油タンクに戻ります。なお、このスプリングオフセット形では、スプールが動く途中の位置でオールポートブロックの経過状態が存在します。

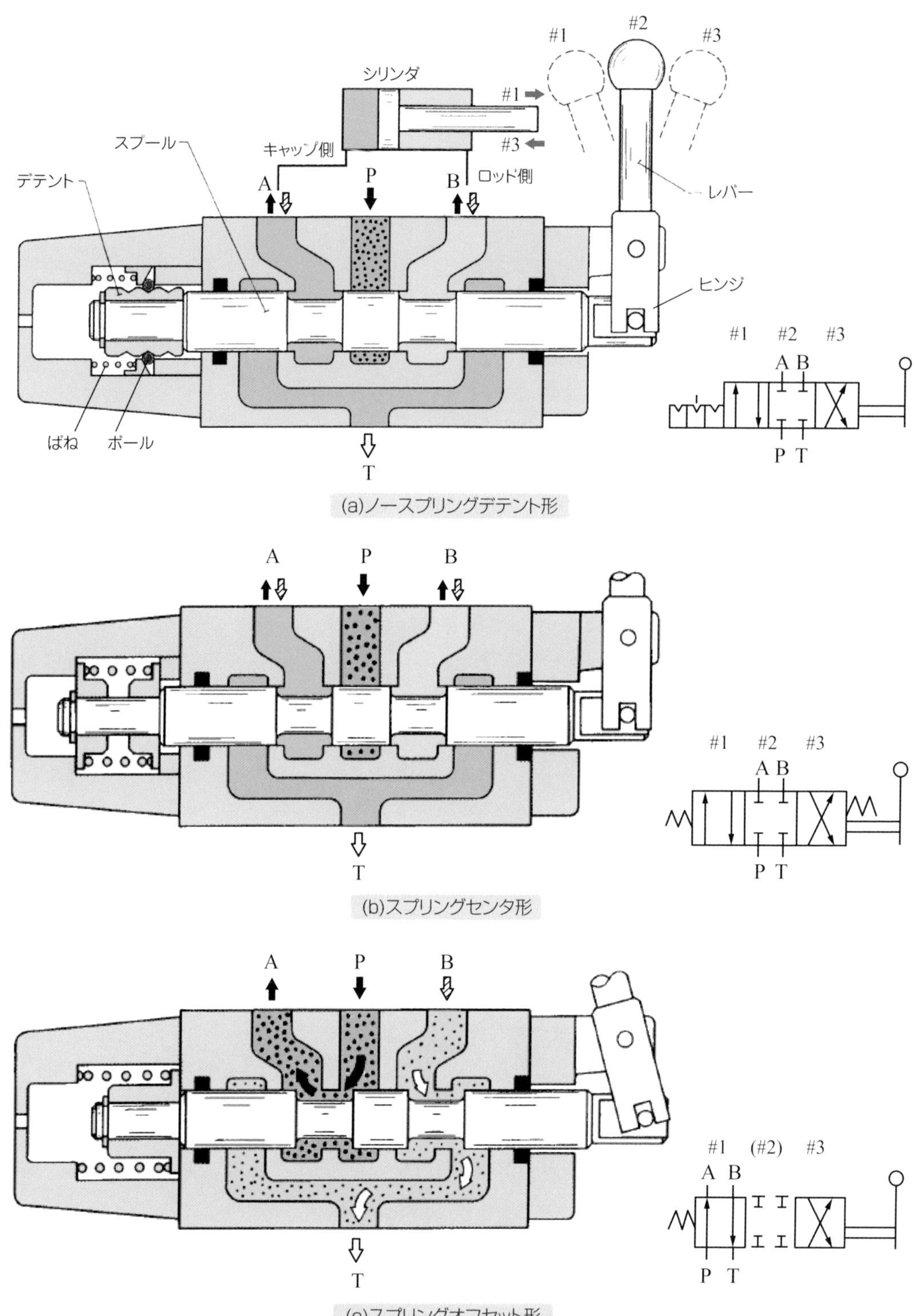

図2-9　手動操作切換弁の内部構造と図記号[1)]

2-5 機械操作切換弁

機械操作切換弁は、主にパイロット回路の切換えなどとして使用されます。ここではローラレバー操作形とロータリ形について説明します。

● ローラレバー操作形

図2-10は、**ローラレバー操作形**の内部構造と図記号です。レバー先端のローラはカム形状に従うので、スプールはばね力によって左方に移動しています(同図(a))。これにより、圧油はPポートからBポートに流れ、AポートからTポートに戻ります。カムが上方に動くと、プッシュピンが押し上げられ、スプールはばね力に抗して右方に移動します。これにより、圧油はPポートからAポートに流れ、BポートからTポートに戻ります。なお、このスプール形式では、スプールが動く途中の位置でオールポートオープンの経過状態が存在します(同図(b))。

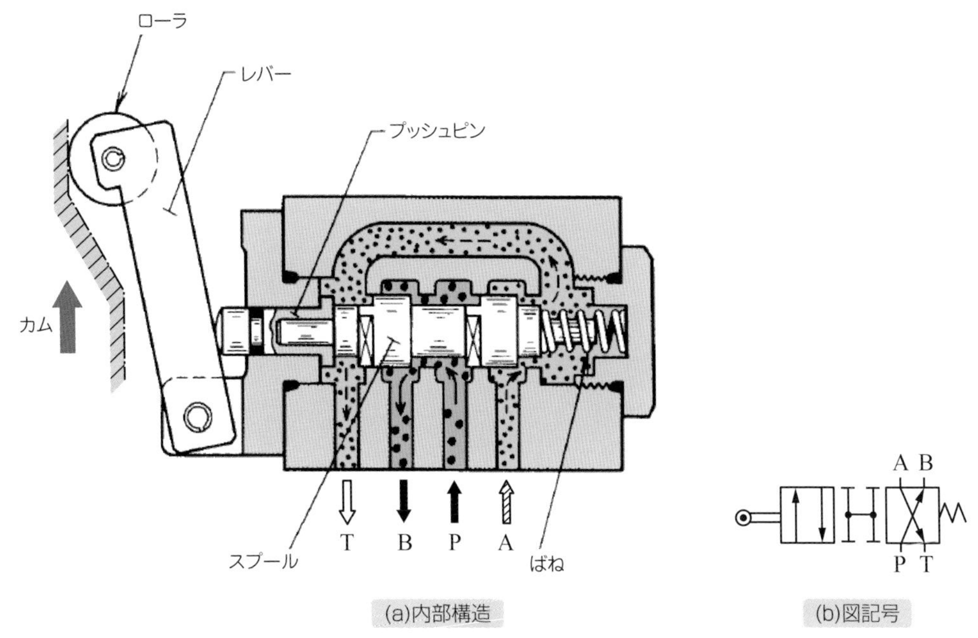

図2-10　ローラレバー操作形の機械操作切換弁[1)]

● ロータリ形

図2-11は、**ロータリ形**の機械操作切換弁の内部構造と図記号です。このバルブは、ロータリ式で、回転や揺動する回転体の滑り面を利用して開閉の作動を行う滑り弁です。この**ロータリ弁**は、レバーまたはカムがドグ(Dog：回し金)に当たることによって、スプールを回転させ作動油の流れ方向を切り換えるバルブです。デテント機構を用いて位置を保持するので、機械の振動や衝撃

によって弁体の切換位置が変わることはありません。

同図(a)では、圧油はPポートからAポートへ流れ、Bポートからスプール内の貫通孔を抜けてTポートに戻ります。レバーやドグを時計方向に回転させると、中央位置のオールポートブロックになり、すべてのポートは閉鎖されます。反時計方向に回転させると、圧油はPポートからスプール内の貫通孔を抜けてBポートへ流れ、AポートからTポートに戻ります(同図(b))。操作方法には、ドグとレバーをそれぞれ個々に備えた形式や両者とも備えた形式があります(同図(c))。なお、Tポートに背圧が生じる場合には、外部ドレンとする必要があります。

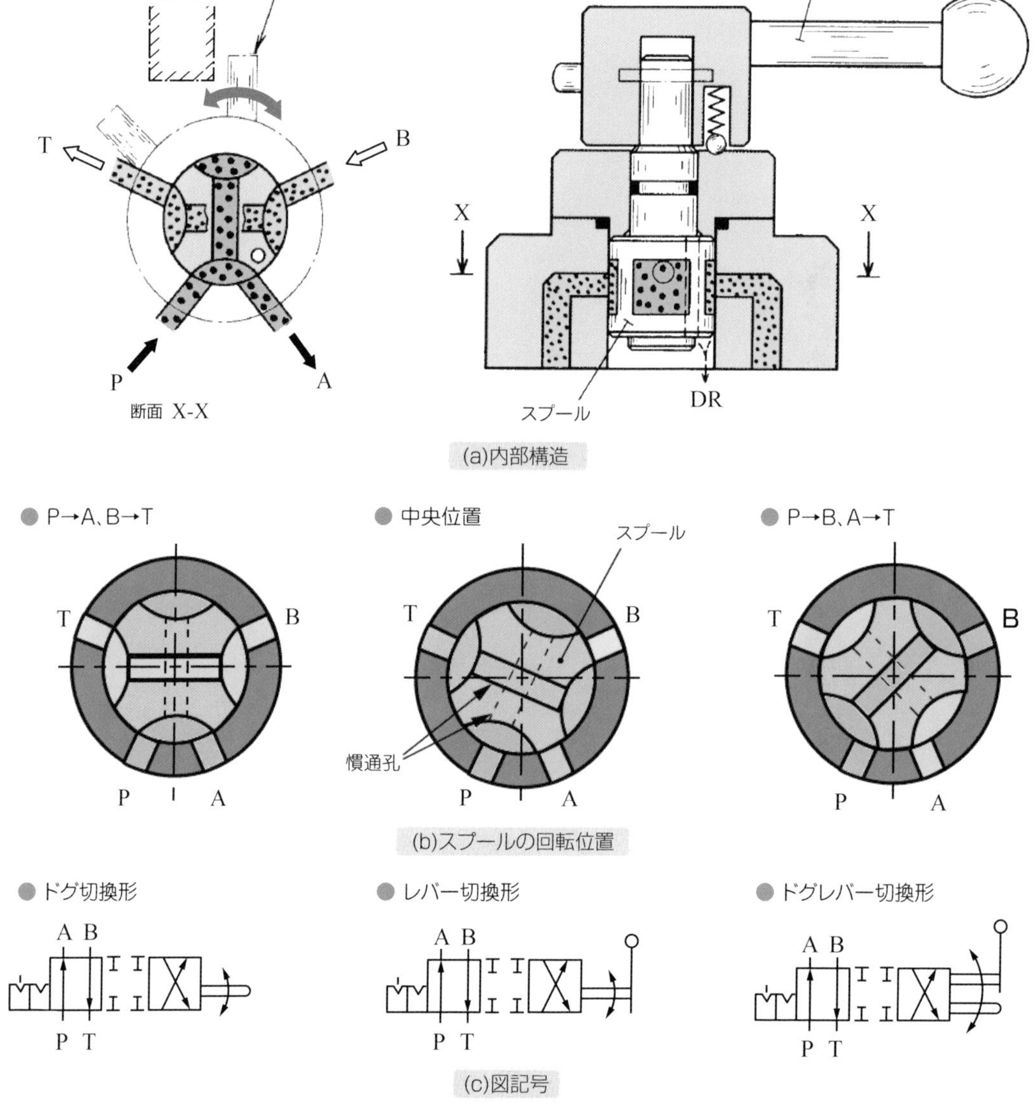

図2-11 ロータリ形の機械操作切換弁[1)]

2-6 電磁方向切換弁

電磁方向切換弁は、**直動形電磁弁**とも呼ばれ、電磁石のソレノイドによって直接にスプールを動かして油路を切換えます。図2-12は、4ポート・3位置・オールポートブロック・スプリングセンタ形の電磁方向切換弁の内部構造と図記号です。

(1) ソレノイドは励磁されていないとき、スプールが中央位置の状態にあります。すべてのポートは完全に閉鎖されます。そのときオールポートブロックですから、油圧アクチュエータ(シリンダ)は駆動しません(同図(a))。

(2) 左側のソレノイドSOL.aを励磁するとスプールは右方に押され、PポートとAポートが、BポートとTポートが導通します(同図(b))。ここで、ソレノイドのSOL.は、Solenoidの略記でスプール両端に配置されています。

(3) 右側のソレノイドSOL.bを励磁するとスプールは左に押され、PポートとBポートが、AポートとTポートが導通します(同図(c))。

同図(d)に示す図記号は、それぞれP→A、B→Tの矢印が平行(パラレル)な右位置に、P→B、A→Tの矢印が交差(クロス)している左位置に相応します。したがって、Pポートからの圧油は、バルブ内のBポートまたはAポートに流れ込み、アクチュエータがシリンダだとすれば、ピストンを押しまたは引いて駆動します。シリンダ内から押し出された作動油は、再びバルブ内のAポートやBポートを通り、Tポートから油タンクに戻ります。なおソレノイドへの励磁を取り除けば、スプール両端にばねが入っているので中央位置に復帰して、スプリングセンタとして機能します。

● 電磁方向切換弁の仕様

電磁方向切換弁は、一般に小さい口径(1/8、3/8インチ)で用いられ、その設計仕様として最大流量、最高圧力、タンク側の許容背圧、ソレノイドの最高切換頻度(単位時間当たりの切換回数)、圧力損失などが挙げられます。ここで最大流量とは、弁の作動や切換に異常が起きない限界の流量をいい、スプールの形式(表2-3)などによって異なります。図中のレセプタクル(Receptacle)は、配線系統にて、ソレノイドを駆動するための電流を取り込む差込み口で、いわゆる端子台あるいはソケットとも呼びます。

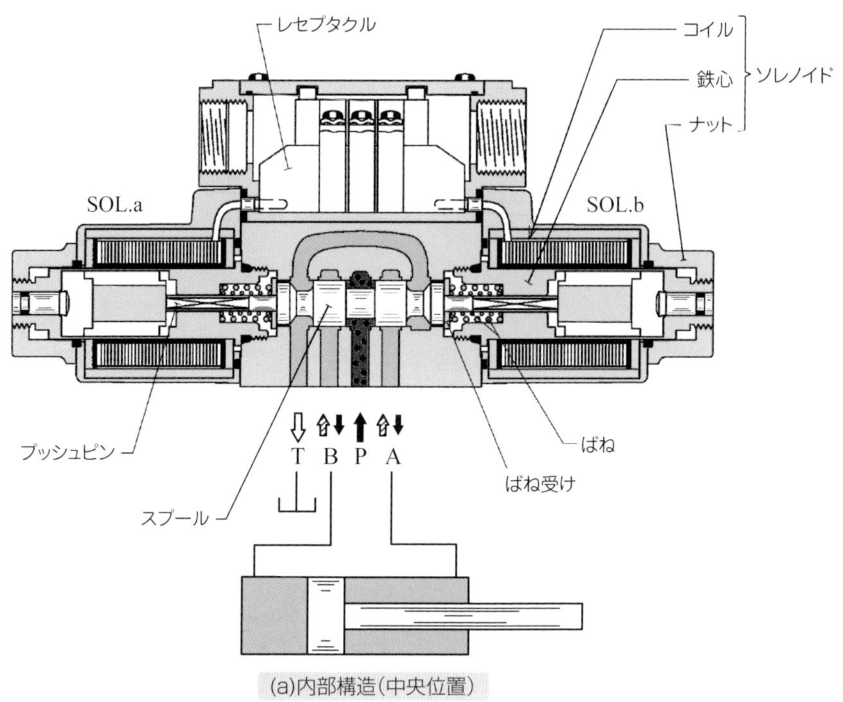

(a)内部構造(中央位置)

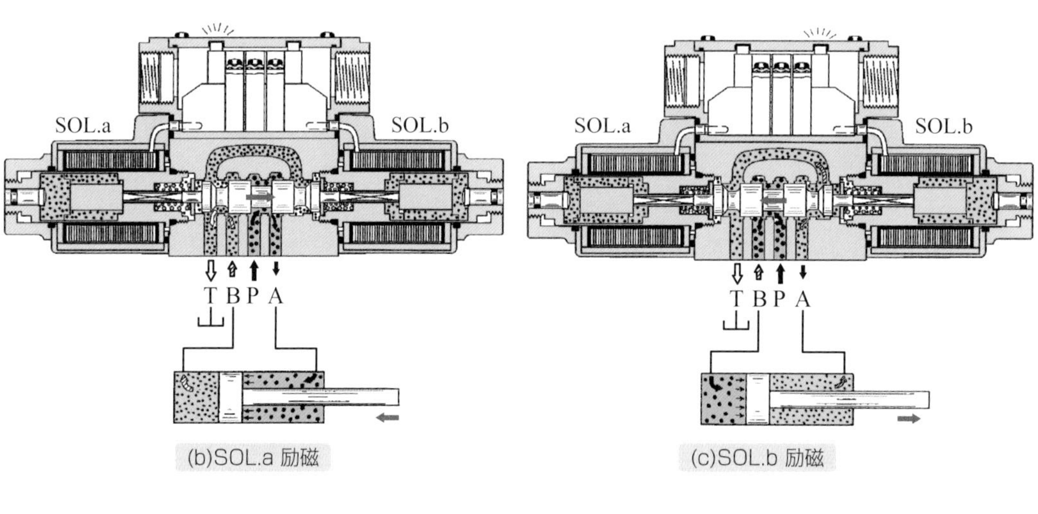

(b)SOL.a 励磁

(c)SOL.b 励磁

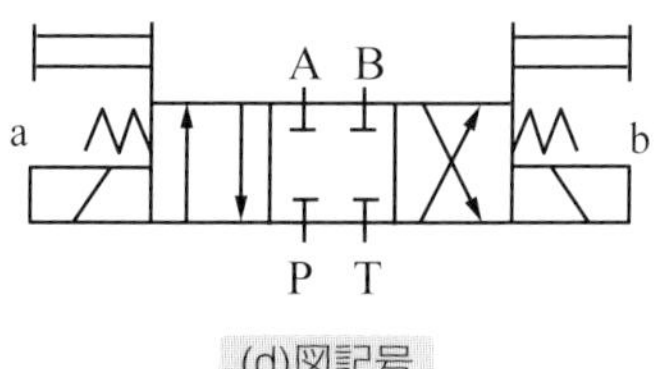

(d)図記号

図2-12　電磁方向切換弁(1/8口径)[1)]

● 電磁方向切換弁の特性

作動油が切換弁のスプール内を通ると、流体抵抗により圧力損失が生じます。図2-13は、1/8口径の電磁方向切換弁の流量が増加するとともに圧力降下量が増えているグラフです。図中の圧力降下曲線番号①～⑤は、表2-3に示すスプール形式とポートの接続状況によって圧力降下量が異なるための記号で表2-4に整理しています。

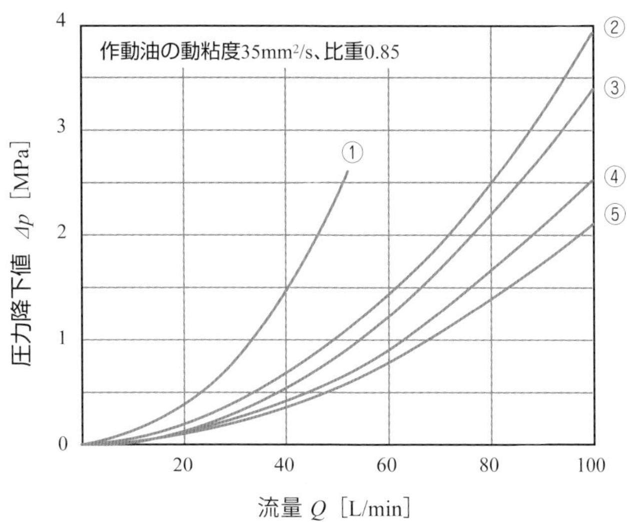

図2-13　スプール形式とポート接続状況による圧力降下[1)]

表2-4　圧力降下曲線の番号[1)]

番号	スプール形式	圧力降下曲線番号				
		P→A	B→T	P→B	A→T	P→T
"2"	クローズドセンタ	④	④	④	④	–
"3"	オープンセンタ	⑤	⑤	⑤	⑤	②
"4"	ABT接続	④	④	④	④	–
"40"	絞り付ABT接続	④	④	④	④	–
"6"	PT接続(過渡時閉)	①	①	①	①	②
"9"	PAB接続	⑤	③	⑤	③	–
"10"	BT接続	④	⑤	④	④	–
"11"	PA接続	④	④	④	④	–
"12"	AT接続	④	④	④	⑤	–

図2-13は動粘度が$\nu = 35\mathrm{mm}^2/\mathrm{s}$のデータですので、使用する作動油の動粘度$\nu$により補正が必要です。図2-14は、動粘度$\nu$に対して補正係数$c$を表したグラフです。図2-13にて設計流量から圧力降下値を求め、それに図2-14からの補正係数cを乗じれば、作動油の粘性による補正ができます。

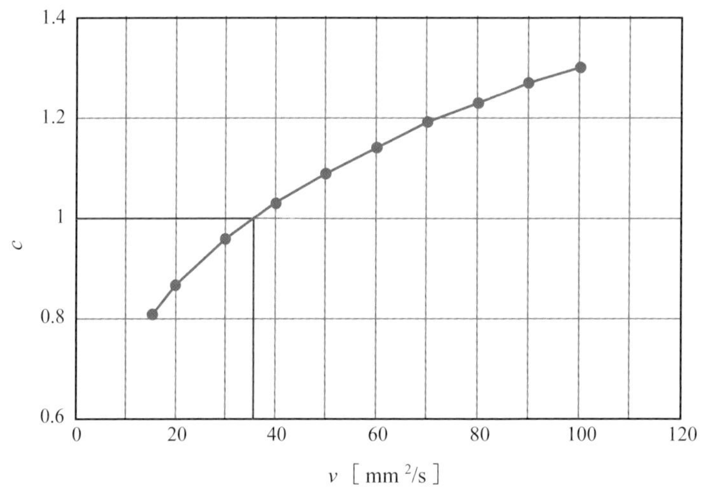

図2-14　圧力損失の動粘度についての補正係数[1)]

2-7 ソレノイド

バルブの操作方法として、電気操作のソレノイドが用いられています。図2-15はソレノイドの作動原理と内部構造です。**ソレノイド**とは、交流または直流の励磁コイルに通電すると可動鉄心が動き、電磁エネルギーを機械的な往復運動に変換するプランジャ形の電磁石です。ソレノイドの原理は、コイル状の導線に電流iを流すとコイルに磁界が生じ、内側の鉄心は磁化して、その両端は右ねじの法則にしたがいS極とN極に分かれます。可動鉄心(プランジャ)と固定鉄心を磁界の中に対面して置けば、互いに吸引し合う方向に力が働き、可動鉄心がプッシュピンを介してスプールに変位を与えます。

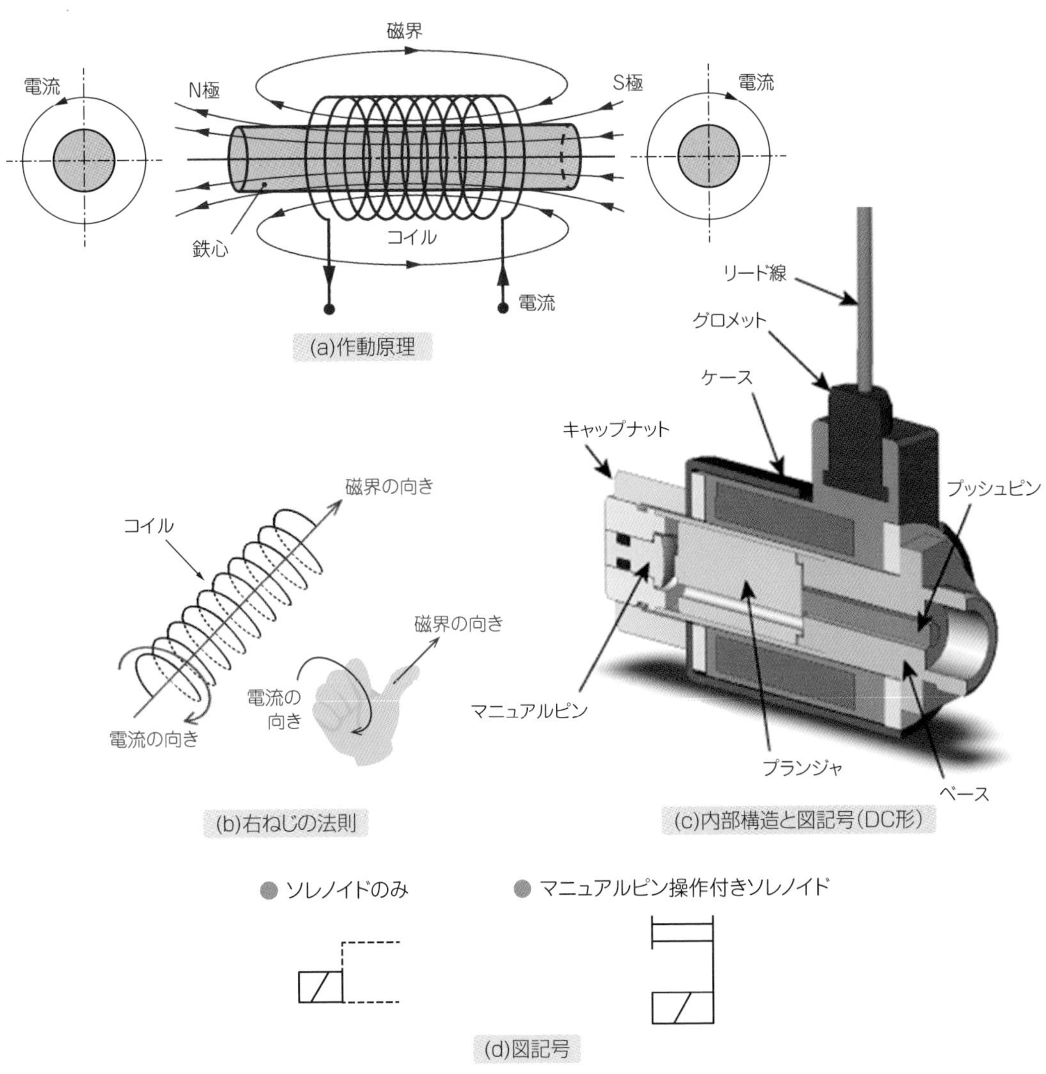

図2-15　ソレノイド[11)]

第2章 方向制御弁

● ACソレノイドとDCソレノイド

ソレノイドの駆動用電源は、交流のAC形、直流のDC形があります。**ACソレノイド**は、身近な商用電源を利用でき、スプールの切換速度が速く、切換時に過渡的に生じるサージ電流も低いという長所があります。しかし、切換時の音が大きく、起動時の電流値が高く、長時間の通電により温度上昇してコイルが焼損しやすいなどの短所があります。

これに対して、**DCソレノイド**の利点として、コイルが焼損し難く、切換時の騒音や衝撃が小さく、バッテリー電源を利用できることが挙げられます。反面では直流電源が新たに必要であるなどの欠点があります。そのほかに、交流電源を利用して、直流ソレノイドを駆動する交直変換形も用意されています。交直変換形は、ソレノイドの切換時の騒音や油圧衝撃が低く、またスプールが切換の途中で停止してもコイルが焼損しないなどの特徴を持っています。

● ドライ形とウエット形

ソレノイドは、ドライ形とウエット形にも分類できます。**ドライ形ソレノイド**は、プッシュピンの摺動部にOリングを用い、ソレノイドを作動油で浸さないようしています。ここで**Oリング**とは、断面が円形のリング状のパッキンで、固定用や運動用のシールとして油圧機器に多く用いられています。ドライ形の特長は、ウエット形に比べて可動鉄心が空気中を移動するため応答性が良い、切換時間が油温の変化を受けない、コイルの消費電力が小さい、構造が簡単で製作が容易という点が挙げられます。他方、**ウエット形ソレノイド**は、ソレノイドがTポートからの作動油で覆われているので、油漏れの心配が無い、プッシュピンのシール抵抗が無い、切換時の音や衝撃が小さい、耐久性があるなどの利点があります。このほかに、スイッチのアーク放電で引火により爆発が生じないようにした防爆形があります。最近の方向制御弁では、ソレノイドは、ほとんどウエット形が採用されています。

2-8 ショックレス形電磁方向切換弁

電磁方向切換弁には、前述した汎用形のほかにショックレス形と省電力形があります。図2-16(a)は、ショックレス形の内部構造です。スプールの開口部には、作動油が徐々に流れるノッチが設けられ、切換時に圧力が穏やかに上昇および下降するように工夫されています。ここで、**ノッチ**(Notch)とは、部品表面に彫られたV字型またはU字型窪みの切欠きです。また、プッシュピンと固定鉄心との隙間を狭くして、内部漏れをできるだけ抑えつつ、プッシュピンと可動鉄心の中央部には油路が設けられています。たとえば、スプールが右方に動くと、可動鉄心の右端の部屋の体積は減少します。その部屋の作動油は押しのけられ、中央部の油路を通り、横面の小さな絞りから流れ出ます。いわゆるスプールに流体クッション(ダッシュポット)効果が働き、スプールの速度は次第に減少します。これにより、ソレノイド切換時の急激な衝撃を抑えて、騒音や振動を低減しています。切換時間は、油圧回路の条件、作動油の粘度、スプール形式によって変わります。

● ショックレス形の特性

図2-16(b)は、切換時間についてショックレス形を汎用形と比較した実験結果の一例です。ショックレス形は、汎用形に比べて、ソレノイドをオンやオフにしたときから、加速度波形が現れるまでの時間T_1、T_2が長く、穏やかに動作していることがわかります。

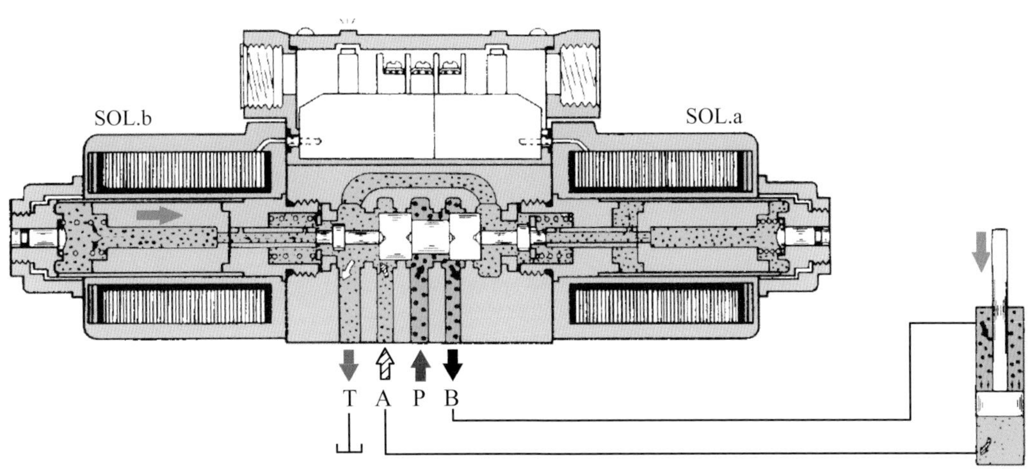

(a)内部構造(3/8口径)

図2-16　ショックレス形の電磁方向切換弁[1][1)]

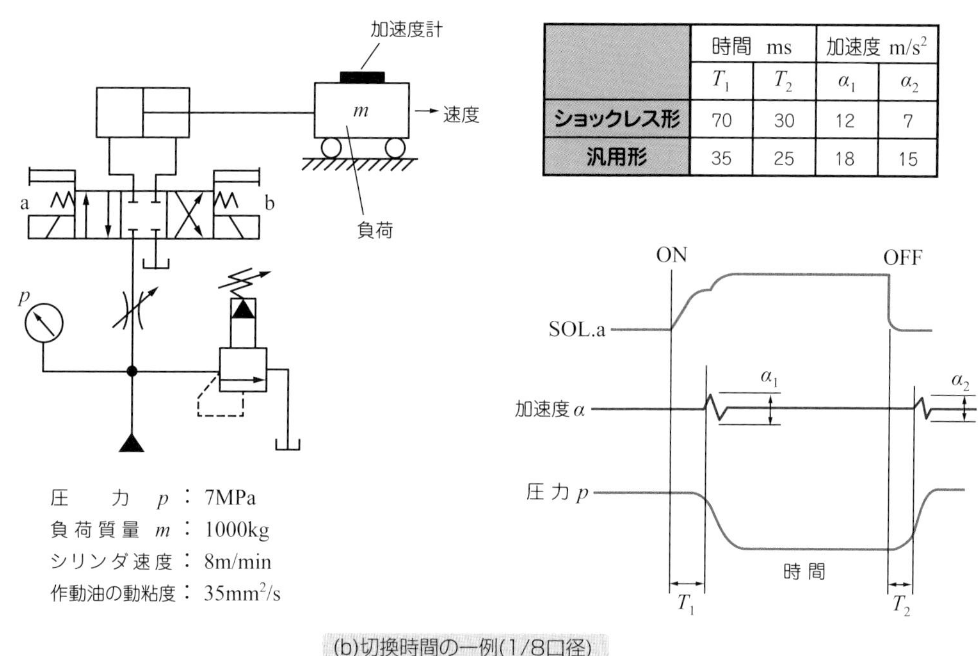

	時間 ms		加速度 m/s²	
	T_1	T_2	α_1	α_2
ショックレス形	70	30	12	7
汎用形	35	25	18	15

(b)切換時間の一例(1/8口径)

図2-16　ショックレス形の電磁方向切換弁[2] [1)]

図2-17の可変ショックレス電磁方向切換弁は、上述の流体クッション効果に加えて、内蔵の電子回路によりスプールの切換時間を母機の状況に合わせ適切に可変調整する機能を備えています。省電力形は、小さな電流値で作動するソレノイドを使いますので、消費電力を節減できます。ただし、吸引力が低下するので、最大流量値は汎用形に比べて減少します。

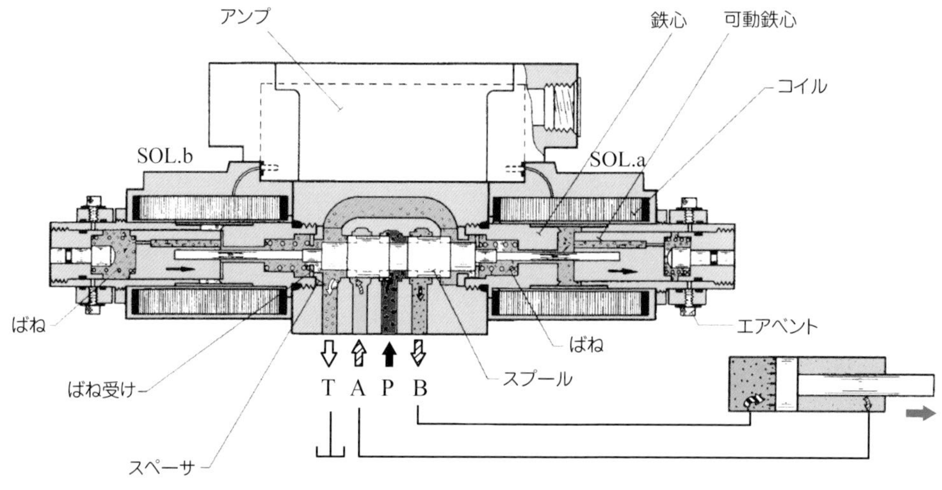

図2-17　可変ショックレス電磁方向切換弁 [1)]

2-9 パイロット形電磁弁

パイロット形電磁弁とは、電磁操作のパイロット弁を主弁と一体化にして組み込んだパイロット操作の電磁弁です。なお、パイロット(Pilot)とは「先導」とか「案内」という意味を持ちます。図2-18に示す電磁・油圧パイロット操作の4ポート3位置方向制御弁は、2つのバルブから構成されます。大きな主弁は親弁、小さなパイロット弁は子弁と呼ばれ、俗称では親子弁と呼びます。

● 作動原理

パイロット弁のソレノイドSOL.bに電流を与えて励磁すると、そのスプールが左方に移動します。Pポートからの圧油は、パイロットチョーク弁(C1)通りパイロット弁スプールを抜け、パイロットチョーク弁(C2)を通り、主弁スプールの左端に導かれます。主弁のスプール左端での油圧力がスプール右側のばね力に打ち勝ち、スプールは右方に移動します。主弁にはPポートからBポートへ作動油が流れます。圧油はシリンダのキャップ側に入り、押し行程で前進します。シリンダのロッド側からの作動油は、Aポートに入り主弁のスプールを抜けてTポートよりタンクに戻ります。主弁のスプール右端の作動油は、パイロットチョーク弁を通りパイロット弁を抜け、外部ドレンポートYを経て油タンクに解放されます。なお、パイロットチョーク弁C1を調整すると、主弁のスプールの切換速度を変えられます。また、パイロットチョーク弁C2を調整すると、スプリングセンタ形のとき中央位置への復帰速度を変えられます。

パイロット弁のソレノイド電流を切ると、パイロット弁のスプールは中央位置に復帰します。主弁のスプール左端に作用している圧油は、パイロット弁を通りドレンポートYから戻ります。主弁は、ばねにより戻され、スプリングセンタとなり中央位置に復帰します。シリンダに圧油は送られないので、シリンダの前進は停止します。パイロット形電磁弁は、大きな流量を切り換えたいときに利用され、以下の**ドレン方式**、**パイロット方式**、**復帰方式**が選択できます。

● パイロット形電磁弁の種類

(1) ドレン方式

外部ドレン形と内部ドレン形があります。外部ドレンでは、Yポートと呼ばれるパイロット弁のドレン流路を、Tラインと別に設け作動油を油タンクに戻します。内部ドレンでは、主弁とパイロット弁のドレンを同じ流路で合流させ、Tポートから作動油を油タンクに戻します。

(2) パイロット方式

内部パイロット形と外部パイロット形があります。内部パイロットでは、バルブに供給されたPポートからの圧油を導き、パイロット圧信号に用います。この方式は、必ず外部ドレン形とし、パイロット圧力とドレン圧力の差が、常に最低パイロット圧力以下になるようにタンクラインに背圧を設ける必要があります。外部パイロット形では、ほかの油圧源からの圧油がパイロット圧信号となります。

(3) 復帰方式

3位置では、スプリングセンタのほかにハイドロセンタがあります。**ハイドロセンタ**は、主弁の中立復帰を油圧力により確実に行うことができます。また、2位置では、ノースプリングとスプリングオフセットがあります。

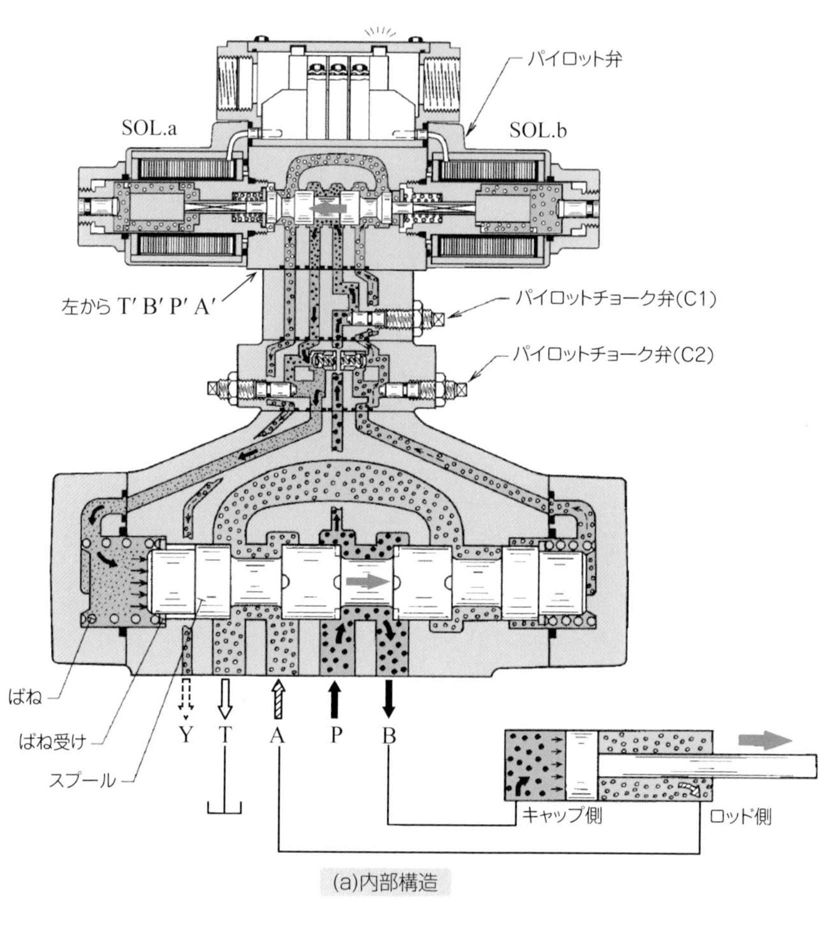

(a)内部構造

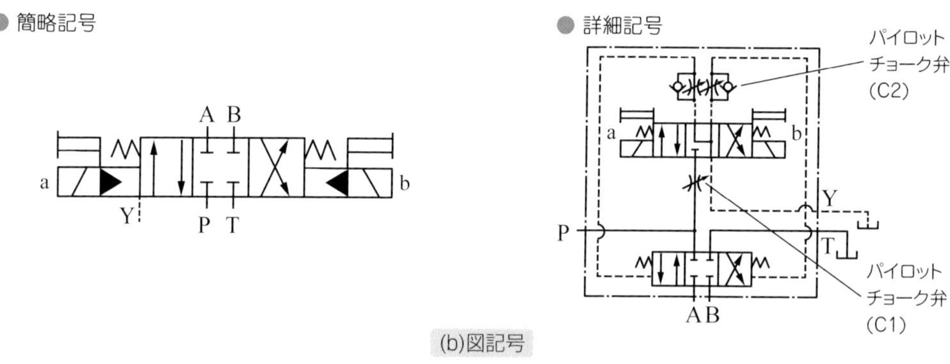

(b)図記号

図2-18 パイロット形電磁方向切換弁[1)]

2-10 ポペット形電磁方向切換弁

ポペット形電磁方向切換弁は、ポペット形式により流路を切換えるので、ポート間の漏れ量が極めて少ないのが特徴です。そのためスプール形式では利用できなかった油圧回路や、漏れ損失を起こしやすい低粘度の作動油に対して有効です。また、このバルブの採用により、パイロット操作チェック弁が不要となります。さらに、弁体のオーバーラップが無いために応答性が良く、流体固着現象による誤動作の心配もありません。

●4ポート弁・ノーマルオープン形の作動原理

図2-19と図2-20は、ポペット形電磁方向切換弁の内部構造と図記号です。図2-19に4ポート弁のノーマルオープン形を示します。SOL.aとSOL.bが励磁されていないノーマル位置において、Pポートからの圧油は、左右両側のポペットを通りAポートとBポートに導通しています。したがって、中央位置ではPAB接続です。SOL.aが励磁されると、左側ポペットが右方に移動してシートに着座するためポートのPとBは閉鎖され、ポートのBとTが解放されているのでポートBからTへの流れが生まれます。一方、SOL.bは、非励磁のままですので、ポートのPとAは開き、ポートのAとTは閉じています。反対に、SOL.aが非励磁でSOL.bが励磁されると、ポートのPとB及びポートのAとTは開き、ポートのPとA及びポートのBとTは閉じます。

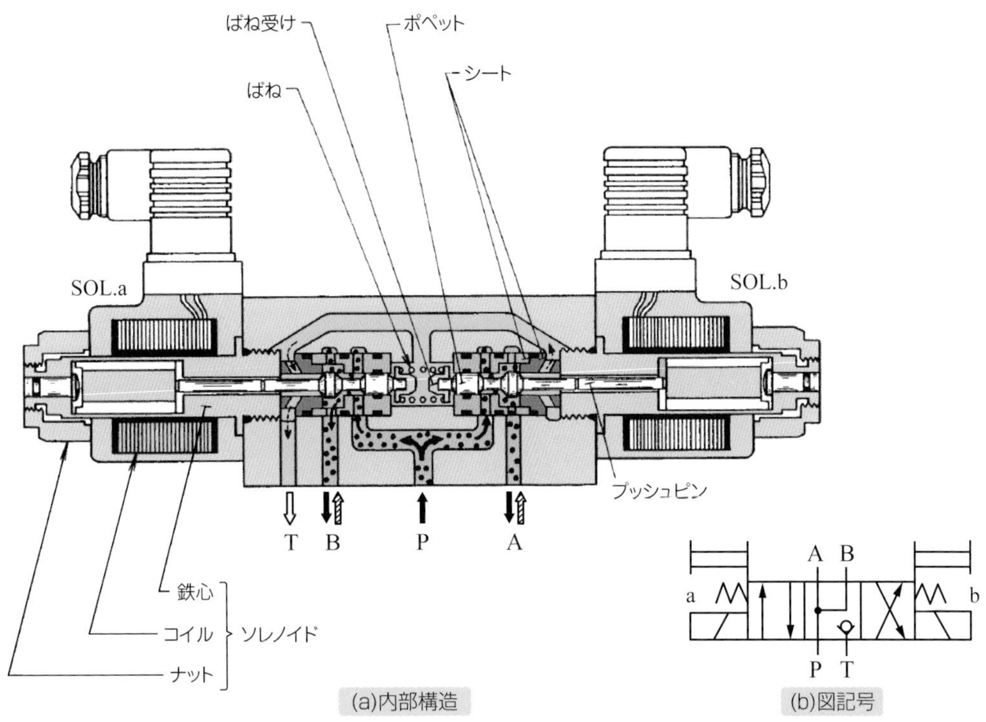

図2-19　ポペット形電磁方向切換弁(4ポート弁・ノーマルオープン形)[1)]

● 3ポート弁・ノーマルクローズ形の作動原理

図2-20に、3ポート弁のノーマルクローズ形を示します。SOL.aが励磁されていないノーマル位置において、Pポートからの圧油は、ポペットのシートへの着座によって完全に閉鎖され、AポートとTポートは接続されています。したがって、SOL.aが非励磁ではポートのAからTへの流れがあります。SOL.aが励磁されると、ポペットが右方に移動してシートに着座し、ポートのPとAは解放され、ポートのAとTは閉鎖されます。よって、ポートのPからAへの流れを生み、ポートのAからTへの流れは遮断されます。

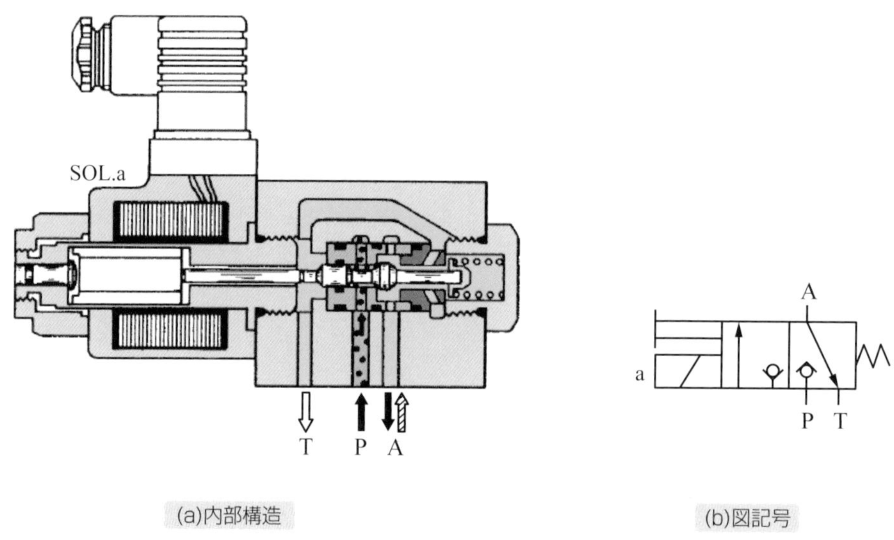

図2-20　ポペット形電磁方向切換弁(3ポート弁・ノーマルクローズ形)[1)]

2-11 ポペット形電磁パイロット切換弁

図2-21は、**ポペット形電磁パイロット切換弁**の内部構造と図記号です。このバルブは、4個のポペットを持つ主弁、パイロット弁、3個のチェック弁を持つパイロットセレクタ弁から構成されます。このようなバルブを**複合弁**と呼びます。

● 作動原理

電磁弁がソレノイドSOL.aとSOL.bが励磁されていないオフの状態では、Pポートからの圧油は、パイロット弁がPAB接続なのでスプール弁内を通り、主弁ポペット4個(AT、PA、BT、PB)のばね側に送られています。したがって、主弁内のポペット4個は完全に閉じて漏れがないために、ポートのP、A、B、Tは相互に未接続です。

電磁弁のSOL.aをオンに、SOL.bをオフにすると、Pポートから圧油は、チェック弁を通してポペットATとPBのばね側に導通します。また同時に、スプールの移動により、ポペットPAとBTのばね側はTポートに導通します。したがって、ポペットATとPBは閉鎖され、ポペットPAとBTは解放されますので、Pポートからの圧油はポペットPAを押し上げてAポートへ、Bポートからの圧油はポペットBTを押し上げてTポートへと流れます。

反対に、電磁弁のSOL.aをオフに、SOL.bをオンにすると、Pポートからの圧油はポペットPBを押し上げてBポートへ、Aポートからの圧油はポペットATを押し上げてTポートへと流れます。同図(b)は、ソレノイドの励磁とスプールの切換位置について整理したものです。なお、ポペット形電磁パイロット切換弁は、パイロット弁とパイロットセレクタ弁の様々な組み合わせを選ぶことで、方向制御のほかに流量制御や圧力制御が可能な**多機能弁**ともなります。

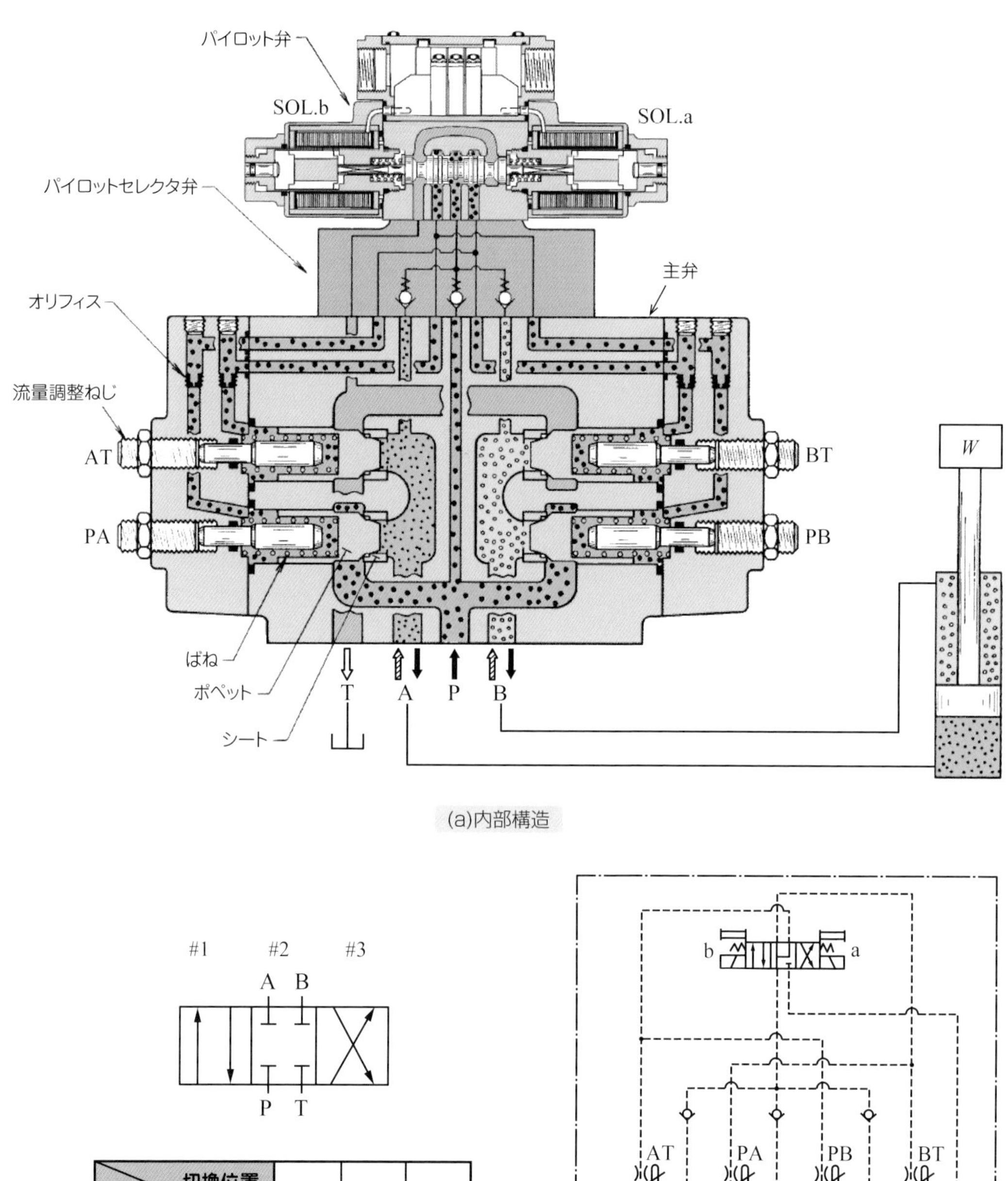

(a)内部構造

切換位置 / ソレノイド	#1	#2	#3
SOL.a	ON	OFF	OFF
SOL.b	OFF	OFF	ON

(b)ソレノイドの励磁と切換位置

(c)図記号

図2-21　ポペット形電磁パイロット切換弁[1)]

2-12 ポペット形電磁弁

ポペット形電磁弁は、ソレノイドによってポペットを動かし、作動油の流れを完全に閉鎖できる2方向2位置の方向制御弁です。図2-22は、ポペット形電磁弁の内部構造と図記号です。

● 作動原理

ソレノイドが非励磁のとき、Xポートの圧力がYポートの圧力より高ければ、プランジャポペットおよび差動ポペットはともにシートに着座し、XポートからYポートへの流れはありません(同図(a))。逆に、Yポートの圧力がXポートの圧力より高くなると、差動ポペットが上方に押され、Yポートが入口でXポートが出口の自由流れとなります。

Xポートの圧力がYポートの圧力より高いときに、ソレノイドが励磁されると、可動鉄心のプランジャポペットは固定鉄心に吸い寄せられ、ばね力に打ち勝って上方向に移動します(同図(b))。プランジャポペットはシートから離れて、Xポートから①の小孔を経て②の小孔を通り、Yポートへの流れが生まれます。これによって、差動ポペットの環状面積に差圧が生じて、差動ポペットは上方に動きスリーブシートの座面から離れ、XポートからYポートへの逆自由流れを許します。自由流れと逆自由流れについては後述します。

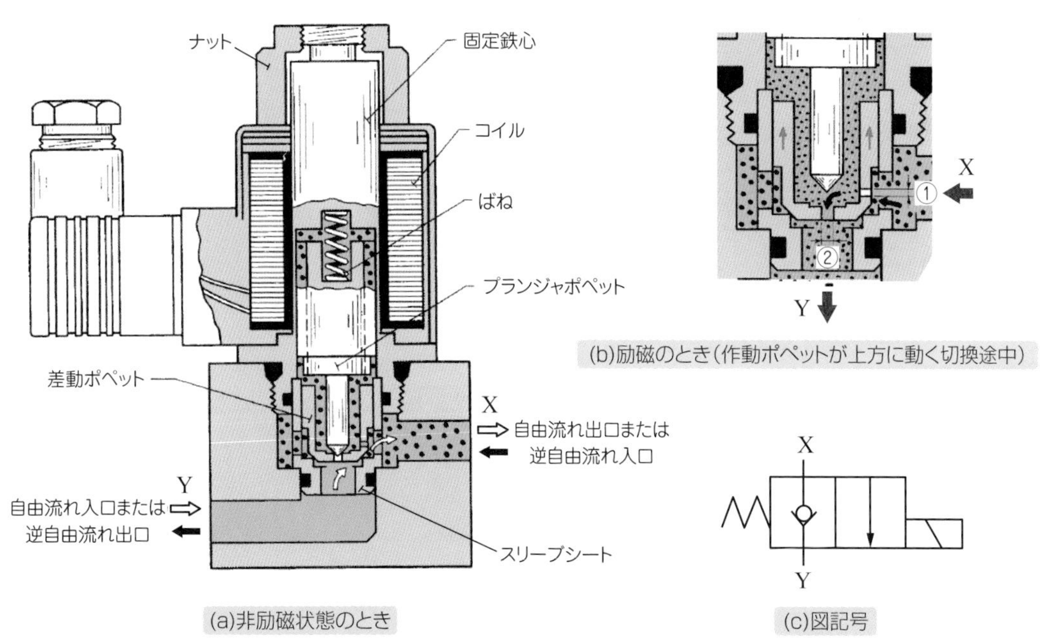

図2-22　ポペット形電磁弁[1)]

2-13 シャットオフ電磁弁

シャットオフ電磁弁は、ソレノイドによりポペットを動かし、入出口の流路を開閉する2方向の電磁方向切換弁です。このバルブは、ポペット形なので内部漏れ量が極めて少なく毎分で数滴足らずで、応答性にも優れています。以下では、**ノーマルオープン形**と**ノーマルクローズ形**について説明します。

● ノーマルオープン形

図2-23と図2-24は、シャットオフ電磁弁の内部構造と図記号です。図2-23では、中央位置でノーマルオープン形のシャットオフ電磁弁を示します。ソレノイドが励磁されていない状態では、ポートAとポートBは導通し、各ポートの圧力の高低差によってポートAからBあるいはポートBからAへの双方向の流れが生じます。ソレノイドをオンにすると、可動鉄心がプッシュピンを押して、ポペットはばね力に抗して右方に動き、スリーブのシートに着座して、ポートAとポートBは完全に閉鎖されます。

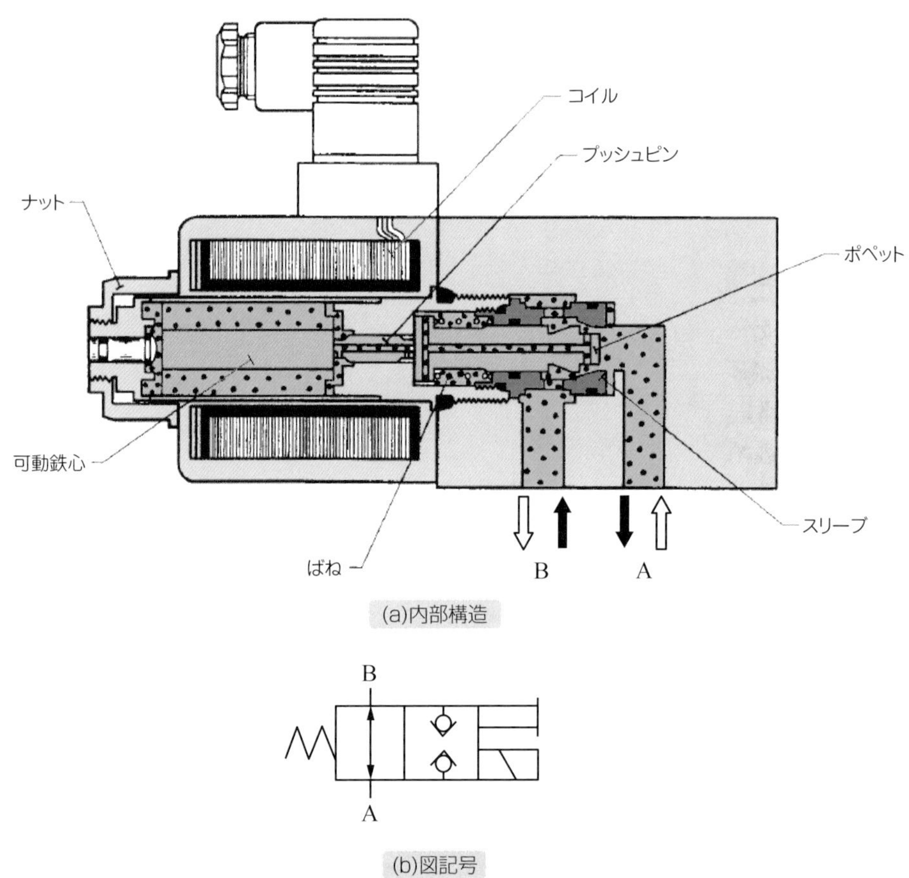

図2-23　シャットオフ電磁弁(ノーマルオープン形でソレノイドがオフのとき)[1)]

● ノーマルクローズ形

図2-24では、中央位置でノーマルクローズ形のシャットオフ電磁弁を示します。ソレノイドが励磁されていない状態では、ポペットはスリーブのシートに着座してポートAとポートBは閉鎖されています。ソレノイドをオンにすると、可動鉄心がプッシュピンを押して、ポペットはばね力に抗して右方に動き、ポペットはスリーブのシートから離れます。したがって、両ポートはポペットにより解放され、各ポートの圧力の高低差によってポートAからBあるいはポートBからAへの双方向の流れが生じます。

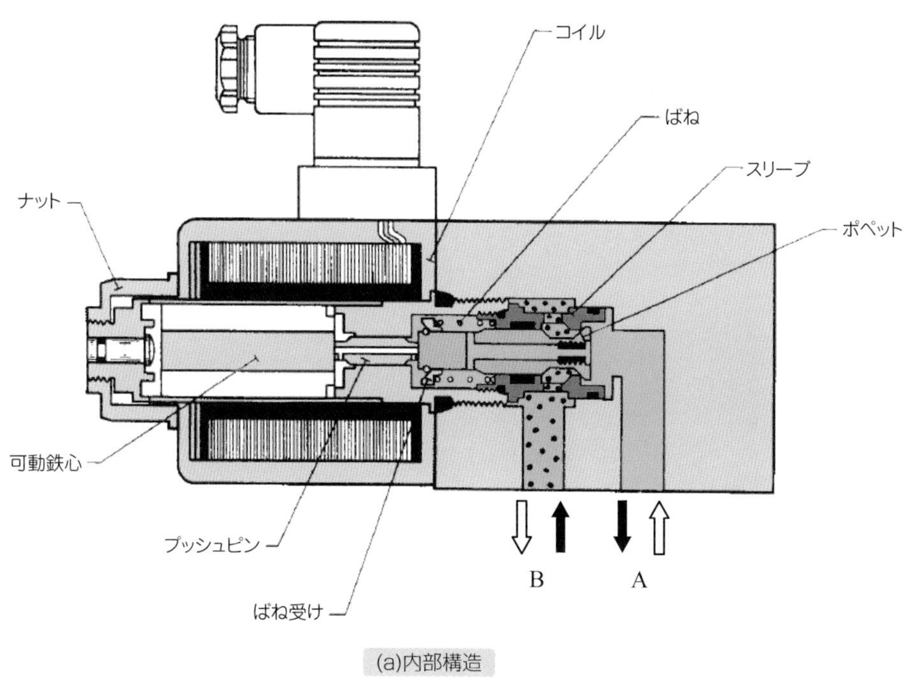

(a)内部構造

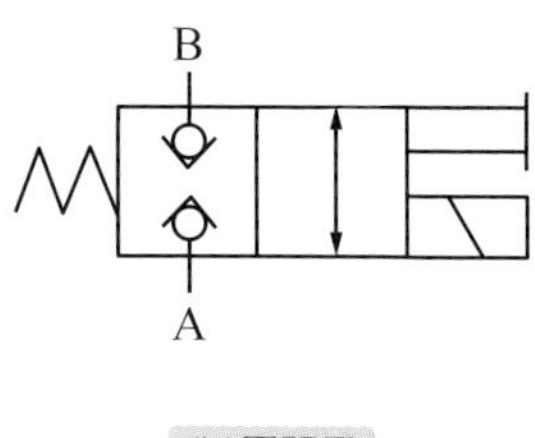

(b)図記号

図2-24 シャットオフ電磁弁(ノーマルクローズ形でソレノイドがオフのとき)[1)]

2-14 パイロット操作チェック弁

パイロット操作チェック弁は、遠隔からのパイロット圧力によって強制的に弁体を開閉するバルブです。パイロット操作チェック弁は、主にプレスやリフトなどの負荷重量のため、油圧回路内に漏れが生じ自由落下を防止するために使用されます。

● 自由流れと逆自由流れ

図2-25は、パイロット操作チェック弁の内部構造です。パイロットポートに圧力が導入されないならば、通常のチェック弁と同様に、AポートからBポートへの流れとなり、BポートからAポートへの逆の流れは阻止します(同図(a))。このような流量を制御しない流れを**自由流れ**と呼びます。

チェック弁で逆の流れを必要とするならば、**パイロット圧力**と呼ばれる外部からの遠隔圧力信号がパイロットポートに送られます。ピストンおよびピストンロッドは、圧油により上方に移動してポペットを強制的に押し上げます。よって作動油は、BポートからAポートへと逆に流れます(同図(b))。このような流れを**逆自由流れ**と呼びます。

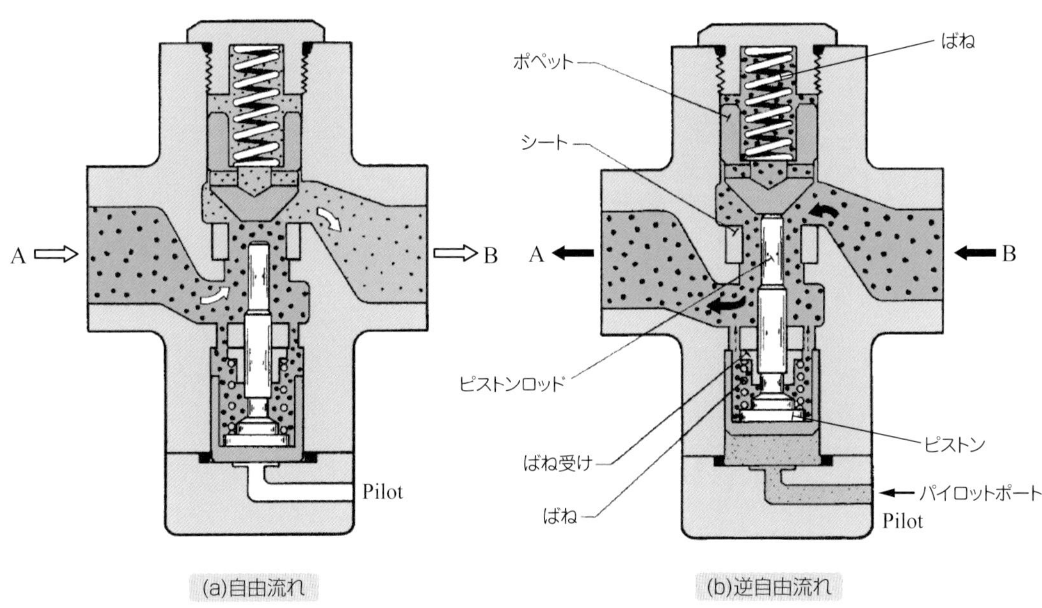

図2-25　パイロット操作チェック弁(内部ドレン)[1)]

● 内部ドレン形と外部ドレン形

パイロット操作チェック弁にはドレン形式があり、図2-26は内部ドレン形と外部ドレン形の内部構造と図記号です。内部ドレン形では、パイロット圧力によりピストンが上方に押されることによって、ピストン上面の作動油はAポート（逆自由流れの出口ポート）にて主流と合流します（同図(a)）。外部ドレンでは、この作動油はドレンポートから独立して油タンクに戻されます(同図(b))。

逆自由流れの場合で、Aポートが油タンクへ直接に開放されているときは、内部ドレン形が利用されます。しかし、絞り弁やカウンタバランス弁との併用でAポートに圧力が加わる使用法では、Aポートの背圧によってピストンが押し戻され、ポペットの振動が発生するので、外部ドレン形を用いる必要があります。このような振動現象を弁の**チャタリング**と呼びます。

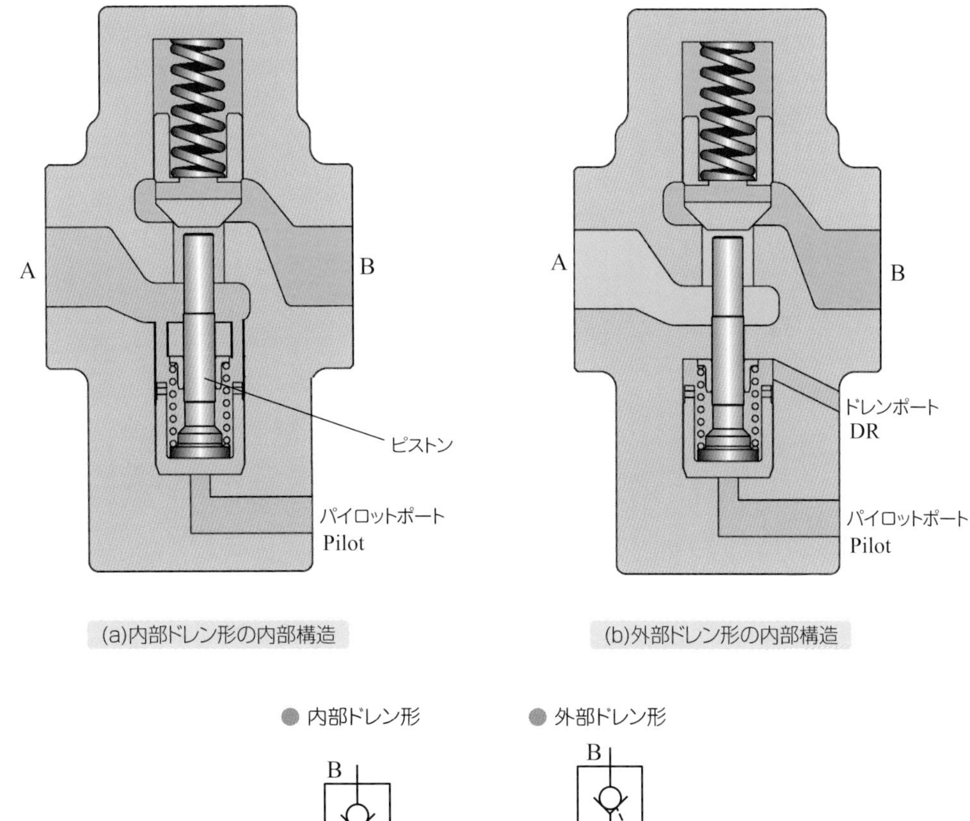

図2-26　パイロット操作チェック弁のドレン形式[1)]

● パイロット操作チェック弁を用いた油圧回路

図2-27は、パイロット操作チェック弁を流量制御に用いた内部ドレン形と外部ドレン形の油圧回路例です。電磁方向切換弁の中央位置にはABT接続が用いられています。パイロット操作チェック弁と一方向絞り弁の位置に注目してください。Bポートから Aポートへの逆自由流れのとき、Aポートの圧力p_1が直接に油タンクに解放されているならば、内部ドレン形が用いられます(同図(a))。もちろん、この回路で外部ドレン形を選定しても問題ありませんが、余計な配管の手間が掛かります。

しかし、絞り弁によりp_1に背圧が生じるならば、外部ドレン形が使用されます(同図(b))。もしもこの回路に内部ドレン形を選定すると、Aポートに生じた背圧により、パイロットピストンを逆に押し下げるのでポペットは閉じ、一時的に流れが止まります。その直後に、Aポートの圧力p_1は低下して、ポペットは再び開き、ポペットの開閉の繰り返しによるチャタリングが起こります。なお、図記号の▲は、油圧ポンプ、油タンク、電動機などから成る油圧源を表し、旧JISのJISB0125-1 : 2001で定義されていました。

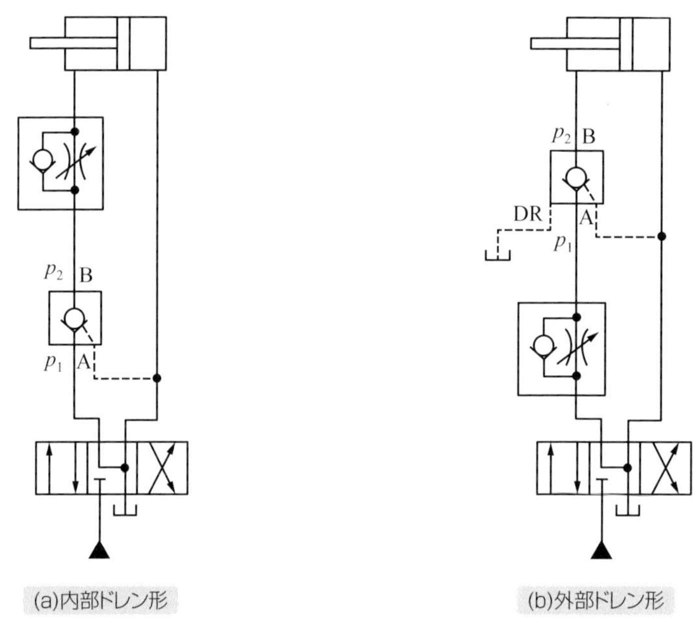

図2-27　パイロット操作チェック弁の流量制御での油圧回路

● ロッキング回路

図2-28は、パイロット操作チェック弁を用いてシリンダを確実に停止させる**ロッキング回路**であり、内部ドレン形と外部ドレン形を用いた油圧回路です。同図(a)では、電磁方向切換弁の中央位置にABT接続が用いられています。したがって、パイロットポートは必ず油タンクと導通していますので、内部ドレンでもポペットを確実に保持しロックキング回路として機能します。同図(b)は、電磁比例流量・方向制御弁の中央位置にはAポートとBポートに絞りがあります。したがって、逆自由流れの出口に背圧が生じてしまうので、外部ドレン形を用います。この油圧回路でもし内部ドレン形を選べば、チャタリングが起きてしまいます。

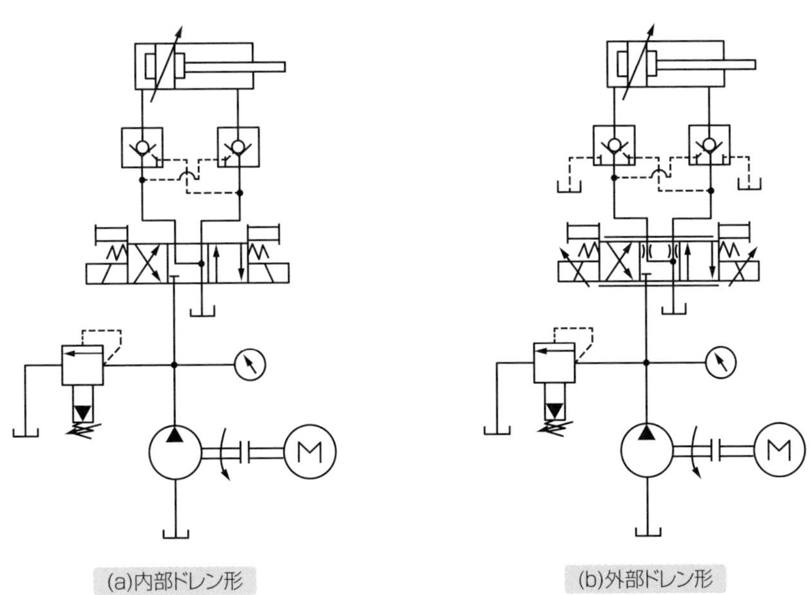

図2-28　パイロット操作チェック弁のロッキング回路での油圧回路

● デコンプレッション形

パイロット操作チェック弁にて、高い圧力で封じ込まれているポペットを急激に開口すると、圧力に激しい変動が起き、機器の衝撃や騒音が発生します。これを防ぐために、一般形に対して**デコンプレッション形パイロット操作チェック弁**を用います。ここで、デコンプレッション(Decompression)とは「減圧」や「圧抜き」という意味です。

図2-29は、デコンプレッション形パイロット操作チェック弁の内部構造です。このバルブは、主弁の内部に小さなデコンプレッションポペットが組み入れられています。これにより、主弁のポペットが開く前に小弁を押し開き、バルブ内の高圧力を前もって減圧させてから主弁を開く機構を持ちます。デコンプレッション形は、プレス加工後の戻り行程などで急激な圧力解放による衝撃緩和のため、また位置や圧力の保持を確実にするために利用されます。

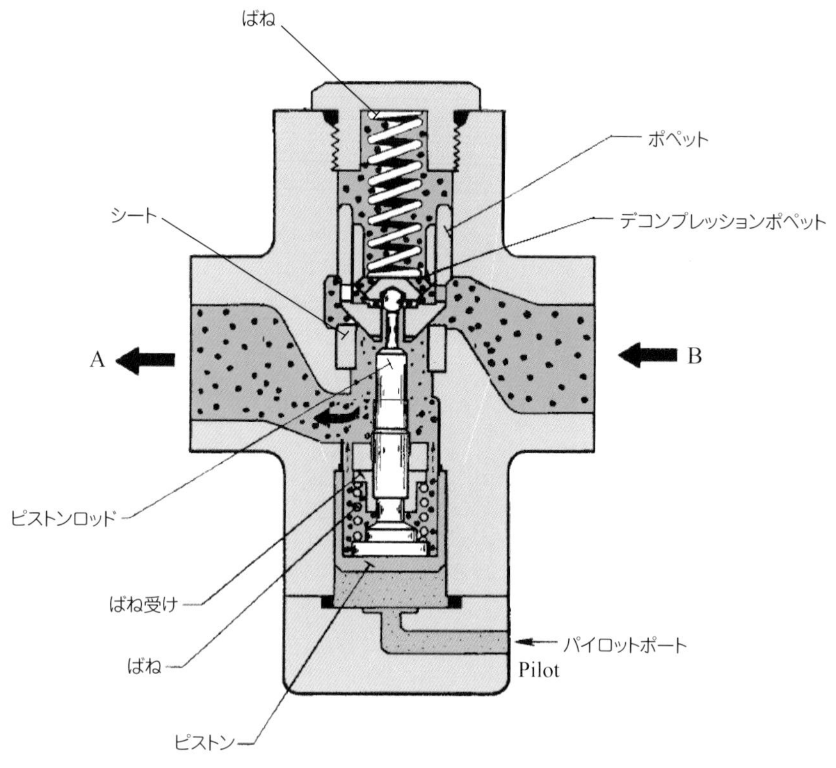

図2-29　デコンプレッション形パイロット操作チェック弁[1)]

● パイロット操作チェック弁の特性

図2-30にパイロット操作チェック弁の特性例を示します。同図(a)は、逆自由流れにおいて、ポペット(主弁)ならびにデコンプレッションポペット(小弁)を開くための最低限で必要なパイロット圧力(クラッキング圧力)を表しています。図中では、クラッキング圧力がp_c=0.5MPaと0.04MPaのバルブについて、主弁の特性は汎用形もデコンプレッション形も同じ実線で示し、小弁の特性は破線で示します。このグラフから主弁と小弁を開くための**最低パイロット圧力**は、逆自由流れ入口側(Bポート)の圧力に対し、それぞれ約45%と約5%であることがわかります。たとえば、逆自由流れ入口側圧力がp_2=20MPaのとき、それぞれ主弁の最低パイロット圧力p_pは約9MPa、小弁の最低パイロット圧力p_pは約1MPaです。この最低パイロット圧力の値は、ピストンの受圧面積、ポペットのシート部受圧面積、ポペット弁のばね定数により決定されます。

同図(b)は自由流れ時と逆自由流れ時での圧力降下特性を表しています。このグラフから、破線で示す逆自由流れの圧力降下値は、実線で示す自由流れに比べて小さいことがわかります。

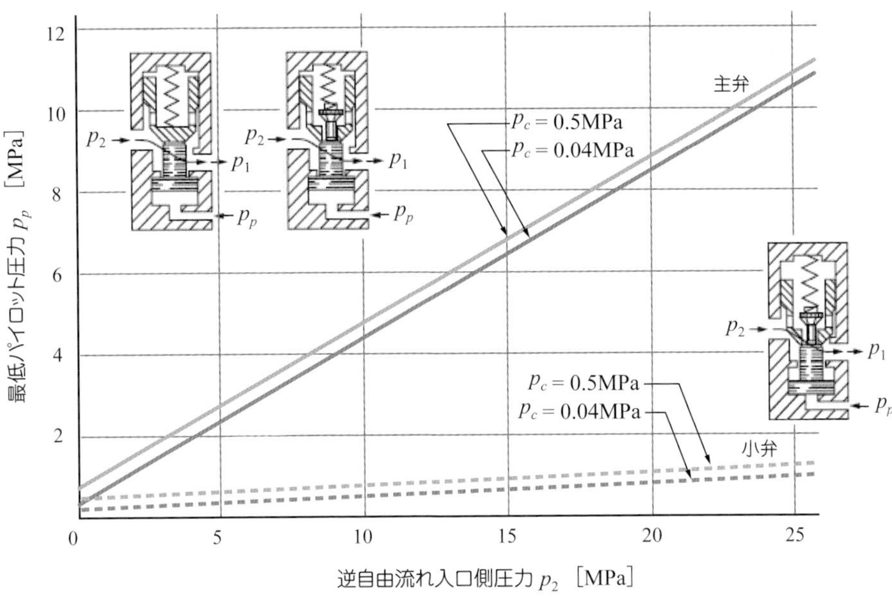

(a)最低パイロット圧力(3/4口径)

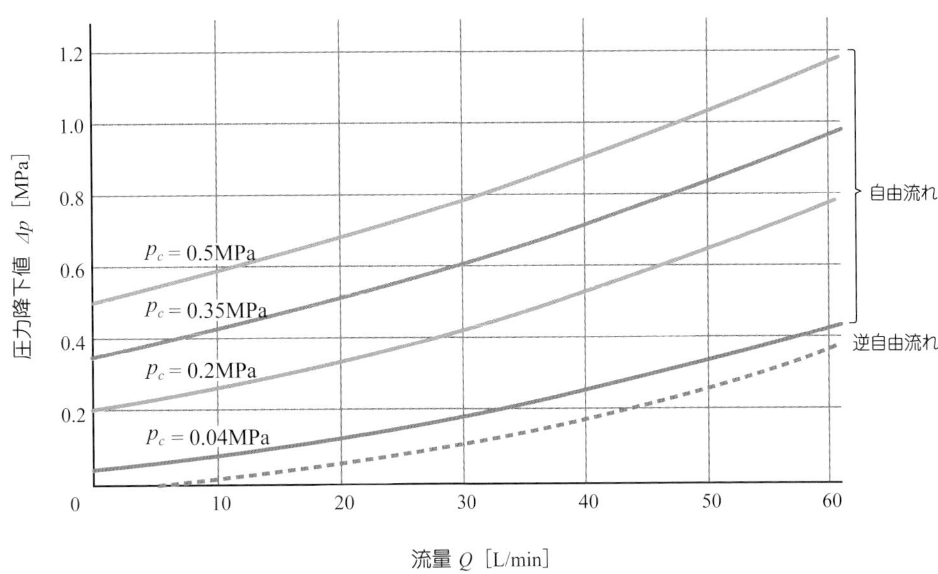

(b)圧力降下特性(3/8口径、作動油の動粘度:30mm²/s)

図2-30　パイロット操作チェック弁の特性 [1)]

2-15 マルチプルコントロール弁

図2-31にマルチプルコントロール弁の外観と図記号を示します。**マルチプルコントロール弁**は、複合多連制御弁とも呼ばれ、建設機械・農業機械やフォークリフトなど主に車両に用いられています。このバルブは、スプールを移動することにより、複数の油圧アクチュエータを方向制御できるとともに、圧力制御や流量制御をする機能も組み入れています。ボディーの構造は、モノブロック形とセクショナル形に分類できます。前者は一つのボディーの中に複数の同種のバルブを組み込みスプールと機能部を一体化し、後者はボディーをスプールと機能部ごとに分割化しています。

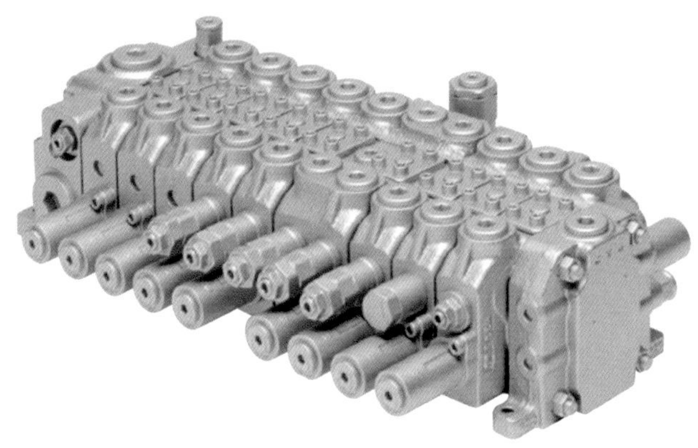

(a)外観

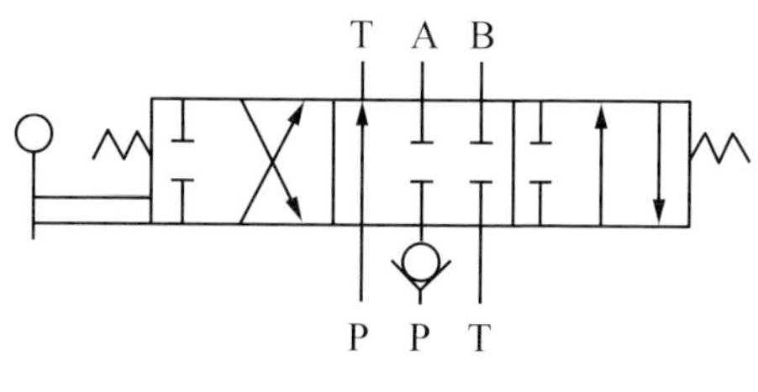

(b)図記号

図2-31　マルチプルコントロール弁の外観と図記号[5)]

● 内部構造と作動原理

図2-32は、セクショナル形のマルチプルコントロール弁の内部構造例であり、6ポート3位置方向制御弁、メインリリーフ弁、ロードチェック弁から成っています。同図(a)のとおり3個の方向制御弁のスプールセクション、インレットセクション、アウトレットセクションの3つのセクションに別けられ、互いにタイロッドボルトで固定されています。同図(b)に上面から見た図を示します。

図2-33に示す方向制御弁は、ノーマル位置の状態(同図(a))から、スプール左端を手動レバーで右方向に押したり(同図(b))、左方向に引いたり(同図(c))して作動油の流れ方向を変えます。図2-32に示すポンプポート(Pポート)からの圧油は、バルブ内で並列に配置された中立流路と高圧流路(パラレルフィーダ通路)に導かれます。

まず、図2-33(a)のスプールがノーマル位置では、中立流路は、それぞれのセクションブロックを貫通してタンクポート(Tポート)に接続しているため、圧油は中立流路を通ってTポートから油タンクに戻ります。このとき、アクチュエータへ導かれるAポートとBポートは閉ざされています。

つぎに、同図(b)のスプールが押しの位置では、中立流路が閉ざされるため、圧油は高圧流路の圧力によりロードチェック弁を押し、U字型流路を通りスプール左部を経てBポートへと流れます。このとき、アクチュエータの残油はAポートを通り、スプール右部を経て低圧流路を抜けTポートへと還流されます。

また、同図(c)のスプールが引きの位置では、同様に中立流路が閉ざされるため、圧油は高圧流路の圧力によりロードチェック弁を押し、U字型流路を通りスプール右部を経てAポートへと流れます。このとき、アクチュエータの残油はBポートを通り、スプール左部を経て低圧流路を抜けTポートへと還流されます。

上記のスプールが押しおよび引きの状態で手動レバーを放すと、スプール右端のばねにより中央位置に復帰します。なお、ロードチェック弁は、手動で緩やかにスプールを切り換えるため、負荷作動時にアクチュエータ側からの圧油が逆流して負荷圧力が下がり、負荷装置が下降するのを防ぐ役割を持ちます。

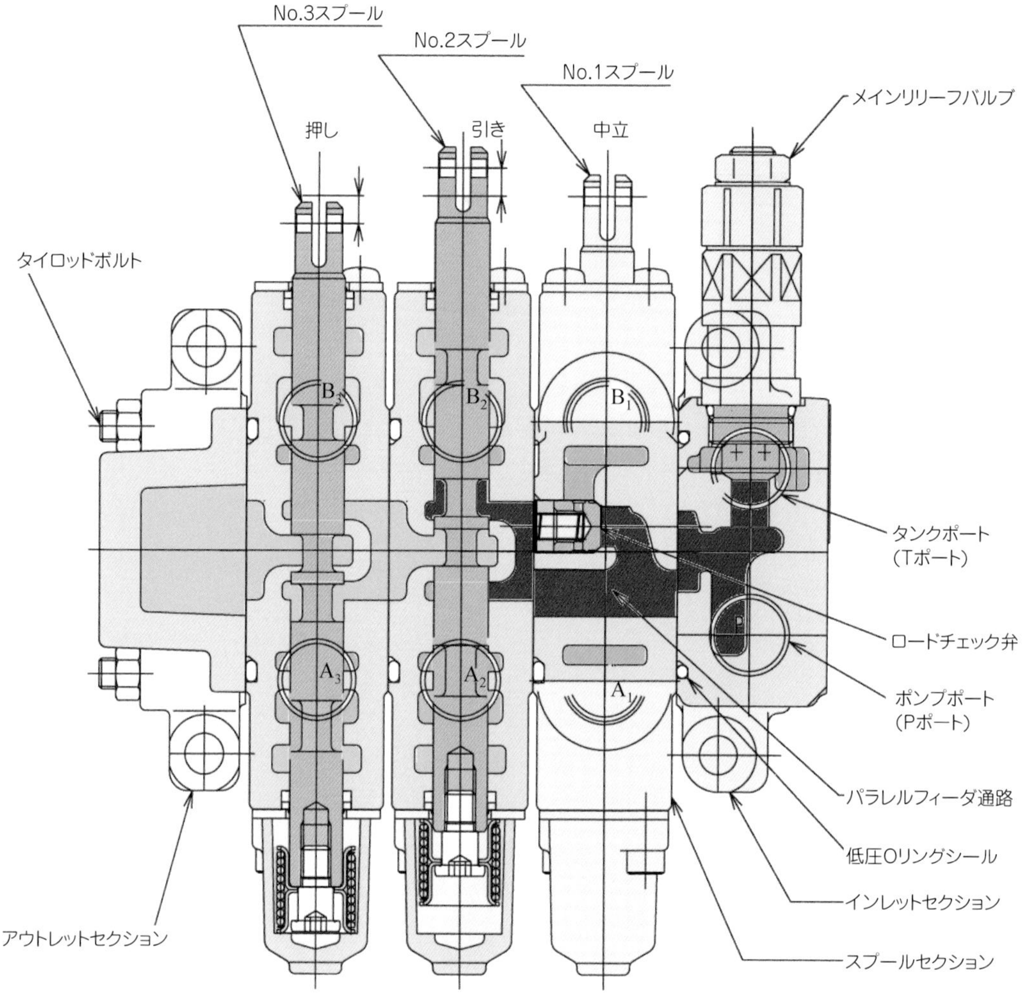

No.3スプール
No.2スプール
No.1スプール
メインリリーフバルブ
押し
引き
中立
タイロッドボルト
B_2
B_2
B_1
A_3
A_2
A_1
タンクポート
(Tポート)
ロードチェック弁
ポンプポート
(Pポート)
パラレルフィーダ通路
低圧Oリングシール
インレットセクション
スプールセクション
アウトレットセクション

(a)全体の構成

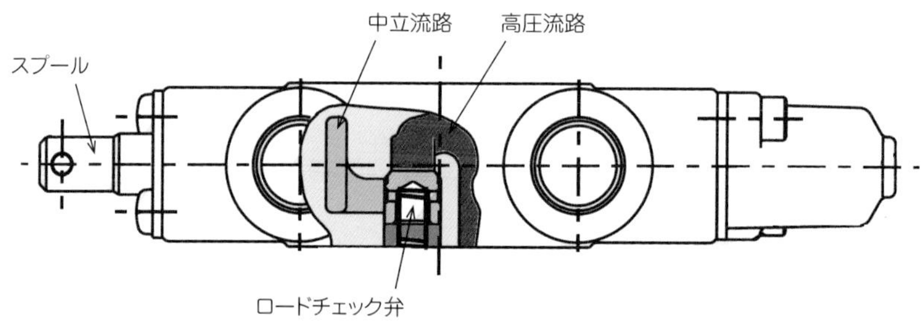

(b)スプールセクションの上面図

図2-32　マルチプルコントロール弁の内部構造[5)]

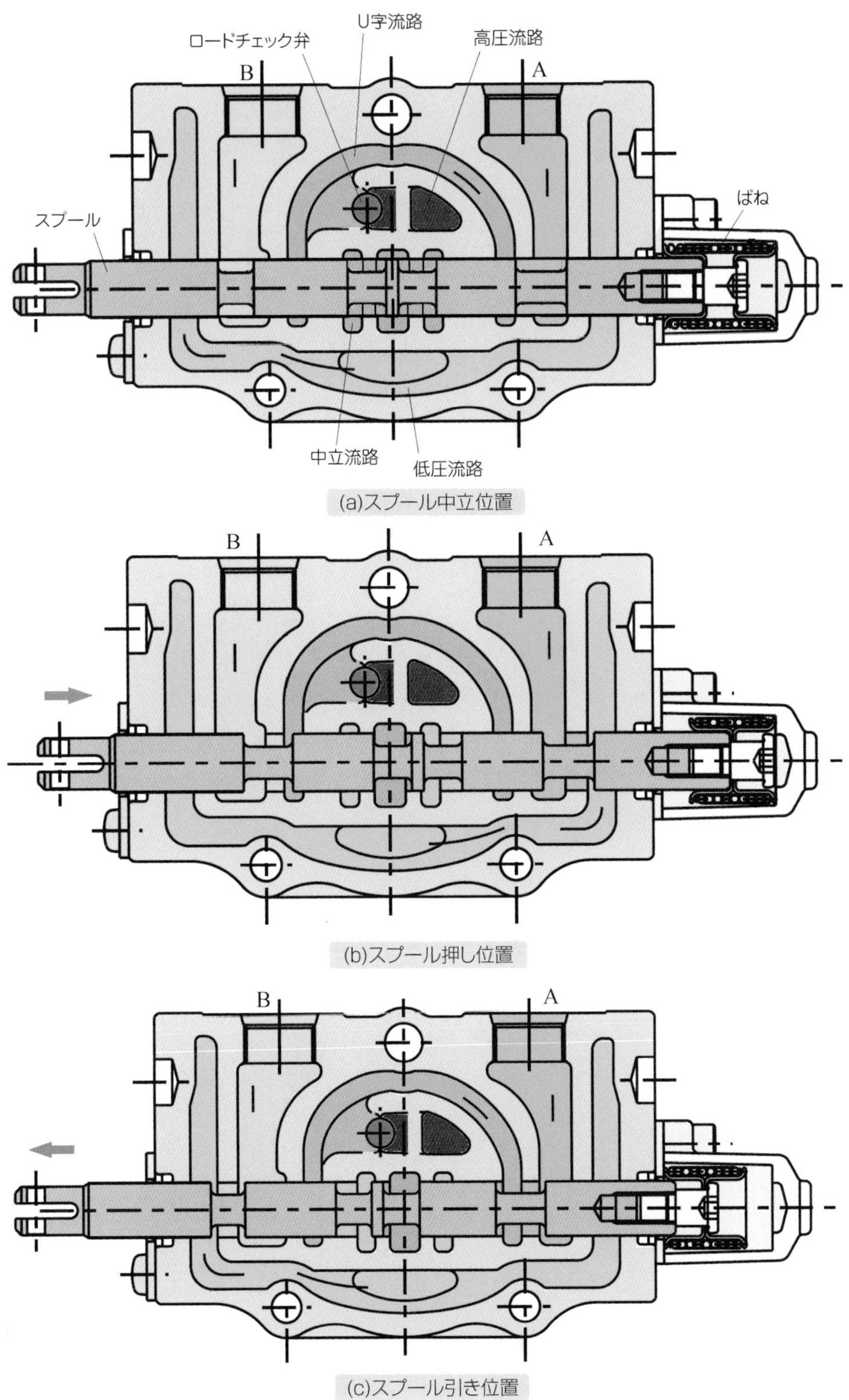

図2-33 マルチプルコントロール弁のスプール位置[5)]

● マルチプルコントロール弁の油圧回路

図2-34に示すとおり、マルチプルコントロール弁を用いた基本構成は、主に3つの油圧回路があります。同図(a)の**パラレル回路**では、圧油が個々のバルブに並列に供給されるので、各スプールを同時に操作したときに、各アクチュエータを同時に操作できます。ただし、アクチュエータポートの負荷圧力比に応じて流量の分配比が変化するので、注意を要します。

同図(b)の**タンデム回路**では、任意のスプールを切り換えるとPポートが閉じて、このスプールの下流側には圧油は供給されません。よって、ほかの下流側のスプールを操作してもアクチュエータは作動しません。タンデム回路は、油圧ポンプからの圧油をほぼ全量、単一のアクチュエータポートに送ることができるため、アクチュエータを確実に作動させる用途に適しています。

同図(c)の**シリーズ回路**では、上流側のアクチュエータが優先されて、その戻り側の作動油を下流側のバルブに送り込み、2個以上のアクチュエータを操作することができます。負荷圧力の合算値がポンプ圧力と等しくなるので、各アクチュエータの作動圧力が低下しまう短所があります。

タンデム回路とパラレル回路の例として、図2-32(a)に示したようにNo.2とNo.3のスプールが同時に作動している場合を考えると、タンデム回路では、ポンプポートに近いNo.2(引きの状態)のアクチュエータのみが作動し、No.3(押しの状態)のアクチュエータは停止します。これに対して、パラレル回路では、接続しているアクチュエータポートの中で、圧油は負荷圧力の低い方に多く流れ、負荷圧力の高い方に少なく流れます。

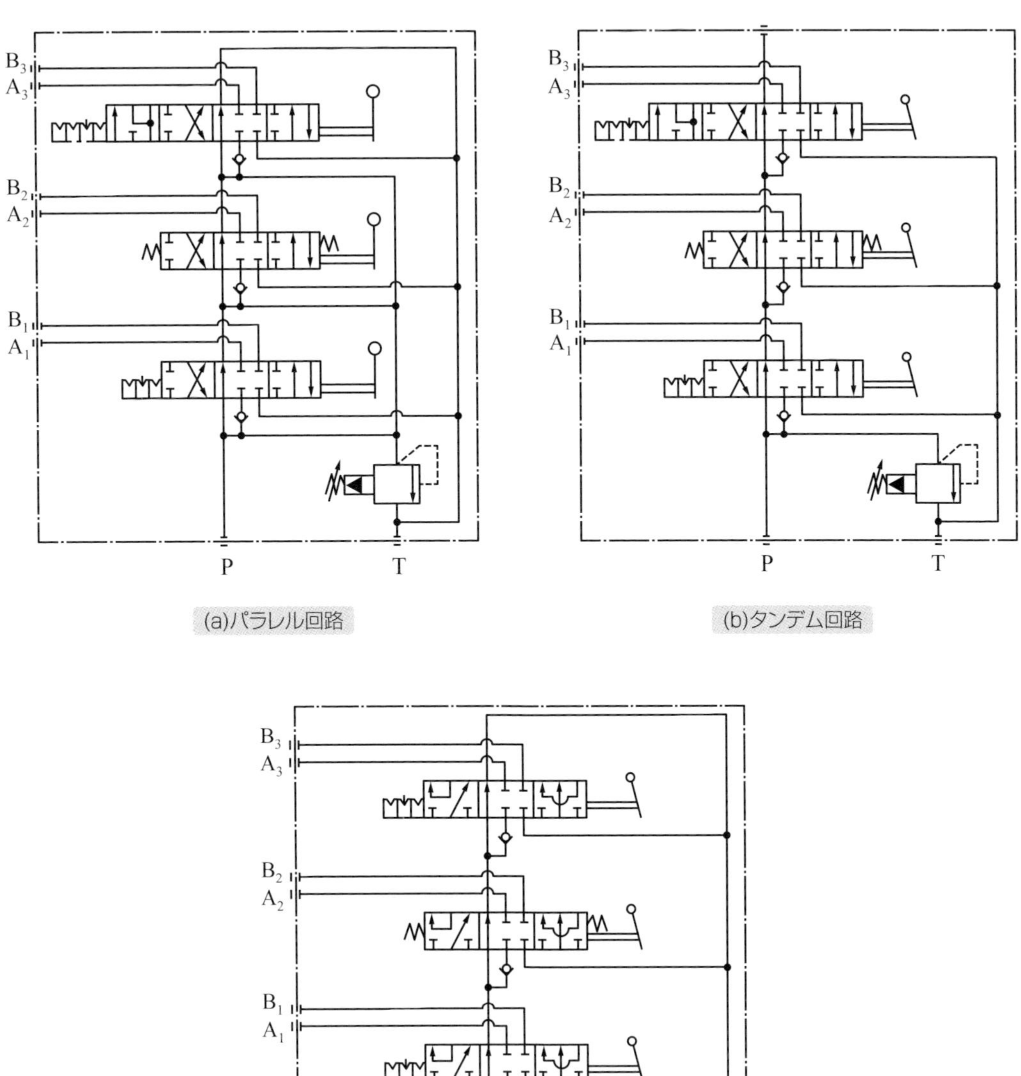

(a)パラレル回路

(b)タンデム回路

(c)シリーズ回路

図2-34　マルチプルコントロール弁を用いた油圧回路

memo

第3章　圧力制御弁

圧力制御弁は、作動油の圧力を制御するバルブです。このバルブの役割は、回路内の圧力を一定な設定値に保持すること、最高圧力を制限すること、回路内の圧力が設定値に達すると回路を切換えることです。圧力制御弁の分類は、制御の目的や機能の違いによって、①リリーフ弁、②減圧弁、③カウンタバランス弁、④シーケンス弁、⑤アンロード弁、⑥アンロードリリーフ弁、⑦ブレーキ弁、⑧バランシング弁などがあります。

3-1 リリーフ弁

リリーフ弁は、回路内の圧力を設定値に保持するために、作動油の一部または全部を油タンクに逃がす圧力制御弁です。ここでリリーフ(Relief)とは、「緩和」とか「軽減」という意味で、ある値を超えた圧力を緩和軽減させるためのバルブです。リリーフ弁の役割には、ポンプや制御弁など油圧機器を過剰な圧力上昇から保護する安全弁としての役割も担っています。**安全弁**とは、油圧機器や管路などの破壊を防止するために、油圧回路の最高圧力を制限するバルブです。リリーフ弁は、直動形とパイロット作動形に大別されます。

● パイロットリリーフ弁

図3-1はパイロットリリーフ弁の内部構造と図記号です。**パイロットリリーフ弁**は、直動形に分類され、円錐形状のポペット、シート、ばね、ばね押し、圧力調整ハンドルなどから構成されます。ポンプで圧力が加えられた作動油、すなわち圧油が流入する圧力ポートおよび油タンクに接続されるタンクポートが設けられています。圧力ポートの圧力p_{in}が低いならば、ポペットは、ばねによって弁座のシートに押し付けられて閉ざされ、圧力ポートとタンクポートとは導通せず流れはありません(同図(a))。圧力ポートの圧力p_{in}が高まり、圧力調整ハンドルの設定圧力p_sに達すると、ポペットに働く圧力による力、すなわち油圧力はばね力に打ち勝ちます。これによって、ポペットがシートから離れてバルブは開き、流れが生じます(同図(b))。この圧力p_cは**クラッキング圧力**と呼ばれます。設定圧力は、圧力調整ハンドルのねじを回して、ばねの初期たわみ量によりばね力を変化させれば任意に調節できます。

● 直動形リリーフ弁

図3-2は、直動形リリーフ弁の内部構造です。**直動形リリーフ弁**の基本的な構造や図記号は、パイロットリリーフ弁とほぼ同じですが、ポペットとシートの形状が違います。圧力ポートからの圧油は、ポペット内の横穴を通り、ポペットシートとポペットで囲われた空間に充満しています。圧力ポートの圧力が低いときは、ポペットシートはばね力でポペットに押し付けられ、弁は閉じて流れはありません。圧力が高まると、ポペットおよびポペットシートに働く油圧力は、ばね力に打ち勝ちポペットシートがポペットから離れるため、両者の開口部から作動油が逃げます。直動形リリーフ弁は、パイロットリリーフ弁と異なり、ポペットとポペットシートの間に適切な隙間が設けられ、弁体のチャタリングを防止しています。

直動形リリーフ弁は、小型で構造が単純であり、低流量の主回路において最高圧力を制限するために用いられます。これに対して、**パイロットリリーフ弁**は、後述するようにパイロット操作形リリーフ弁のパイロット弁で用いられるほか、ベントポートに接続して遠隔動作によって、2圧制御などのパイロット弁としても利用されます。直動形リリーフ弁やパイロットリリーフ弁は、応答特性に優れている点にあります。その反面で後述する圧力オーバライド特性が大きく、チャタリングを起こしやすい欠点があります。

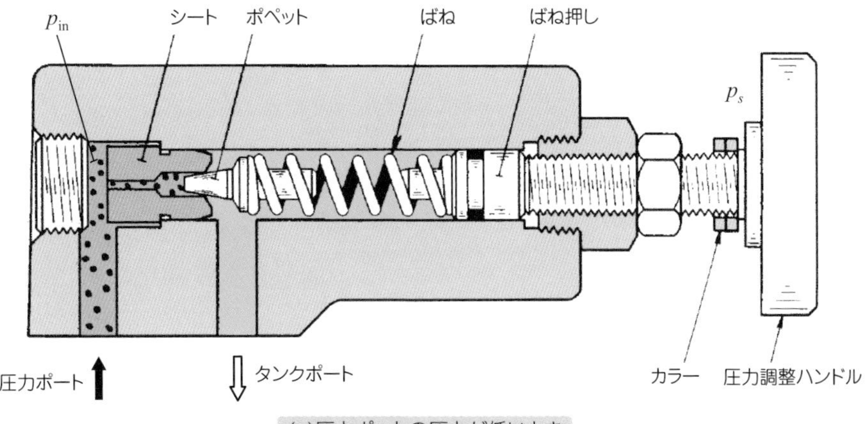

(a)圧力ポートの圧力が低いとき

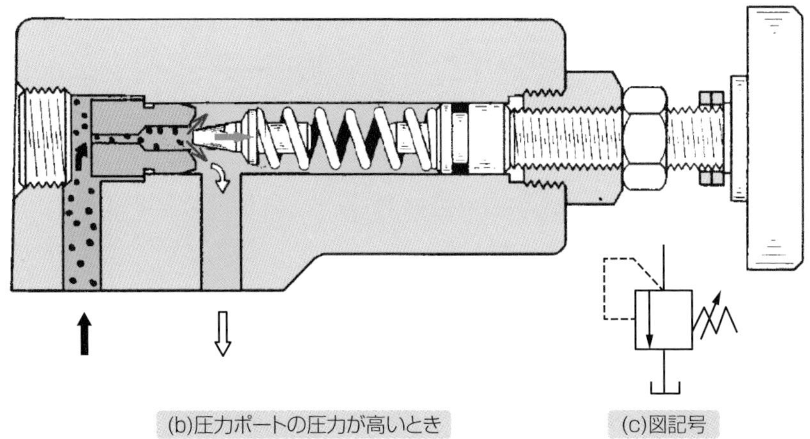
(b)圧力ポートの圧力が高いとき　(c)図記号

図3-1　パイロットリリーフ弁[1)]

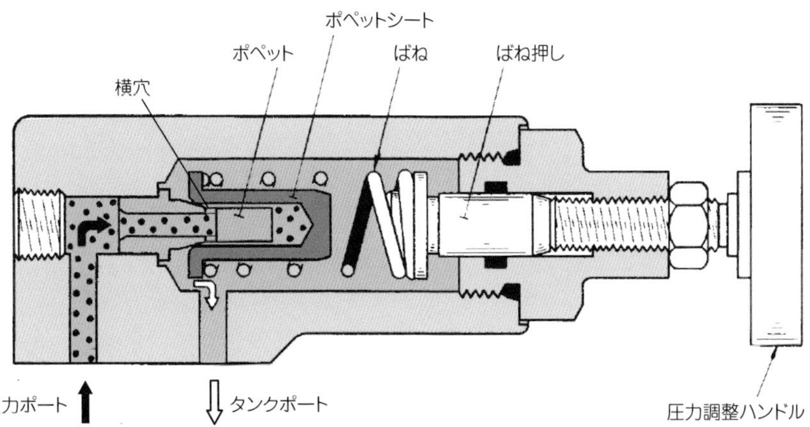

図3-2　直動形リリーフ弁[1)]

3-2 パイロット作動形リリーフ弁

図3-3は、**パイロット作動形リリーフ弁**の内部構造と図記号です。このリリーフ弁は、圧力調整機能を司るパイロット弁と、回路内の作動油を油タンクへと逃がす主弁によって構成されています。このリリーフ弁は、別名で**バランスピストン形リリーフ弁**と呼ばれます。パイロット弁はパイロットリリーフ弁と同じ構造です。主弁はメインピストン、シート、メインスプリングから主に成っています。なお、メインピストン上部のスペーサは、高周波数の流体音を低減するために挿入されています。ポートは3つあり、油圧回路に接続される圧力ポート、油タンクに接続されるタンクポート、そしてベントポートです。ポート面は、配管接続のための外部ポートを持つ**サブプレート**にボルトで接続され、Oリングで漏れを防止しています。以下では、ベントポートがプラグ(栓)で塞がれている状態について作動原理を説明します。なお、**ベント**とは作動油を外部に排出するための穴です。ベントポートの油圧回路については後述します。

● 作動原理

(1) 主弁：閉、パイロット弁：閉

回路の圧力が低いときは、圧力ポート圧力p_{in}が低いので、メインピストンはメインスプリングによる力でシートに押し付けられて、主弁は閉じて作動油の流れはありません(同図(a))。圧力ポートからのピストン下面の圧力p_{in}は、メインピストン内の細孔(チョーク絞り)を通り、ピストン上面に伝わっています。作動油の流れが無いのでメインピストン上面の圧力p_uは下面の圧力p_{in}に等しく、ピストン両面に働く油圧力は均衡しています。この圧力p_uは、連絡孔を介して、パイロットポペットの先端に圧力p_pとして働いています。この油圧力F_pは、ハンドルで設定されたパイロットばねの力F_sより小さいので、ポペットは閉じています。

(2) 主弁：閉、パイロット弁：開

圧力ポートの圧力p_{in}が上昇し、パイロット圧力p_pがばね力F_sによる設定圧力p_sに近づくと、クラッキング圧力p_{cp}(パイロット弁)にてパイロットポペットが開きはじめます(同図(b))。パイロットポペットを通る少量の圧油は、メインピストン中心の中央孔を経てタンクポートに流れ出ます。同時に、上流側ではピストン内の細孔に流れを生み出します。

(3) 主弁：開、パイロット弁：開

このメインピストンの細孔を通る流れは、流量に比例した圧力降下$p_{\mathrm{in}}-p_u$を引き起こし、ピストンの下面圧力p_{in}は上面圧力p_uより高くなります。ピストンの油圧力F_hがメインスプリングによる力F_mに打ち勝ってピストンは上方に移動し、クラッキング圧力p_{cm}(主弁)にてメインピストンが開き、多量の作動油が圧力ポートからタンクポートに逃げます(同図(c))。メインピストンは、圧力ポートの圧力p_{in}すなわち回路圧力を設定値に保持できる程度に開き、メインピストン上下面の油圧力とメインスプリングのばね力は平衡状態を保持します。

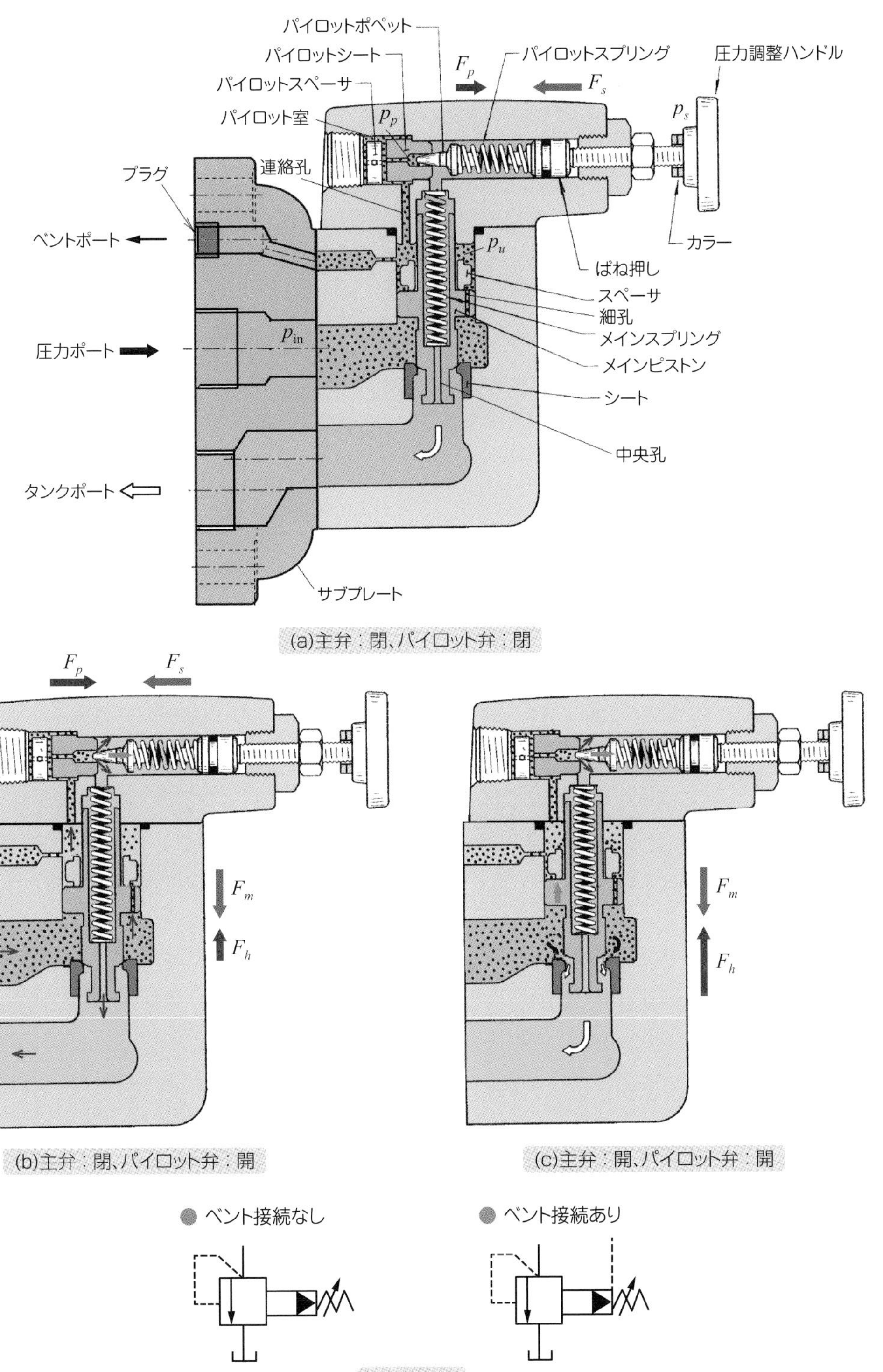

図3-3　パイロット作動形リリーフ弁 [1)]

● リリーフ弁の特性

図3-4は、圧力ポートp_{in}の上昇にともなって、リリーフ流量Qが最大流量Q_{max}を放出するまでの状況を表した静特性線図です。この性能曲線は**圧力オーバライド特性**と呼ばれています。なお、直動形とパイロット作動形は、リリーフ弁の設定圧力と定格流量が同じ値と仮定しています。圧力制御弁において、ある最小流量から最大流量までの間に増大する圧力を**オーバライド圧力**と呼びますが、リリーフ弁では設定圧力p_sとクラッキング圧力p_cとの圧力差p_s-p_cを差します。

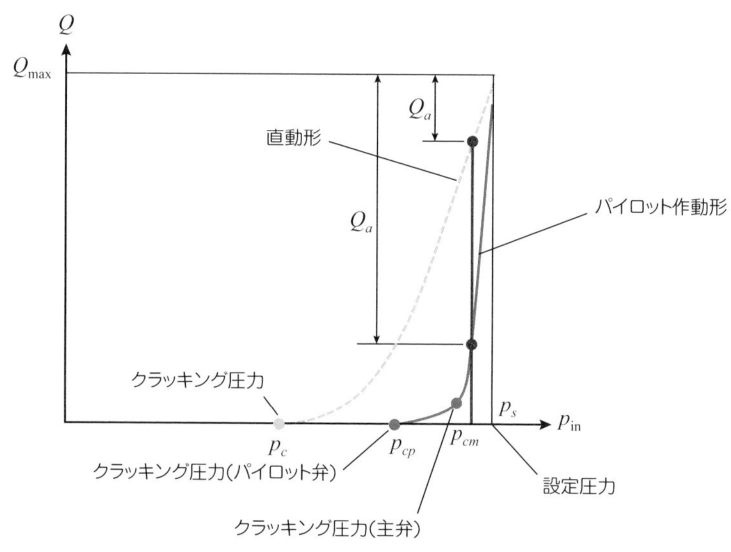

図3-4　リリーフ弁の圧力オーバライド特性

● リリーフ回路

図3-5はパイロット作動形リリーフ弁を使用した油圧回路例です。同図(a)の**リリーフ回路**において、定容量形ポンプの吐出口へのリリーフ弁の設置を考えます。回路圧力がp_{in}のとき(たとえば、図3-4の赤線)、最大流量Q_{max}からリリーフ流量Qを差し引いた流量Q_aがアクチュエータに流れて有効に使われます。したがって、圧力と流量の積である$p_{in}Q$が余剰の流体動力損失となり、油圧回路の効率低下を招きます。直形形とパイロット作動形とを比較すると、流量Q_aはパイロット作動形の方が大きく、すなわちオーバライド圧力が小さい方が圧力オーバライド特性に優れていることが理解できます。ハンドルなどによって圧力調整が可能な最も低い圧力は**最低調整圧力**と呼ばれ、リリーフ弁ではp_s=0.2～1.5MPa程度です。

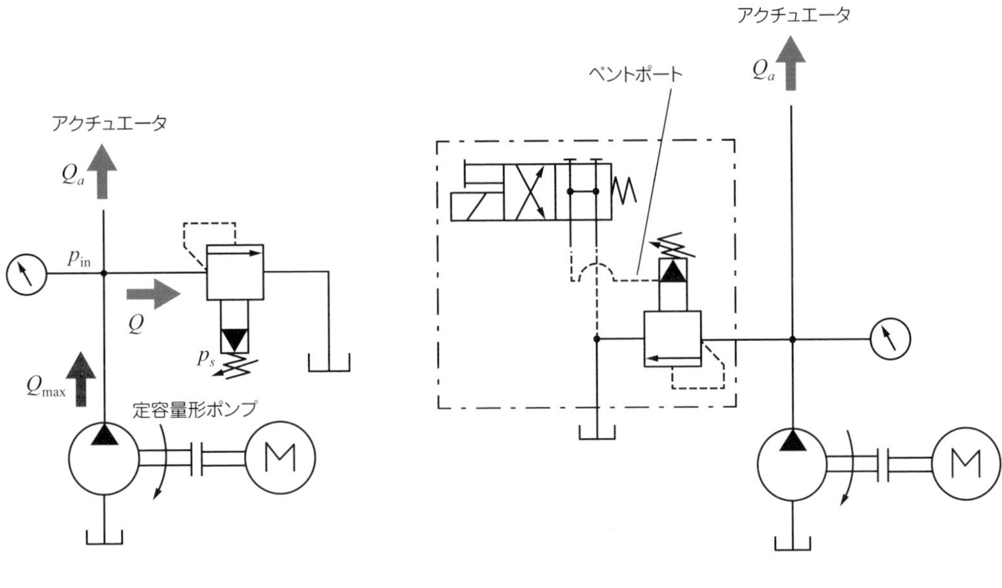

(a)リリーフ回路

(b)アンロード回路

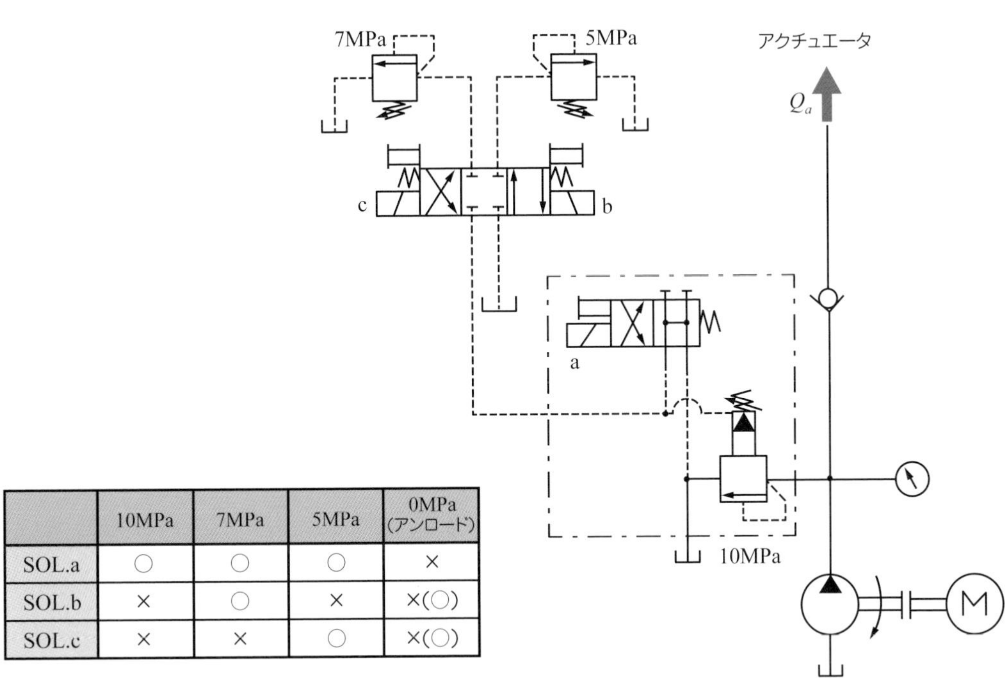

	10MPa	7MPa	5MPa	0MPa (アンロード)
SOL.a	○	○	○	×
SOL.b	×	○	×	×(○)
SOL.c	×	×	○	×(○)

(c)圧力制御回路

図3-5　リリーフ弁を用いた油圧回路の例

● アンロード回路

ベントポートは通常では閉じていますが(図3-3(a))、このベントポートの開閉によって油圧回路をアンロードまたはオンロードできます。**アンロード回路**とは、油圧回路への供給が必要でない場合に、ポンプ吐出し量を最低圧力で油タンクに戻すものです。

図3-5(b)に示すとおり、電磁方向切換弁がオンになると、ベント回路は閉鎖されています。電磁方向切換弁をオフにすると、ベントポートは油タンクに導通し、主弁のばね側は大気圧に解放されます。これによって主弁は、わずかなパイロット圧力で上方に押し上げられて、作動油は圧力ポートからタンクポートへと流れます。この際に、圧力調整ねじでの設定圧力に関わりなく、圧力ポートと導通している回路圧力は、無負荷状態すなわちアンロードとなります。なお、ベントポートと外部のバルブを接続する管路は、容積が大きいと弁体にチャタリングを生じることがあるので、できるだけ直径や長さを短くすることが必要です。

● 圧力制御回路

図3-5(c)は、ベント回路に電磁方向切換弁2個とパイロットリリーフ弁2個を使用して、遠隔制御にて油圧ポンプの最高圧力を4種の圧力に操作する圧力制御回路です。図中の表は、SOL.a、SOL.b、SOL.cの各ソレノイドの励磁状態を○、非励磁状態を×で示しています。それぞれの操作によって、回路圧力は無負荷(アンロードでほぼ0MPa)、5MPa、7MPa、10MPaの圧力値に4圧制御できます。なお、ベントには、ハイベント圧力形とローベント圧力形とがあり、それぞれアンロードからオンロードへの切換時間を短くしたいとき、長くしたいときに用いられます。

3-3 電磁切換付リリーフ弁

図3-6は、**電磁切換付リリーフ弁**の内部構造と図記号です。このバルブは、パイロット作動形リリーフ弁と両ソレノイド形電磁方向切換弁とを一体化し構成されます。電気信号によってポンプを無負荷運転させたり、これにパイロットリリーフ弁を増設して油圧システムの2圧制御や3圧制御をさせたりすることができます。たとえば、両ソレノイド形電磁方向切換弁のSOL.aをオンにすると、ベントポートはリモートコントロールポートAに導通し、SOL.bをオンにすると、ベントポートはリモートコントロールポートBに導通します。これらのポートA、Bに、それぞれパイロットリリーフ弁を接続すれば図3-5(c)の圧力制御回路と同じように3圧制御が構成できます。なお、このパイロット作動形リリーフ弁は、ポペット形状や内部流路の工夫によりポペットから生じる流体音を抑制して低騒音化しています。

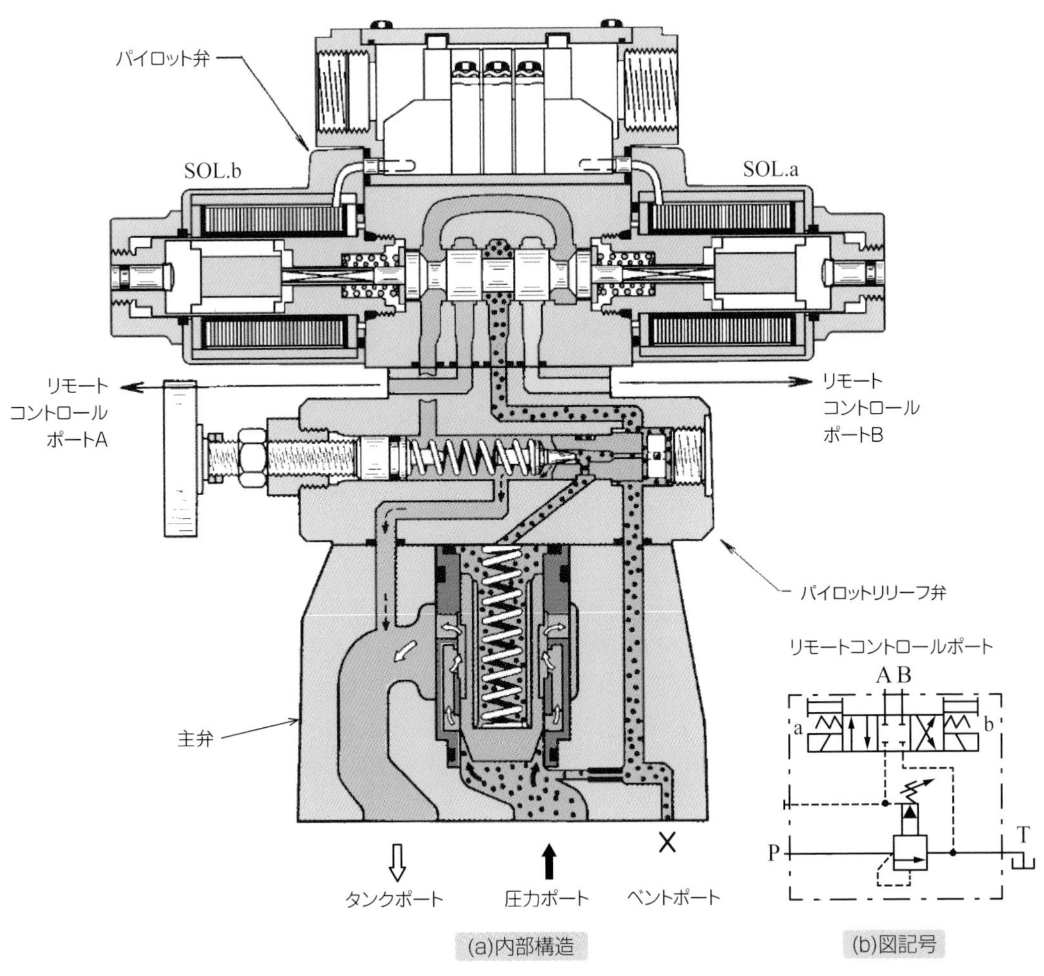

(a)内部構造

(b)図記号

図3-6　電磁切換付リリーフ弁[1)]

● ショック防止弁付きの電磁切換付リリーフ弁

図3-7は、ショック防止弁を設けた電磁切換付リリーフ弁の内部構造と図記号です。パイロットリリーフ弁と片ソレノイド形電磁方向切換弁の間にショック防止弁を組み込み、一体化したバルブです。ショック防止弁は、リリーフの設定圧力からアンロード状態に移行するとき、ベント圧力を穏やかに低下させて、油圧回路での圧力脈動による衝撃を防止します。ショック防止弁は、テーパ形状のスプールによって可変絞りを設け、徐々に絞り面積を開閉する構造です。

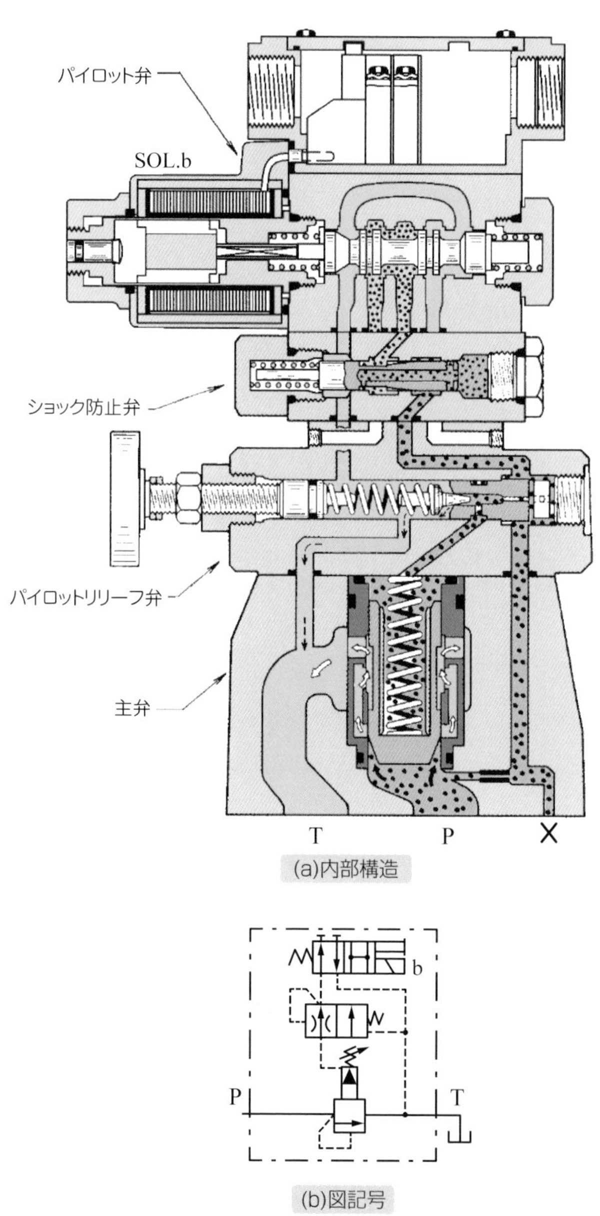

図3-7　電磁切換付リリーフ弁(ショック防止弁付)[1)]

3-4 減圧弁

減圧弁は、入口ポート(1次側圧力ポート)の圧力に関係なく、出口ポート(2次側圧力ポート)の圧力を入口ポートと同じか、より低い設定圧力に調整する圧力制御弁です。図3-8は減圧弁の内部構造と図記号です。このバルブは、パイロット作動形リリーフ弁と同じように、パイロット弁と主弁より構成されます。

● 作動原理

(1) パイロット弁：閉

出口ポート圧力p_{out}が圧力調整ハンドルで設定された圧力p_sに比べて低いときは、ばねによってスプールは下方に押し付けられています。スプールは全開の状態なので、入口ポートからの作動油は出口ポートへと常に流れて、両ポートの圧力は等しく$p_{\mathrm{in}}=p_{\mathrm{out}}$です。すなわち、絞り効果がないので減圧されていません。このとき、出口ポートの圧油は、ピストン下部から中央部の穴および細孔を介して、パイロット室を経てポペットの先端に作用しています。

(2) パイロット弁：開

パイロット室の圧力$p_p \fallingdotseq p_{\mathrm{out}}$が設定圧力$p_s$に達すると、パイロットスプリングのばね力に抗して、ポペットが押されて開きます。それにより作動油は、ドレンポートより油タンクに逃げます。出口ポートの作動油は、スプール下部より細孔を通りスプール上部へと流れ、ピストン内側の上下面に差圧が生じ、スプールを上方に動かします。スプールと出口ポート間には可変絞りが構成され開口面積が減少して、出口ポートの圧力p_{out}は減圧されます。

(3) 入出口ポートの圧力や流量の変化

油圧回路の負荷の状況に応じて出口ポートの圧力p_{out}が低下すると、スプールは下方に動き、可変絞りの面積は大きくなり圧力p_{out}が高くなります。これとは反対に、入口ポートの圧力p_{in}が上昇すると、スプールは上方に動き、可変絞りの面積は小さくなり圧力p_{out}が低くなります。以上のようにして、減圧弁は入口ポートの圧力p_{in}や通過流量Qの変化に依存せず、出口ポートの圧力p_{out}を常に一定に保つことができます。

(4) ドレン流量

減圧弁が作動しているときには、作動油は常にパイロットポペットからドレンポートを通り油タンクへと流れ出ます。したがって、油圧ポンプの選定にあたり、流入流量からドレン流量を差し引いた有効流量を見積もる必要があります。ドレン流量は概ね1.0～1.5L/minです。このドレン流量があるので、出口ポートに接続された回路が完全に閉じて入口ポートより出口ポートへの流れが途切れても、入口ポートからパイロットポペットまでの流れがあるので減圧弁としての機能を果たすことができます。

以上の作動原理は、リモートコントロールポートに栓(プラグ)をした場合ですが、リモートコントロールポートを利用することで、外部からの遠隔操作を可能とします。

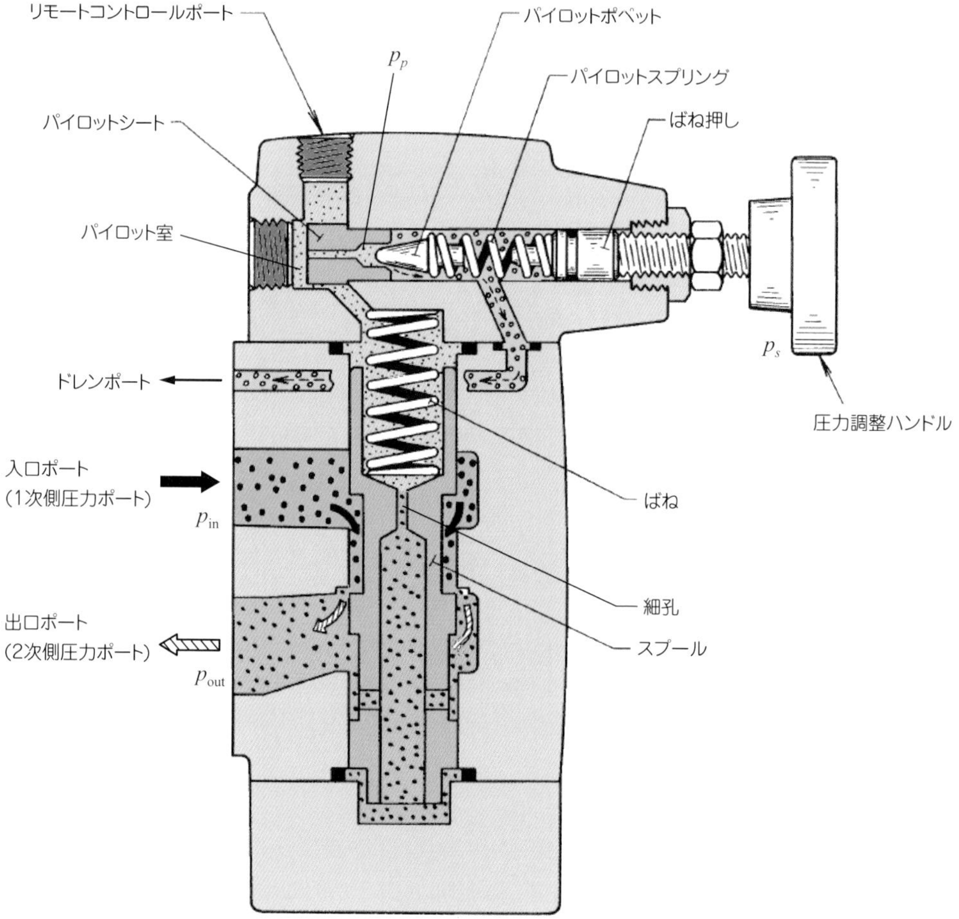

リモートコントロールポート
パイロットポペット
p_p
パイロットスプリング
パイロットシート
ばね押し
パイロット室
p_s
ドレンポート
圧力調整ハンドル
入口ポート
(1次側圧力ポート)
p_{in}
ばね
出口ポート
(2次側圧力ポート)
p_{out}
細孔
スプール

(a)内部構造

● リモートコントロールポート接続なし
● リモートコントロールポート接続あり

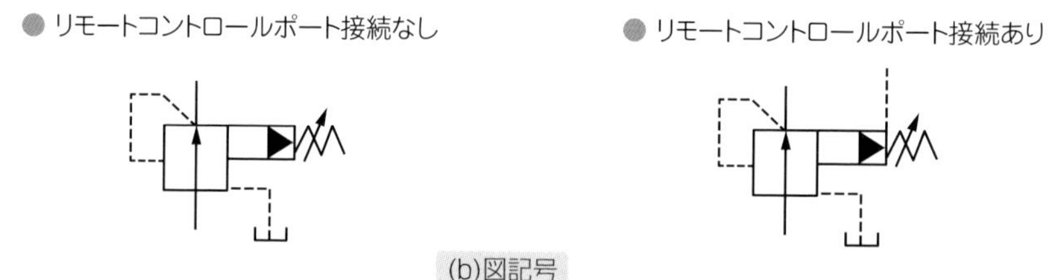

(b)図記号

図3-8　減圧弁[1)]

● チェック弁付減圧弁

図3-9は、**チェック弁付減圧弁**の内部構造と図記号です。1次側圧力ポートから2次側圧力ポートへの流れは、減圧弁の作動原理と同じです。2次側圧力ポートの圧力が高いときは、スプール底部からの油圧力がばね力に打ち勝ち、押し上げられ開口部は閉鎖されています。したがって、2次側圧力ポートからの圧油は、チェック弁のポペットを通り1次側圧力ポートへの自由流れとなります。

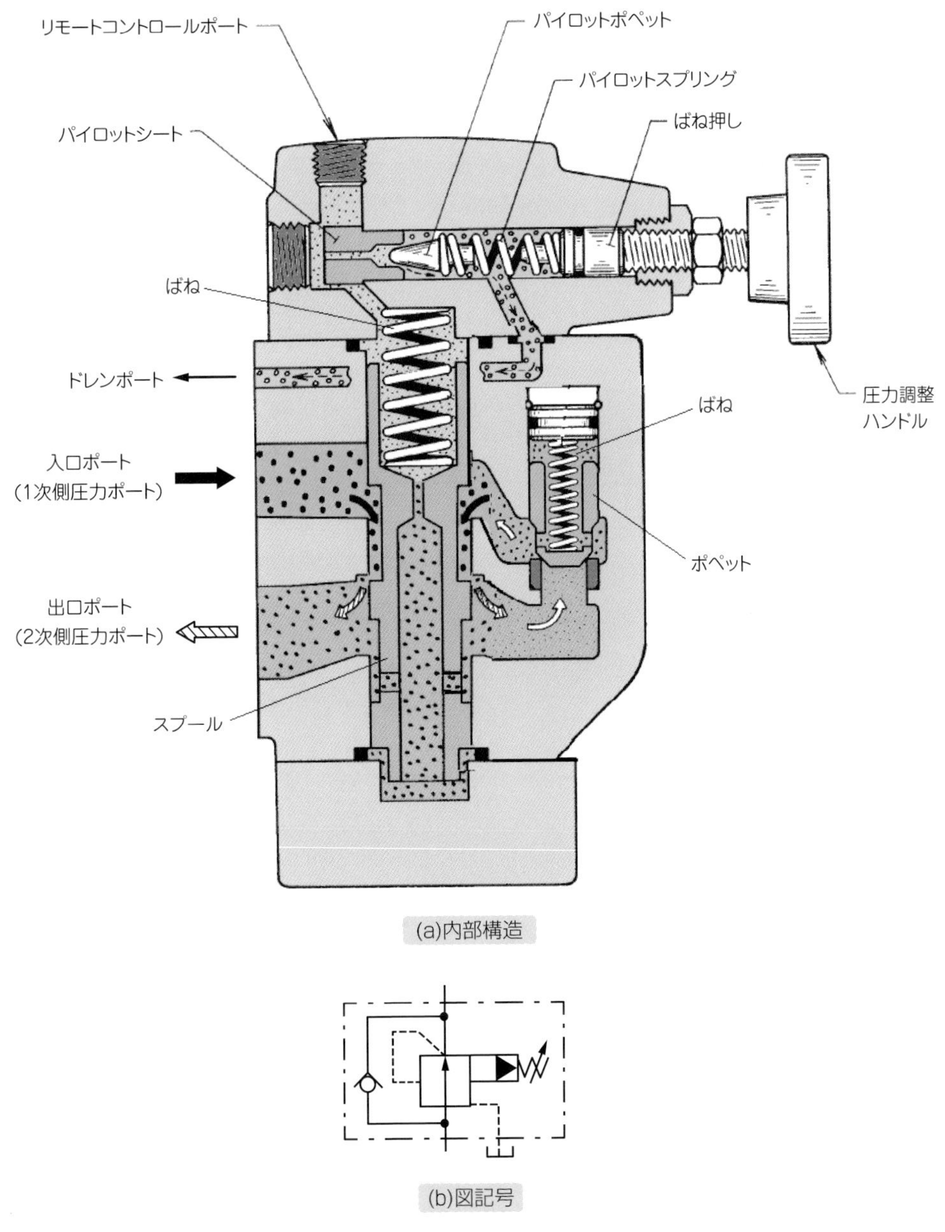

(a)内部構造

(b)図記号

図3-9　チェック弁付減圧弁[1)]

● 減圧弁を用いた油圧回路

図3-10に、減圧弁を利用した油圧回路の例を示します。同図(a)は、2つのシリンダ制御の例です。シリンダ2は加圧のために12MPaの圧力が仕様として求められています。一方、シリンダ1ではクランプのため加工対象により圧力条件が異なるので、シリンダ前進時にキャップ側を5MPaの圧力範囲で利用したいときの油圧回路です。

作動順序は以下のとおりです。まず、SOL.1aをオンにしてシリンダ1を前進させクランプ工程にします。つぎに、SOL.2aをオンにしてシリンダ2を前進させ加圧工程にします。つぎに、SOL.2bをオンにしてシリンダ2を後退させ、このソレノイドを切ります。さらに、SOL.1bをオンにしてシリンダ1を後退させクランプを外し、ソレノイドを切ります。

同図(b)は、シリンダの前進と後退にて圧力の仕様が異なるときの油圧回路です。ソレノイドがオフのとき、シリンダのキャップ側にはリリーフ弁の設定圧力10MPaが作用し、シリンダは前進します。ソレノイドをオンにすると、作動油は減圧弁を通りロッド側で7MPaの圧力となり後退します。シリンダピストンが後退端で停止しても、ロッド側圧力は減圧弁の設定圧力以上には上昇しません。

同図(c)は、減圧弁のリモートコントロールポート(ベントポート)にパイロットリリーフ弁を接続して、減圧設定を遠隔制御させた例です。パイロットリリーフ弁の設定圧力は、減圧弁の設定圧力より低い圧力範囲で調整できます。

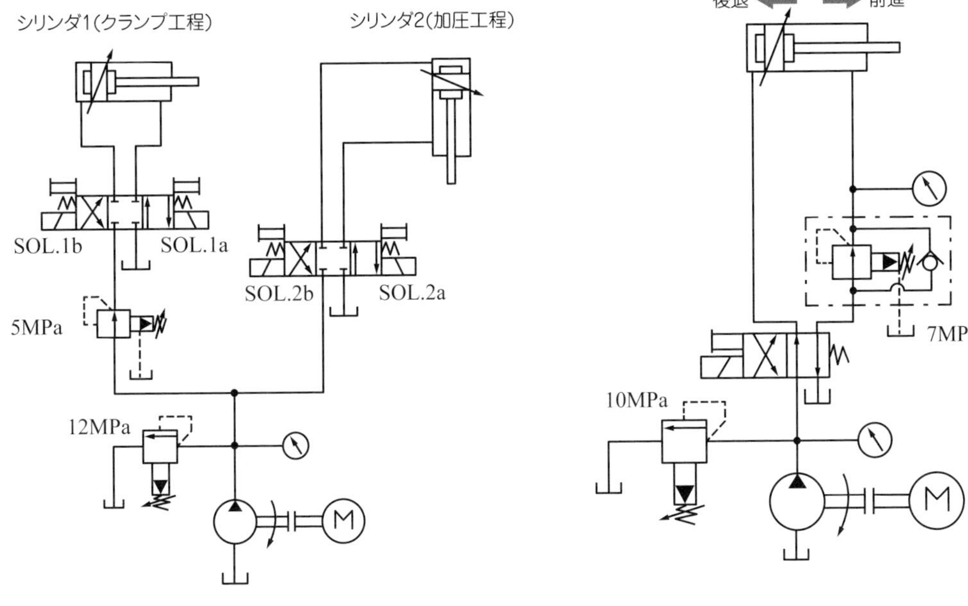

(a)2つのシリンダの制御

(b)シリンダの前進·後退の圧力制御

アクチュエータ

アクチュエータ

M

(c)減圧弁の遠隔制御

図3-10　減圧弁の使用回路例

3-5 カウンタバランス弁

カウンタバランス弁は、負荷の自重による落下を防止するために、アクチュエータの戻り側に圧力を発生させ、背圧を保持する圧力制御弁です。図3-11に示すカウンタバランス弁は、内部パイロット・内部ドレン形での内部構造と図記号です。カウンタバランス弁の構造は、シーケンス弁やアンロード弁に類似していますが、必ずチェック弁を内蔵し、BポートからAポートへの自由流れを与えています。

● 作動原理

同図(a)にてAポートの圧力が低いとき、スプールはばね力によってシート部に押し付けられ、AポートからBポートへの流れはありません。Aポートの圧油は、流路を通りスプール下部のパイロットピストン底面に導かれています。Aポートの圧力が高まると、パイロットピストンに働く油圧力が増し、ばね力に打ち勝ってスプールは上方に動き、AポートからBポートへの流れが生じます。

(1) 内部ドレン形と外部ドレン形

スプール内部の作動油は、内部ドレン流路を通りBポートに逃げます。ただし、内部ドレン形は、必ずBポートが油タンクに接続されているときに限られます。もしBポートがアクチュエータなどに接続されているならば、外部ドレン形とする必要があります。このように、カウンタバランス弁は、圧力調整ねじでのばね力の設定により、Aポートの圧力を任意の圧力に維持しつつ、油タンクに作動油を戻すことができます。また、Bポートから圧油が流入するときは、チェック弁が開いてAポートへの自由流れとなります。

(2) 外部パイロット形

カウンタバランス弁では、Aポートの圧力に関係なく作動させたいとき、Xポートからの外部パイロット形も用意されています。同図(b)は、内部パイロットからだけでは作動が不安定なときに、補助パイロットのYポートから圧油を与えて、動作させることができます。なお、同図(c)の図記号に示すように内部パイロットピストンの受圧面積が1に対して、補助パイロットからの圧油がスプールに作用する環状の受圧面積は8となっています。

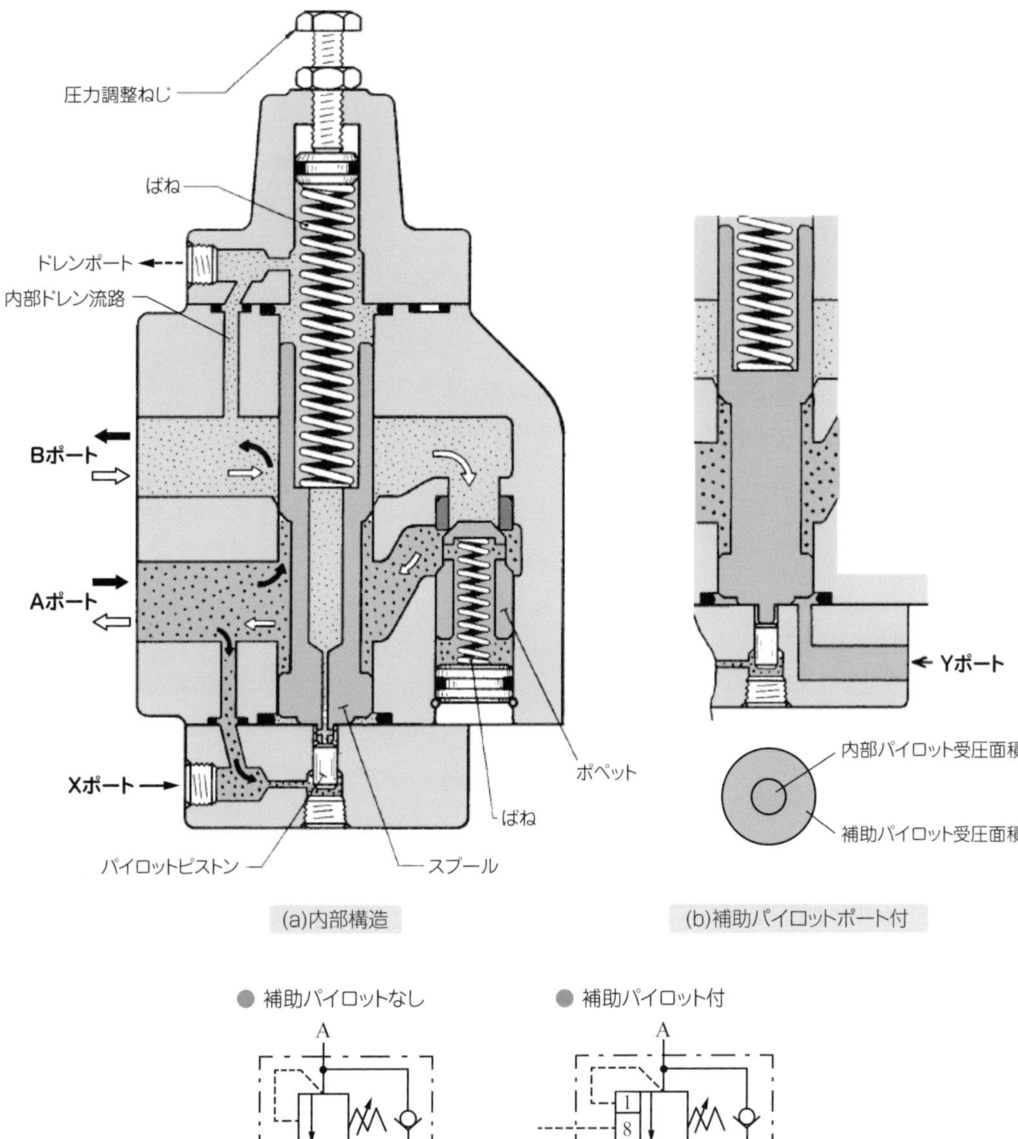

(a)内部構造

(b)補助パイロットポート付

● 補助パイロットなし

A

B

● 補助パイロット付

A

1

8

B

(c)図記号

図3-11　カウンタバランス弁[1)]

● 自重落下防止の油圧回路

図3-12は、カウンタバランス弁を使用した自重落下防止の油圧回路です。シリンダロッドに荷重を吊り下げ、上下方向に移動させるとき、カウンタバランス弁によってシリンダのロッド側に背圧を与え、自重での落下を防止する回路です。

同図(a)は、カウンタバランス弁のみを使用して急な落下を防止する回路です。電磁方向切換弁がオフの状態では、圧油はシリンダのキャップ側に送られていません。したがって、負荷の荷重Wによって生じるロッド側の背圧ではカウンタバランス弁は開きませんので、負荷は急には落下しません。

電磁方向切換弁のSOL.aをオンにして圧油がキャップ側に入ると、ロッド側の背圧はピストン面積比に比例して高まり、カウンタバランス弁は開き、負荷が下降します。一方、SOL.bをオンにして負荷を上昇させるときには、カウンタバランス弁内のチェック弁を通り、ロッド側に圧油を送り込みます。カウンタバランス弁の調整圧力は、オーバライド特性を考慮して、自重によってロッド側に生じる圧力に対して1.5～2.0MPaほど高く見積ることが必要です。ただし、この回路例では、カウンタバランス弁のスプール隙間からの内部漏れがあるため、シリンダは微動で降下し完全に落下を防ぐことはできません。

そこで同図(b)の回路では、パイロットチェック弁をカウンタバランス弁と電磁方向切換弁との間に設けて、シリンダの停止位置を確実に保持します。また、シリンダの下降速度を増減するために、絞り弁が用いられ流量はメータイン制御されています。ただし、この回路では電磁方向切換弁の中央位置は、ABT接続にする必要があります。

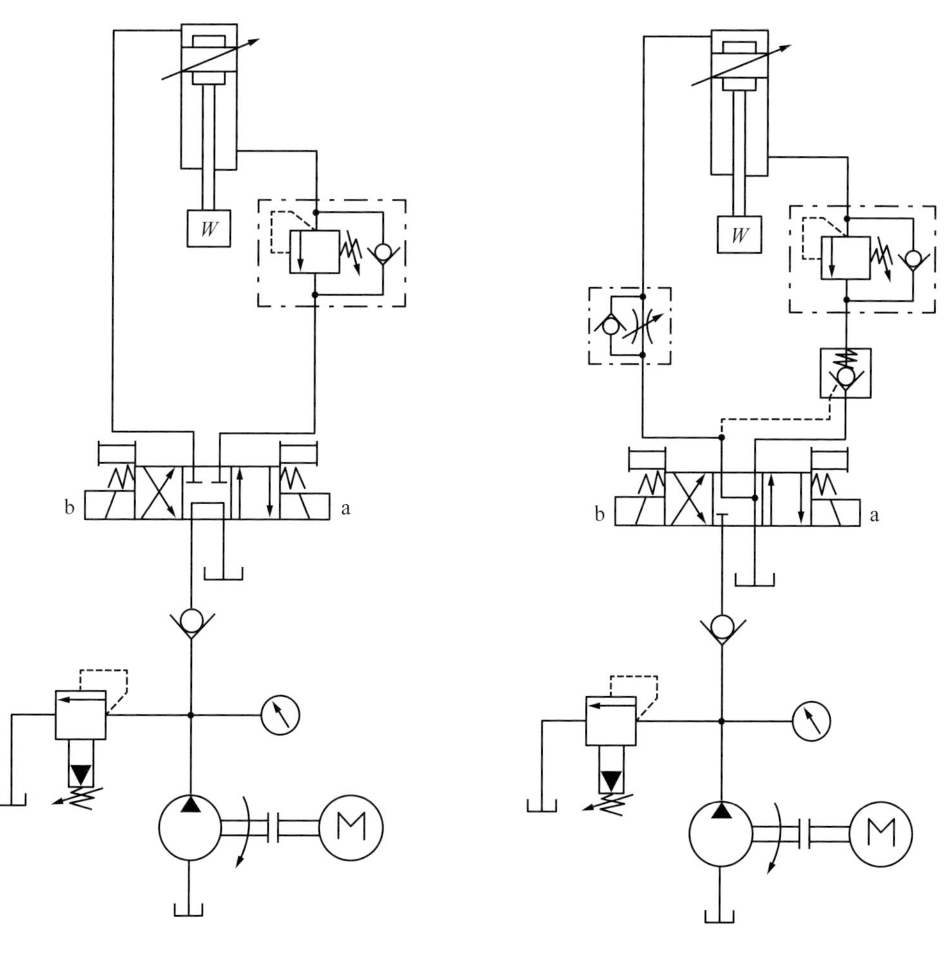

図3-12　カウンタバランス弁を使用した油圧回路

3-6 シーケンス弁

シーケンス弁は、Aポートあるいは外部パイロットからのXポートの圧力が任意の圧力に達すると、AポートからBポートへの流れを許すバルブです。ここにシーケンス(Sequence)とは「作動順序」という意味です。シーケンス弁の役割は、油圧回路が2つ以上あるとき、回路の圧力にもとづき、それぞれのアクチュエータの作動順序を指示します。

● 作動原理

図3-13は、シーケンス弁(チェック弁付)の内部構造と図記号です。スプール下部でのパイロットピストン底面の圧力p_bが圧力調整ねじで設定した圧力p_sより低いときは、ピストンはばね力により押さえられ、AポートとBポートは導通せずスプールが閉じています。圧力p_bが設定圧力p_sに達すると、ピストン下部の油圧力はばね力に打ち勝ち、スプールは上方に移動して全開となり、作動油がAポートからBポートへ流れます。BポートからAポートへの流れでは、チェック弁のポペットを押して、自由流れとなります。

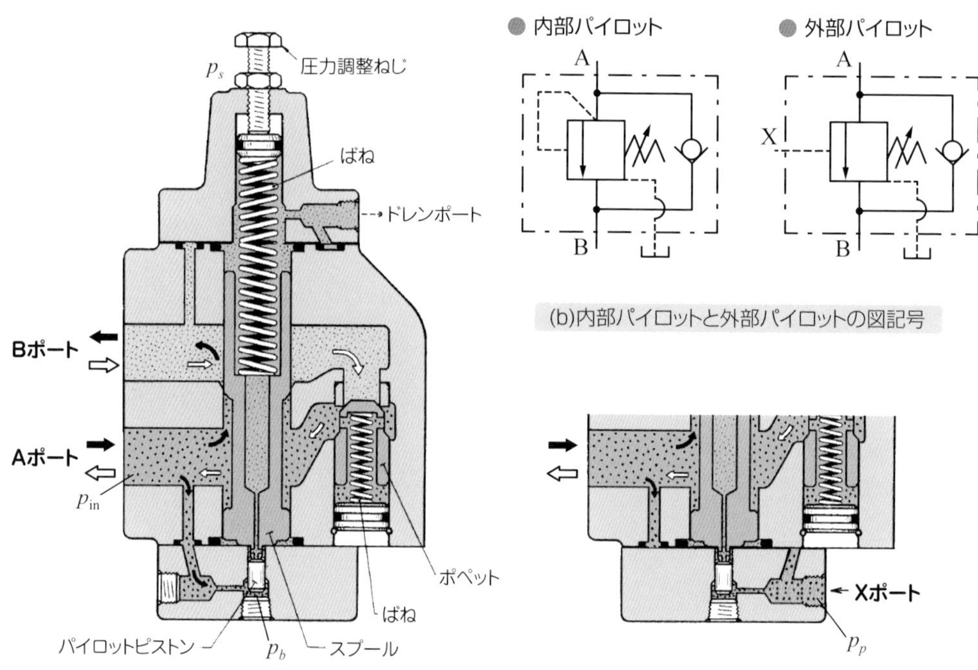

(b)内部パイロットと外部パイロットの図記号

(a)内部パイロットと外部パイロットの内部構造

図3-13 シーケンス弁(チェック弁付)[1)]

シーケンス弁のパイロット方式は、ピストン下部に与える圧力によって以下の2通りあります。一つは、Aポートの圧力を与えて$p_b=p_{\mathrm{in}}$とする内部パイロット形、もう一つは、遠隔操作できるようにXポートから圧力を与え$p_b=p_p$とする外部パイロット形です。両方式とも必ず外部のドレンポートへ作動油を導く必要があります。なお、チェック弁付きでないバルブも提供されています。

● シーケンス回路

図3-14は、2つのシリンダの作動順序を2つのチェック弁付きシーケンス弁を用いて制御する回路例です。この**シーケンス回路**では、電磁方向切換弁をオンにすると、圧油は分岐管路から2つのシリンダに流れ込もうとします。しかし、ドリル側シリンダ1の手前にはシーケンス弁があるため、クランプ側シリンダ2のキャップ側に圧油が入り前進します。前進が完了すると、クランプ側の回路が閉鎖されるため、回路圧力が上昇して、ドリル側のシーケンス弁が設定圧力にて開きます。圧油は、ドリル側シリンダ1のキャップ側に流入して、シリンダは前進します。つぎに、電磁方向切換弁をオフにすると、上述と同じように、まずドリル側シリンダ1が後退し、クランプ側シーケンス弁が開きクランプ側シリンダ2も後退します。このようにして、加工物はクランプ動作によって確実に把持されながら、ドリル動作によって切削されます。

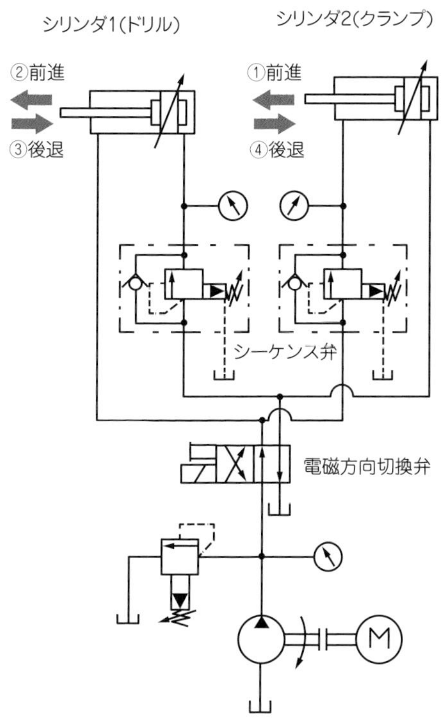

図3-14　シーケンス弁を使用した回路例

3-7 アンロード弁

図3-15は、アンロード弁の作動原理と図記号です。**アンロード弁**は、外部パイロットのXポートからの圧力p_pが設定圧力p_sに達すると、スプールが上方に移動して、AポートからBポートへと流体抵抗をほぼ受けずに流れを許すバルブです。ここに、アンロード(Unload)とは、ポンプ側から見ると「無負荷」になるという意味です。アンロード弁は、一定圧力を超えると、油圧ポンプを無負荷で運転させ、動力を節減するために用いられます。バルブの基本的な構造や原理は、外部パイロット方式のシーケンス弁と同じですが、異なる点はBポートが油タンクに導かれていることと、内部ドレン方式であることです。

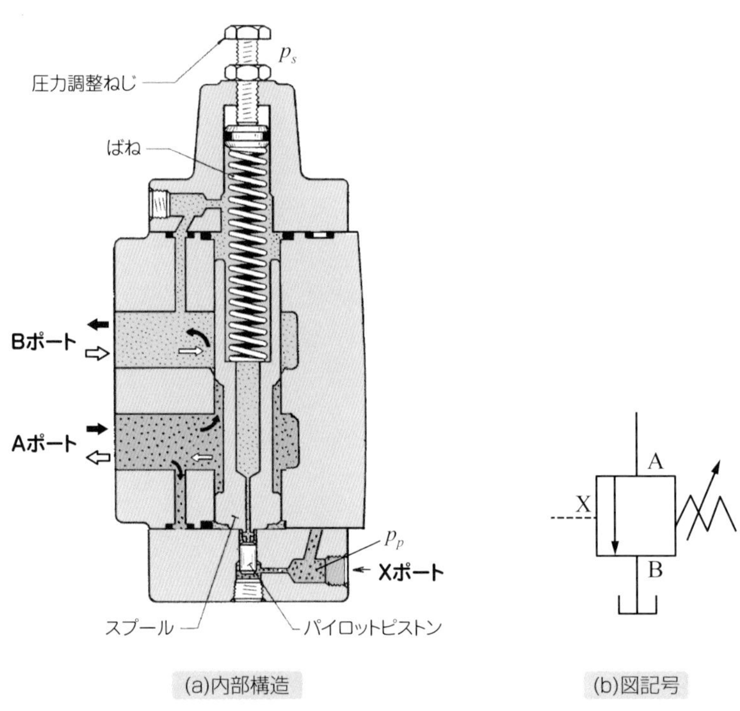

図3-15 アンロード弁[1)]

● アンロード回路

図3-16(a)は、2台の定容量形ポンプを用いて動力を節減するために、アンロード弁を使用した例です。この**アンロード回路**では、低い負荷のときには、2台のポンプ吐出し量を合算してアクチュエータに供給し、負荷を高速で移動させます。負荷が高くなってくると、回路圧力がアンロード弁の設定圧力に達し、低圧大容量ポンプの圧油は油タンクに解放されます。すなわち高圧小容量ポンプの吐出し量のみがアクチュエータに送り込まれ、負荷を低速で移動させます。このような高効率を図るため高圧と低圧を切り替える回路は**HI-LO回路**と呼ばれ、回路の圧力流量特性は同図(b)に示すとおりです。

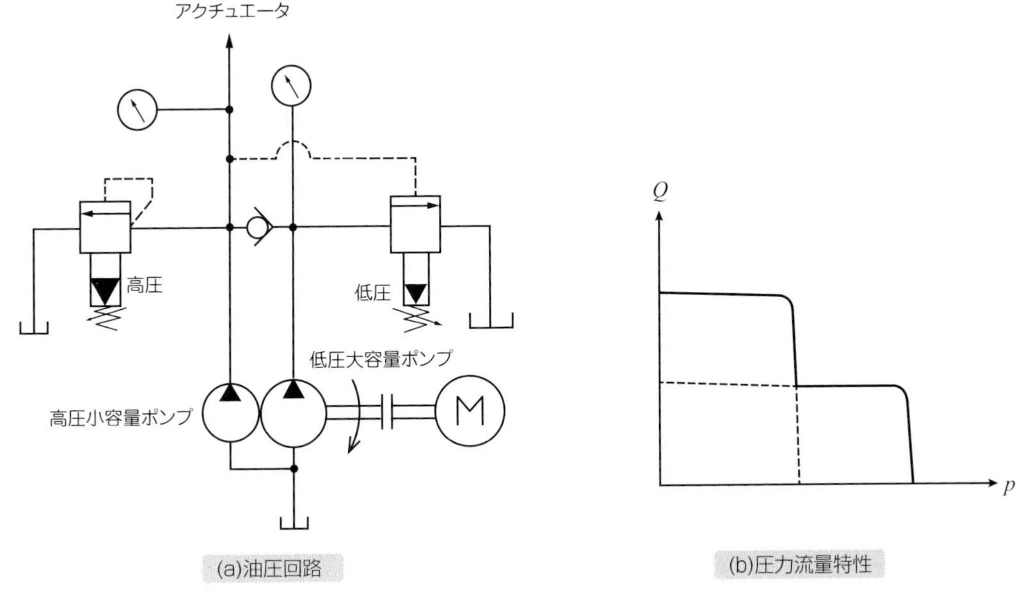

図3-16 アンロード弁を使用した回路例

3-8 アンロードリリーフ弁

アンロードリリーフ弁は、主にアキュムレータ回路に使用されています。図3-17に内部構造と図記号を示します。この弁は、回路圧力が所定の設定値に上昇するとピストンが開き、ポンプからの圧油は油タンクに還流されて無負荷状態(アンロード)となり、アンロード弁として作動します。また、回路圧力が所定の設定値まで低下すると、ピストンが閉じてポンプからの圧油はアキュムレータへと流れ込み負荷状態(オンロード)となります。アンロード弁として作動する設定圧力を**カットアウト圧力**p_{co}と呼び、リリーフ弁として作動する設定圧力を**カットイン圧力**p_{ci}と呼びます。カットイン圧力は、カットアウト圧力の約80%に設定するのが一般的です。したがって、アキュムレータ内の作動油の圧力p_aは、アンロードリリーフ弁により$p_{ci}<p_a<p_{co}$の範囲内で変化し、圧油の供給と放出が繰り返されます。

● 作動原理

図3-17(a)は、アンロードリリーフ弁の内部構造、同図(b)はパイロットリリーフ弁の詳細図です。パイロットリリーフ弁に働く力の釣合いを考えると、パイロットピストンとパイロットポペットが接していれば次式で表されます。

$$A_a(p_a - p_p) + A_p p_p - F_s = 0 \tag{3.1}$$

ここに、p_aはアキュムレータからのピストン室の圧力、p_pはポペット室の圧力、A_aはパイロットピストンの受圧面積、A_pはパイロットポペットの有効断面積、F_sはばね力です。同図(c)にアンロードリリーフ弁の図記号とアキュムレータなどを含めた図記号を示します。

(1) カットアウト圧力

同図(a)に示すように、ポンプからの圧油は入口ポートに入りチェック弁を通って、わずかな圧力降下Δpを受けながらアキュムレータポートに送り込まれます。同時に、入口ポートの圧力p_{in}は、メインピストン内の細孔や流路を介してパイロットポペットの左側のポペット室に働いています。ただし、パイロットピストンの受圧面積には、右側に$p_p=p_{\mathrm{in}}$、左側に$p_a=p_{\mathrm{in}}-\Delta p$が作用しているため、パイロットピストンは左端に寄せられパイロットポペットとは接触していません。

パイロット作動形リリーフ弁の作動原理と同じように、入口ポートの圧力p_{in}が上昇するとパイロットポペットが右方向に移動します。そして、メインピストン上下面の圧力均衡が崩れ、シート部が開口して入口ポートからタンクポートに作動油の流れが生じます。このときの圧力p_{in}がカットアウト圧力p_{co}です。パイロットピストンは、ポペットから離れているので、式(3.1)にて左辺第1項は0となり、$p_p=p_{co}$と置くと次式で表せます。

$$p_{co} = \frac{F_s}{A_p} \tag{3.2}$$

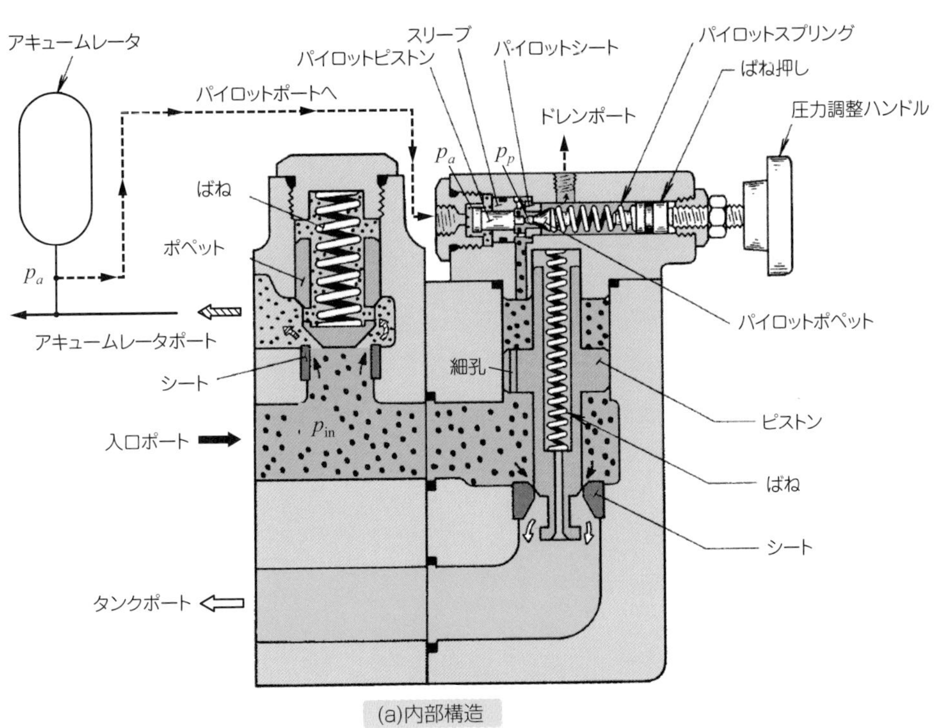

(a)内部構造

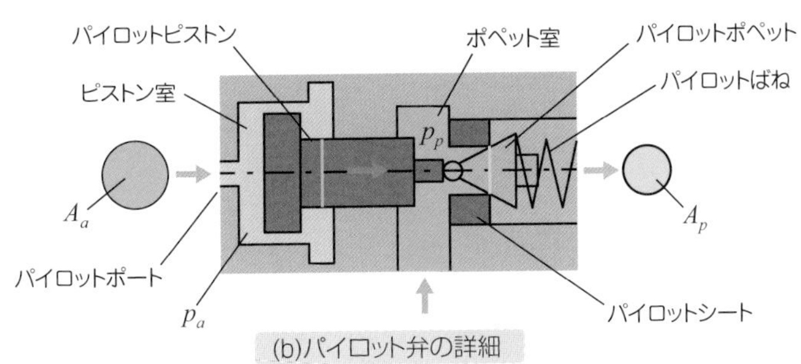

(b)パイロット弁の詳細

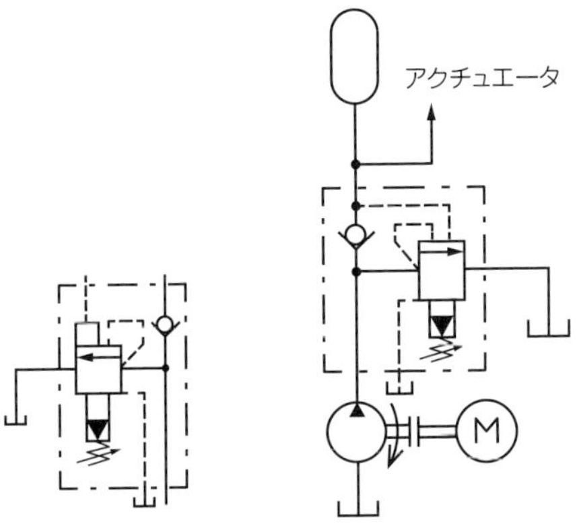

(c)図記号

図3-17　アンロードリリーフ弁[1][1)]

(2) カットイン圧力

上記(1)のとき瞬時に、入口ポートの圧力p_{in}は急激に低下し$p_a>p_{\mathrm{in}}$となるため、チェック弁のポペットは閉じ、油圧ポンプはアンロードされて$p_{\mathrm{in}}\fallingdotseq 0$となります。したがって、パイロットピストンは左面の圧力を受け右方に動くので、ポペット先端に接触してポペットを押します。したがって、このカットイン圧力p_{ci}は、式(3.1)において$p_a=p_{ci}$、$p_p=0$と置けば、次式となります。

$$p_{ci}=\frac{F_s}{A_a} \tag{3.3}$$

つぎに、アキュムレータからアクチュエータへの圧油の放出が行われると、徐々に圧力p_aが低下するので、パイロットピストンを介してポペットを押す油圧力は低くなり、カットイン圧力p_{ci}にてポペットはシートに着座します。これにより、パイロットポペットからの圧油の流出が止まるので、メインピストン上下面の圧力は均衡します。メインピストンは、ばね力により下方に動き、シート部は閉じて入口ポートからタンクポートへの流れは止まります。これに対して、チェック弁のポペットは開き、再び圧油がアキュムレータへと流れ込みます。

ここで式(3.2)、(3.3)において、ばね力F_sを一定と仮定し2つの断面積比を$A_p/A_a=0.8$に設定すれば、アキュムレータの圧力p_aはリリーフ弁のクラッキング圧力すなわちカットイン圧力p_{ci}の80%に低下するまでアンロード状態を続けることになります。このカットイン圧力p_{ci}とカットアウト圧力p_{co}の比については、アキュムレータの節でも説明します。

● 高低圧ポンプの切換回路

同図(d)は、アンロードリリーフ弁を高圧小容量と低圧大容量の2台のポンプを切り換えるHI-LO回路に利用した例です。この高低圧ポンプの切換回路では、アクチュエータ側の圧力が設定値に達すると、低圧側のポンプを無負荷状態にして、高圧側のポンプ流量のみをアクチュエータに送り込みます。

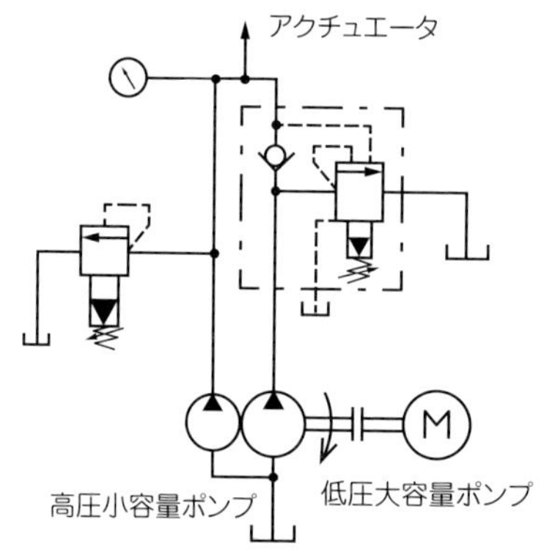

(d)高低圧ポンプの切換回路

図3-17　アンロードリリーフ弁[2]

3-9 ブレーキ弁

ブレーキ弁は、大きな慣性力を持つアクチュエータを滑らかに停止させるため、ブレーキ動作を与えるバルブです。このバルブは、2個のリリーフ弁と2個のチェック弁を一体にして構成されます。図3-18はブレーキ弁の内部構造と図記号であり、同図(a)は電磁方向切換弁により油圧モータの作動を制御している例です。SOL.aをオンからオフにし、油圧モータを駆動状態から停止状態にさせると、油圧モータには慣性があるため、電磁方向切換弁を中央位置にしても油圧モータは回り続けようとします。したがって、油圧モータの出口側では、モータでありながらポンプ作用が起こり、急激な圧力上昇を引き起こします。また、油圧モータの入口側では、電磁方向切換弁を通しての給油が途絶えるため、同じくポンプ作用により、圧力が低下して負圧が発生します。このような不都合な現象に対処するため、ブレーキ弁が利用されます。

● 作動原理

油圧モータ出口側のAポートでは、圧力が上昇するために、パイロットリリーフ弁Aが設定圧力で作用して作動油をタンクポートから逃がします。これにより、出口側の異常な圧力上昇を抑えるとともに、油圧モータの慣性力にブレーキ力を掛ける役目を果たします。このブレーキ効果は、リリーフ弁の設定圧力により調整できます。これと同時に、油圧モータの入口側のBポートでは、負圧が生じるために、チェック弁Bが開きタンクポートならびにリリーフ弁Aからの戻り油を吸い上げます。以上により、入口側のキャビテーションを防止する役目を果たします。なお、電磁方向切換弁のSOL.bのオンを切り、油圧モータの回転方向や作動油の流れが逆となる場合には、上記のブレーキ弁内のリリーフ弁とチェック弁の動作は、左右のAとBとが入れ替わることになります。

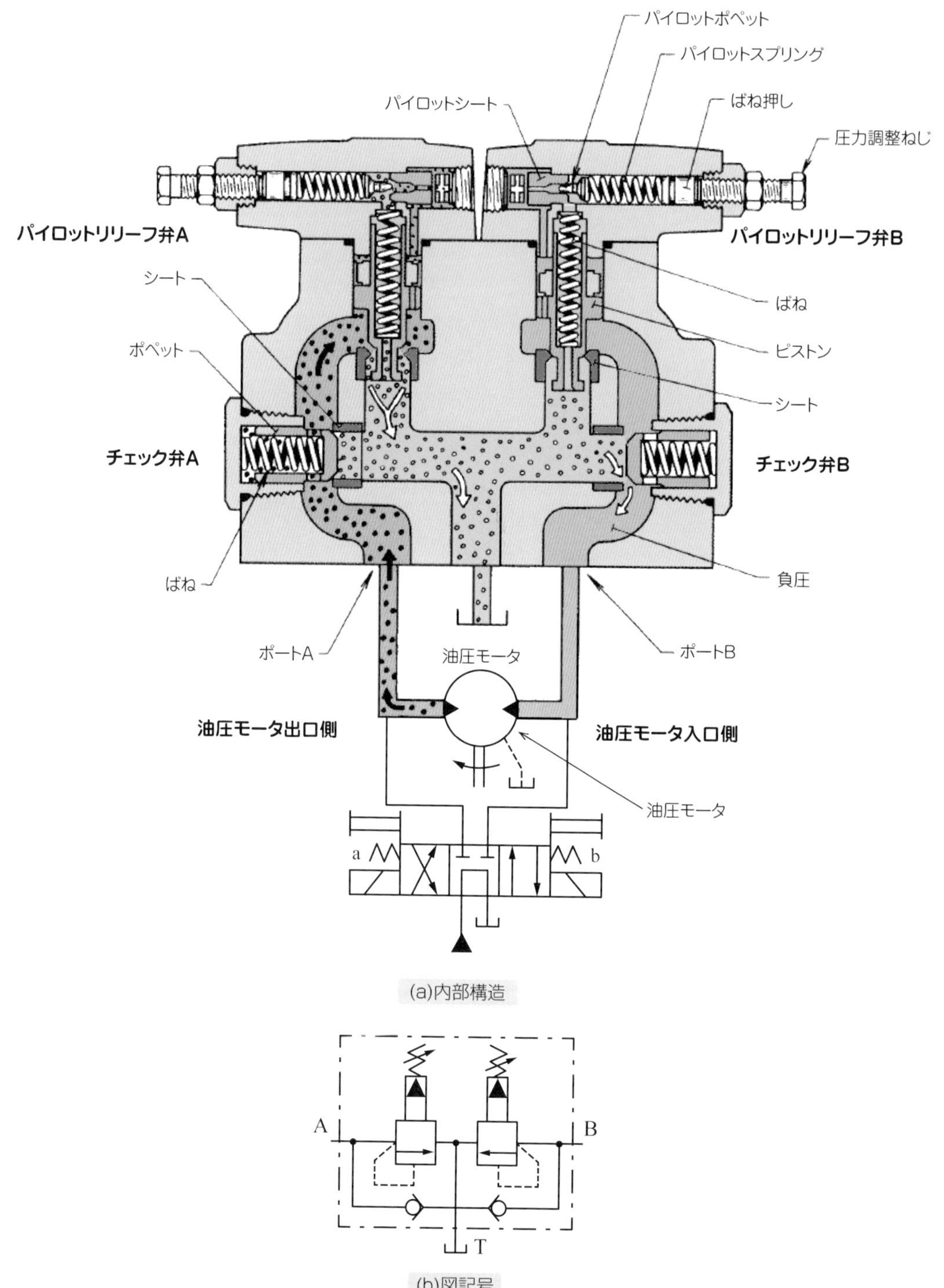

(a)内部構造

(b)図記号

図3-18　ブレーキ弁[1)]

3-10 バランシング弁

図3-19に、バランシング弁の内部構造と図記号を示す。**バランシング弁**は、リリーフ付減圧弁とも呼ばれ、一方向の流れには減圧弁の機能を、もう一方向の流れにはカウンタバランス弁の機能を持たせています。減圧機能のときには、Aポートの一次側圧力にかかわらず、Bポートは減圧するべき設定圧力を保持します。また、カウンタバランス弁としてのリリーフ機能のときには、Bポートの2次側圧力の上昇に対し、減圧の設定圧力に近い圧力で作動油を油タンクに逃がします。このバルブは、立形マシニングセンタのバランス回路などに利用されています。

● 作動原理

以下の作動原理は、Vポート(ベントポート)を塞いだ状態で説明します。同図(a)の減圧機能での作動時では、Aポートが入口ポート、Bポートが出口ポートとなり作動油が常に流れています。Bポートの圧力が高まると、固定絞りを経て伝達される圧力はパイロットポペットを開き、作動油をTポート(タンクポート)に逃がします。この流れにより、スプールは圧力バランスが崩れ左方に移動して、可変絞りの開口面積を変化させて自動的に目標値に減圧します。

同図(b)のリリーフ機能での作動時では、Bポートの圧力が高まると、固定絞りを経て伝達される圧力はパイロットポペットを開き、作動油をTポートに逃がします。スプールは、圧力バランスが崩れ左方に移動して、Bポートからの圧油は、可変絞りを通してTポートへと戻ります。

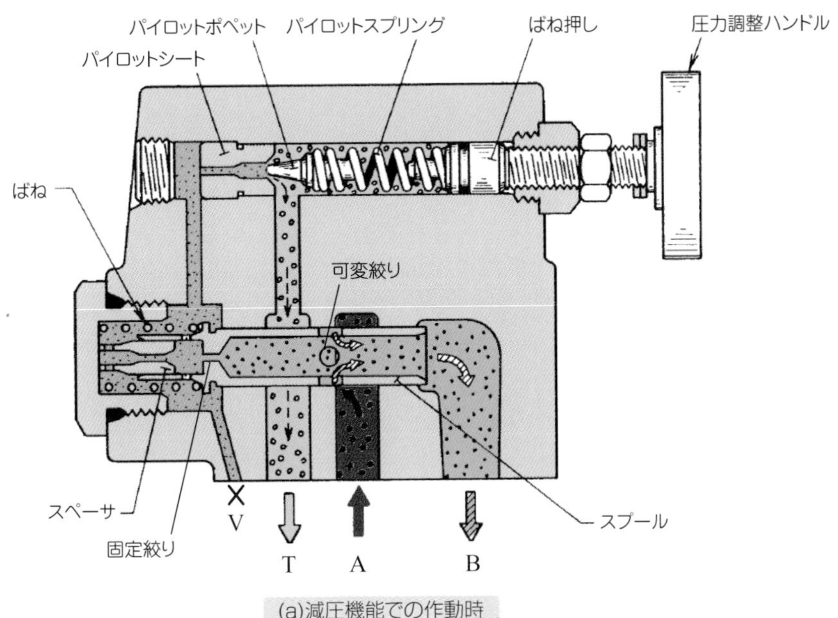

(a)減圧機能での作動時

図3-19　バランシング弁[1][1)]

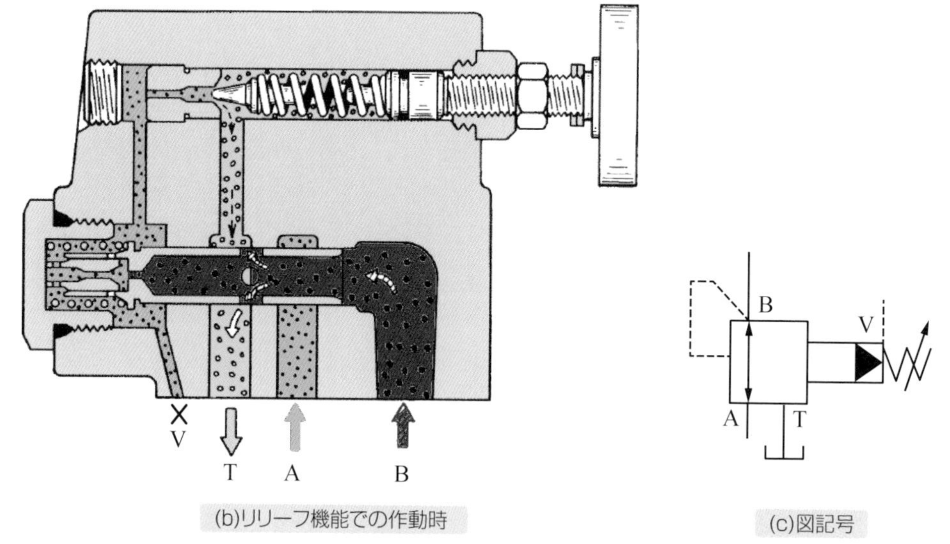

(b)リリーフ機能での作動時

(c)図記号

図3-19　バランシング弁[2][1)]

● 荷重の昇降回路

図3-20は、バランシング弁を用いた**荷重の昇降回路**です。電磁方向切換弁のソレノイドをオンにして、圧油をシリンダのキャップ側に送り込み荷重Wを持ち上げるとき、バランシング弁には減圧弁としての機能が働きます。ソレノイドをオフにして、作動油をシリンダのキャップ側から抜くときには、カウンタバランス弁として機能します。なお、油圧ポンプが停止しているとき、バランシンン弁には荷重保持の機能は無いので、シリンダ位置を保持するためのロッキング用パイロット操作チェック弁が必要です。

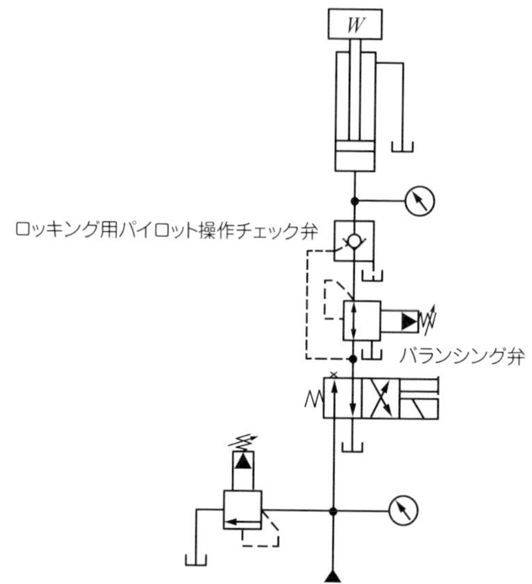

図3-20　バランシング弁を用いた荷重の昇降回路

第4章　流量制御弁

流量制御弁は、作動油の流量を制御するバルブです。このバルブの役割は、主に油圧アクチュエータの速度を変えることです。流量制御弁は、制御の目的や機能の違いによって①絞り弁、②一方向絞り弁、③流量調整弁、④デセラレーション弁、⑤フィードコントロール弁、⑥プレフィル弁、⑦分流弁、⑧分集流弁などがあります。

4-1 絞り弁

絞り弁は、絞りの作用によって流量を規制するバルブで、絞り流路の断面積を変えられない**固定絞り弁**と、変えられる**可変絞り弁**があります。絞り弁の流量Qは、絞り前後の圧力差を$\varDelta p$、絞り面積をA、作動油の密度をρ、流量係数をαとすれば、オリフィスの式より、次式で表されます。

$$Q = A\sqrt{\frac{2\varDelta p}{\rho}} \qquad (4.1)$$

可変絞り弁は、絞りの開口面積Aを調節することで流量調整でき、構造が単純で広い流量調整範囲が長所です。しかし、入出口の圧力や作動油の粘度に対し設定流量が変動するため、アクチュエータの速度精度を余り必要としないときに使用されます。

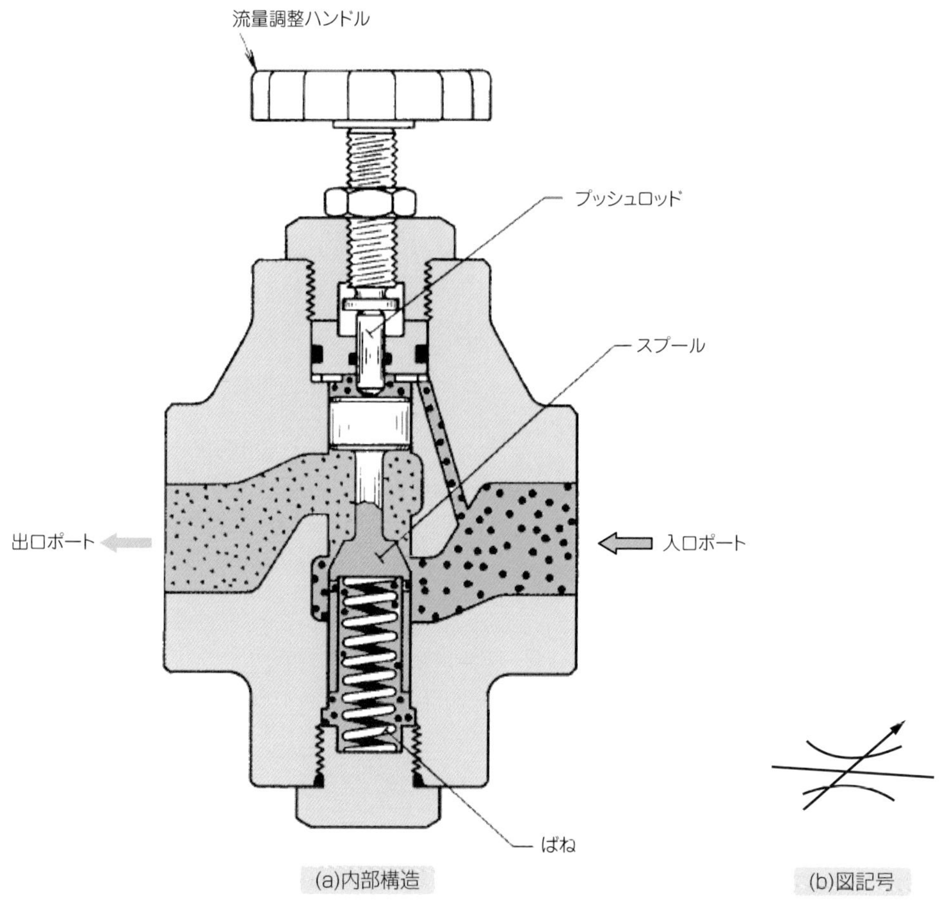

図4-1　絞り弁[1)]

● 作動原理

図4-1は、絞り弁の内部構造と図記号です。入口ポートからの作動油は、スプールにより絞られて出口ポートへと流れ出ます。このような流量を制御する流れのことを**制御流れ**と呼びます。流量調整ハンドルを時計方向に回せば、プッシュロッドが押され、スプールはばね力に抗して下方に動き、絞り開口面積が減り流量が減少します。入口ポートからの圧油は、流路を通りスプール上面に作用して、スプール上下面の圧力平衡を取っています。したがって、このバルブは高圧領域までスプールへの流体力の影響を受けることなく、手動操作が容易です。

図4-2は、**ニードル弁**と呼ばれ、ニードル(Needle)と呼ばれる針状の弁体が流量調整ねじによって上下に動き、弁座との間で流路絞りの開口面積を変える絞り弁です。

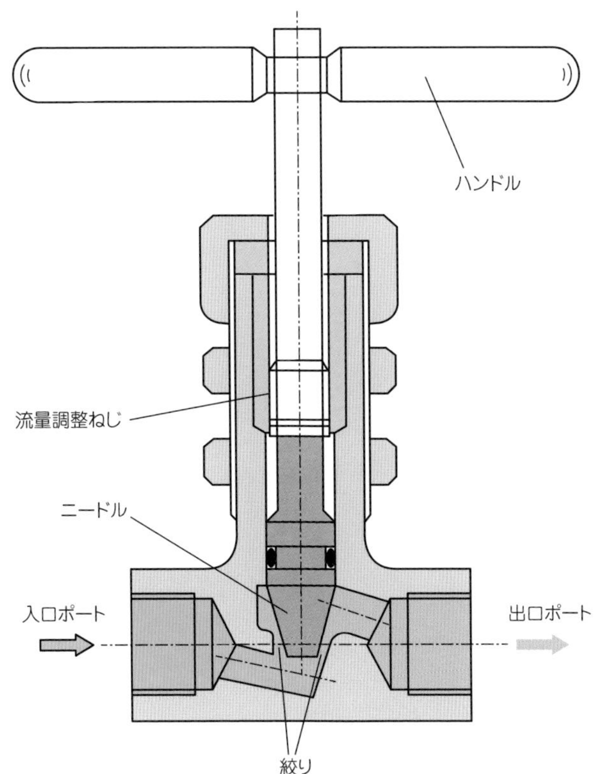

図4-2　ニードル弁

● 一方向絞り弁

一方向絞り弁は、片方向に自由流れを許し、逆方向の流れを規制して制御流れとするバルブで、絞り弁とチェック弁の機能を備えています。図4-3は、一方向絞り弁の内部構造と図記号です。部品構成は、絞り弁ではプッシュピンの箇所がピストン小径部に置き換わっています。右から左への制御流れは絞り弁と同じですが、自由流れでは、スプールはばね力に抗して下方に押し開かれ、作動油は左から右へと流れます。なお、一方向絞り弁は別名で**スロットルチェック弁**とも呼ばれています。

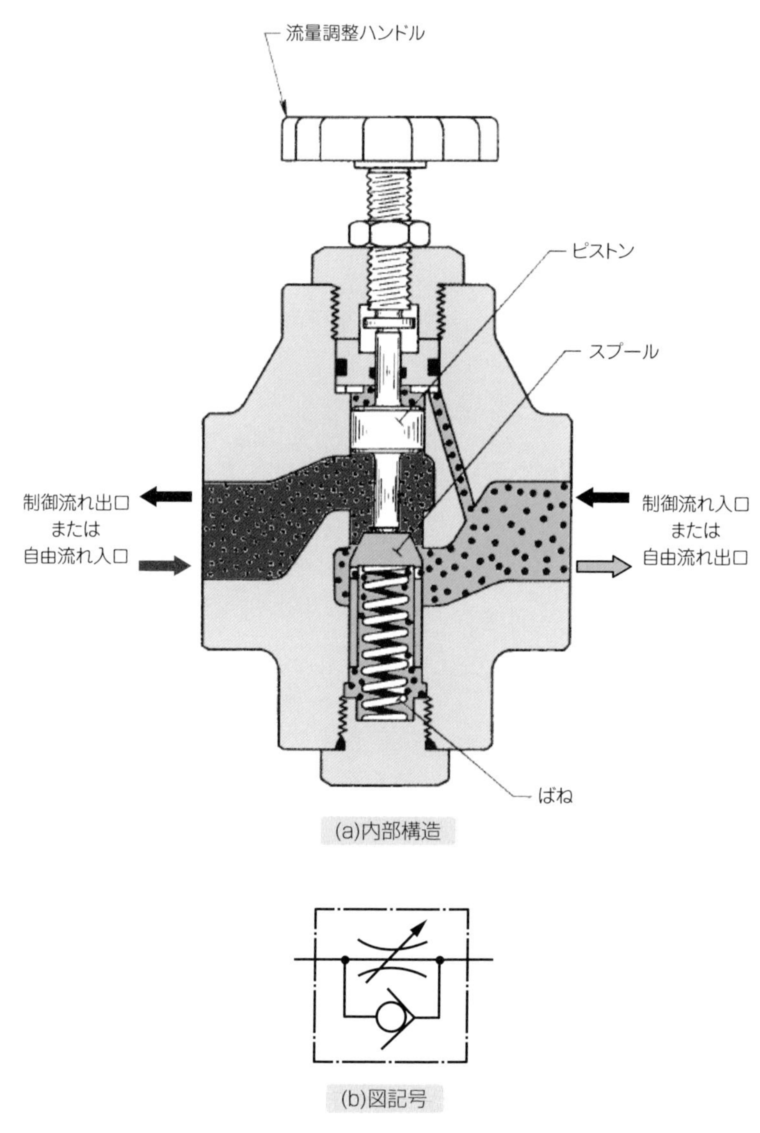

図4-3　一方向絞り弁[1)]

● 絞り弁の特性

図4-4は、入口ポートと出口ポートの圧力差$\Delta p = p_{in} - p_{out}$を一定に保ち、ハンドルの回転回数すなわち絞り開口面積Aを全閉から全開まで変えて流量Qを測定した実験値の一例です。同図(a)から、絞り弁の流量特性は二次関数で近似でき、オリフィスの式をもとにしていることがわかります。絞り弁を油圧回路に組み込みハンドル回転回数を固定した状態では、アクチュエータ側の負荷圧力によってΔpが増減し、流量Qも変わってしまいます。その結果、絞り弁ではアクチュエータの速度は、負荷の条件に関係せず一定にさせることは困難です。このように流量がバルブ前後の圧力差により変化してしまう問題点を補うために、後述の流量調整弁があります。同図(b)は、絞り弁および一方向絞り弁において、絞り全閉の自由流れと絞り全開の制御流れでの圧力降下値Δpを表しています。ただし、自由流れのデータは、一方向絞り弁のみに適用されるものです。なお、同図は、作動油の動粘度が30mm^2/sのとき、定格流量30L/min、最高使用圧力25MPaに関するデータです。

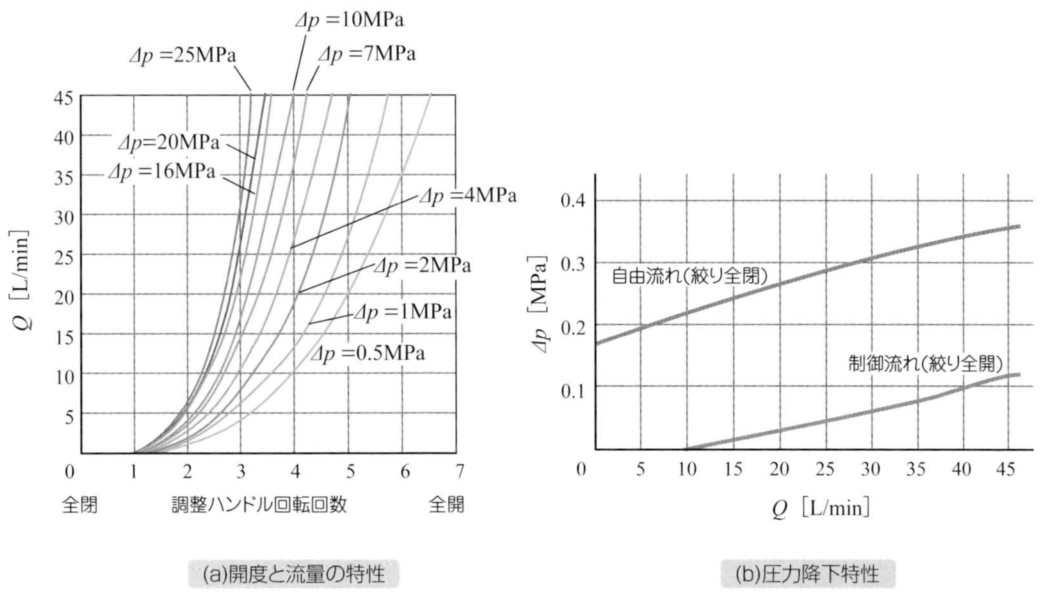

図4-4　絞り弁および一方向絞り弁の性能線図[1)]

4-2 流量調整弁

流量調整弁は、通称でフロコンと呼ばれ、入口ポートや出口ポートの圧力変化に関係なく、流量を所定の値に保持することができる流量制御弁で、圧力補償機能を持っています。

● 作動原理

(1)2つの絞り機構

図4-5に、流量調整弁の作動原理を示します。流量調整弁は、スプールとばねから成る圧力補償部および絞り部に分けられ、2つの絞り機構があります。入口ポートからの圧力p_{in}の圧油は、圧力補償部のスプールの絞り①で絞られ油室の圧力がp_cとなり、その後、絞り②を通り、圧力p_{out}で出口ポートへと流れます。

ここで、油室の圧力p_cは、2つの油路を経て、スプール右端の面積A_rおよびスプールの大径部右側の有効面積A_cに掛かかっています。また、スプール左端には、出口ポートの圧力p_{out}が面積A_lに作用しているので、ばね力をF_sとすれば、定常状態でのスプールに対する力の釣り合いは、摩擦力などを無視すると、次式で表されます。

$$A_l p_{\text{out}} + F_s - (A_r + A_c) p_c = 0 \tag{4.2}$$

それぞれの面積は$A_l = A_r + A_c$とみなされるので、上式は、

$$p_c - p_{\text{out}} = \frac{F_s}{A_l} \tag{4.3}$$

で与えられます。したがって、圧力補償機能が働き、絞り部②の前後の差圧$p_c - p_{\text{out}}$は、つねにF_s/A_lに等しくなるようにスプールが変位します。一般的には、F_s/A_lすなわち差圧$p_c - p_{\text{out}}$が0.2～0.4MPaとなるように設計されています。

(2) 入口ポートと出口ポートの圧力変化

まず、入口ポートの圧力p_{in}が変化して高くなったとすると、絞り①での通過流量Qが増え、それにともない油室の圧力p_cも高まります。圧力p_cの上昇により、式(4.2)に示す力の均衡が崩れ、スプールは左方向に移動し、絞り①の通過面積は狭まり、流量Qは減少して油室の圧力p_cが低下します。これとは反対に、入口ポートの圧力p_{in}が低くなったとすると、スプールは右方向に移動し、通過流量Qは増加して油室の圧力p_cが上昇します。

つぎに、出口ポートの圧力p_{out}が変化して高くなったとすると、スプールは右方向に移動して、通過流量Qが増え、油室の圧力p_cが上昇します。逆に、出口ポートの圧力p_{out}が変化して低くなったとすると、スプールは左方向に移動して、通過流量Qが減り、油室の圧力p_cが下降します。すなわち、いずれの場合でも式(4.3)を満足するまで、スプールが移動して釣り合い、圧力補償としての機能を果たします。よって、スロットル弁を回して絞り②を設定すれば、Vノッチ溝の開度が変化し、入口ポートや出口ポートの圧力にかかわらず、所望の流量を得ることができるのです。

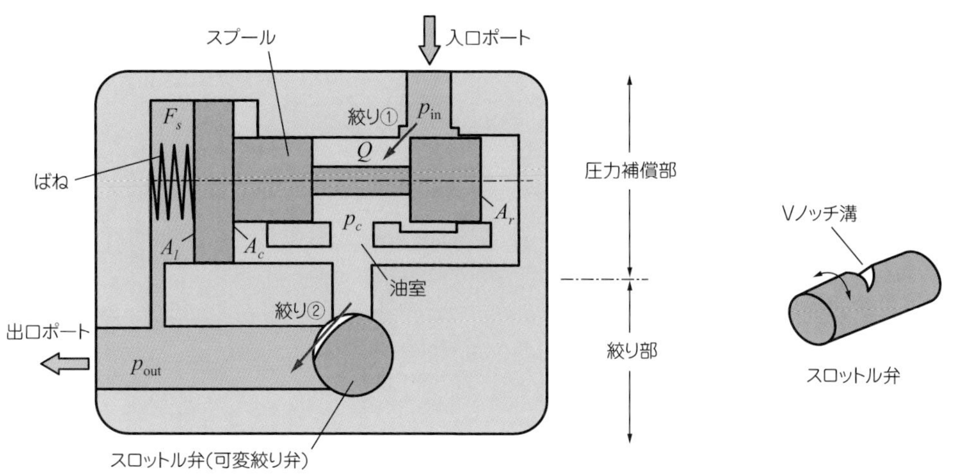

図4-5　流量調整弁の作動原理

(3) 図記号

図4-6は、流量調整弁の図記号と、その機能の詳細について図記号を用い解説したものです。同図より、図4-5での絞り①と絞り②の機能が、それぞれ減圧弁と可変絞り弁に対応しているのがわかります。

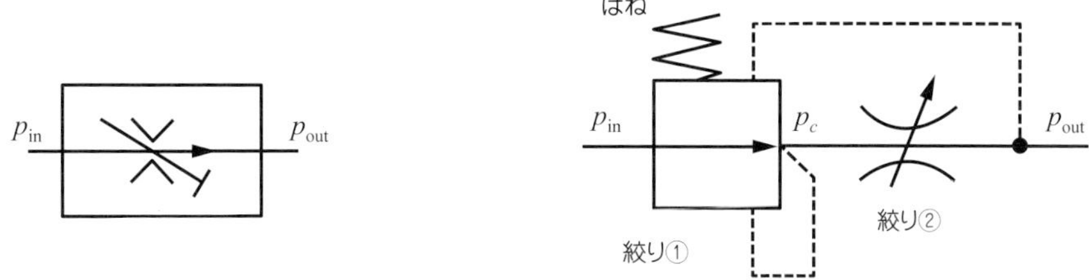

図4-6　流量調整弁の図記号と内部機能の詳細な図記号

● 圧力・温度補償付き流量調整弁

図4-7は、圧力補償のほかに温度補償の機能を持つ流量調整弁の内部構造です。流量調整ダイヤルを回転させて絞り②の開口面積を調整することで、流量の設定値を変えることができます。また、ダイヤルにデジタル目盛が付いていますので、設定流量の再現性に優れています。なお、オリフィススリーブとスロットル弁との間には薄刃オリフィスの形状が採用され、粘性の影響が少なくなるように工夫されていますので、作動油の温度が変動しても、ほとんど流量が変わることはありません。

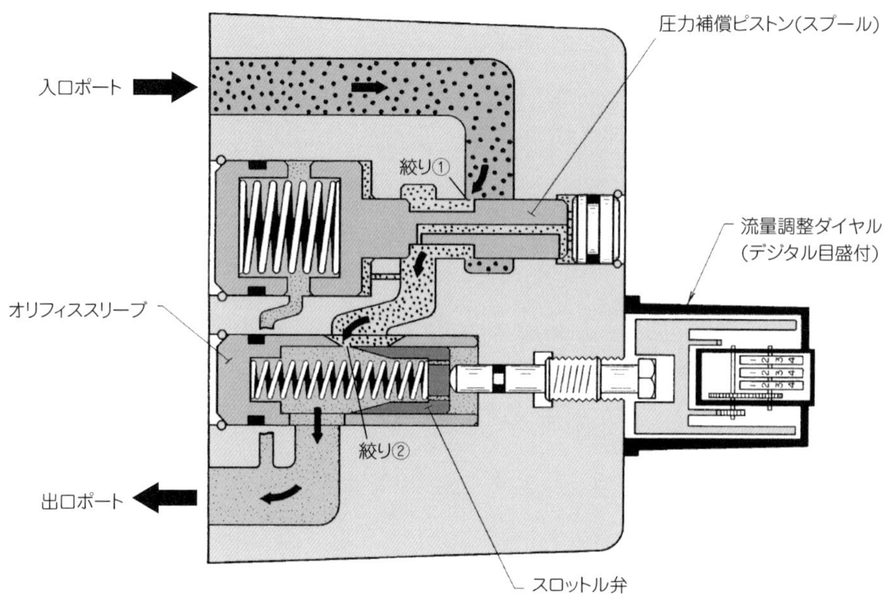

図4-7　圧力・温度補償付き流量調整弁の内部構造[1)]

図4-8は、圧力・温度補償付き流量調整弁の代表的な性能線図です。ハンドルの指示開度にしたがい、流量Qが直線的に増加しており、制御流れ時の入口ポートと出口ポートの圧力差$p_{in}-p_{out}$や作動油の動粘度νの変化に対しても、流量Qの増減はほとんどなく一定値を示しています。

● ジャンピング現象

流量調整弁が抱える問題にジャンピング現象があります。**ジャンピング現象**とは、速度制御回路(図4-5)で電磁方向切換弁をオフからオンにしてシリンダを作動させると、切換直後にシリンダが急激に飛び出してしまうことです。この現象は以下の通り説明できます。流量調整弁に圧油が流れていないとき、圧力補償ピストンは、ばね力により右方に押し付けられ絞り①は十分に開口しています。ところが圧油が突然に流れ込むと、ピストンによる圧力補償機能が働かず、油室の圧力p_cが高い状態のままです。したがって、絞り②には過剰な流量が通ることになるので、シリンダの速度は過渡的に速くなります。このジャンピング現象を抑止するために、圧力補償ピストンの右端側に開度調整機構が設けられています。ピストン変位のオーバーシュート(行き過ぎ量)がないよう、適時に絞り①の開度を調整する方法が有効です。

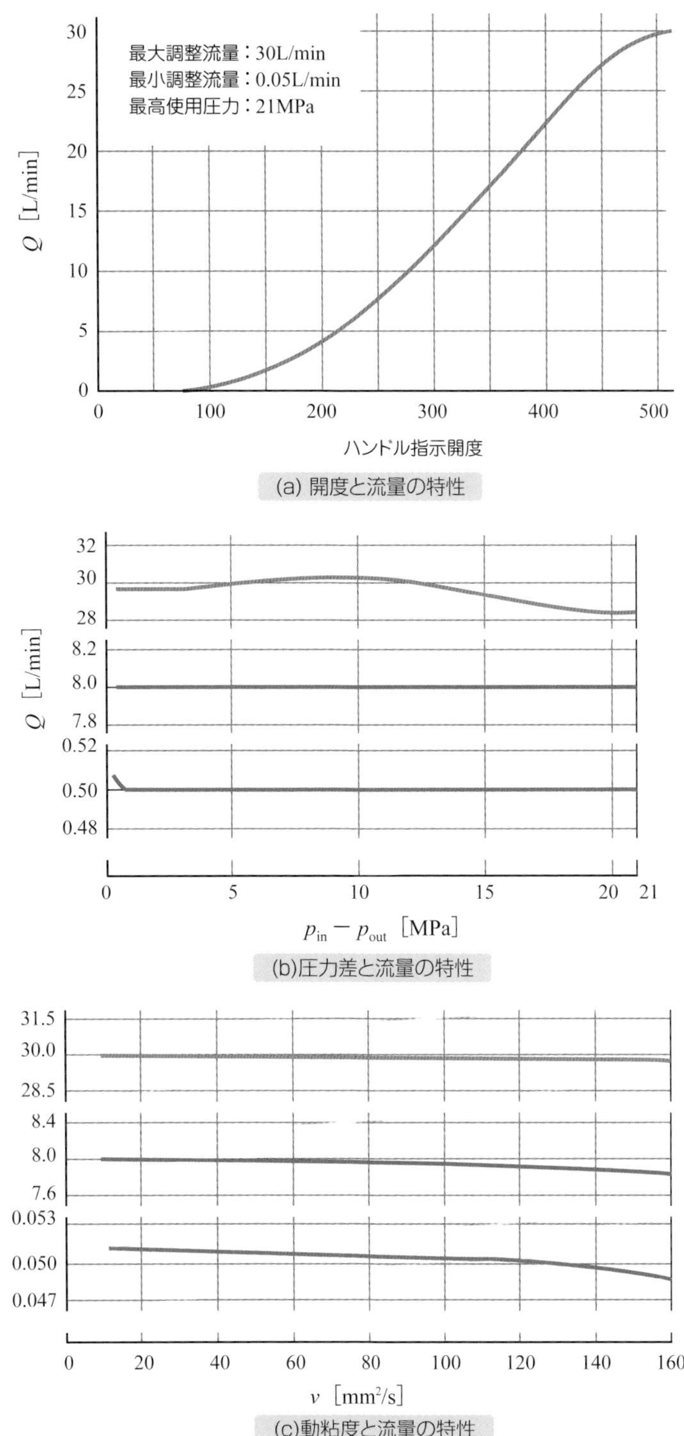

図4-8　圧力・温度補償付き流量調整弁の性能線図[1)]

第4章 流量制御弁

● 速度制御回路

流量調整弁によりアクチュエータの作動速度を制御するために、**速度制御回路**があります。速度制御回路は、図4-9に示すように、メータイン制御、メータアウト制御、ブリードオフ制御の3つの方式に分類できます。以下の例では、片ロッド複動シリンダの押し行程での三者の違いについて説明します。なお、リリーフ弁の設定圧力はp_s=10MPa、シリンダでの負荷力はF_l=60kN、キャップ側のピストン面積はA_c=100cm^2、ロッド側のピストン面積はA_r=50cm^{2}の同一条件において、バルブ、管路、シリンダなどの損失を無視して比較します。

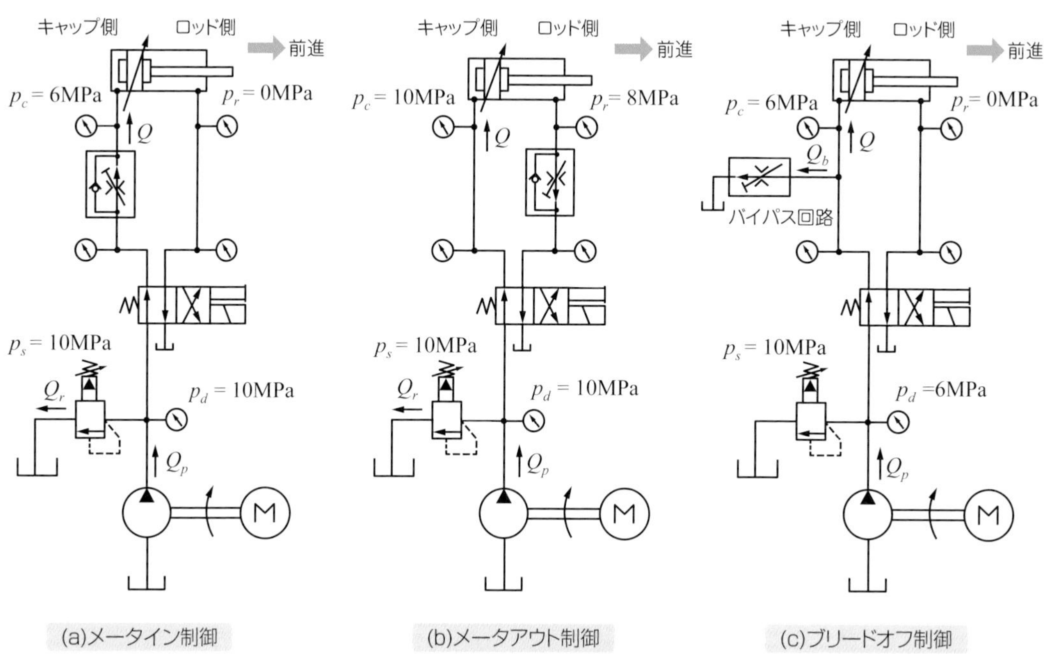

図4-9　速度制御回路

(1) メータイン制御

メータイン制御は、アクチュエータへの供給側管路内の流れを制御することによって、速度を制御する方式です(同図(a))。油圧ポンプからの吐出し量Q_pのうち、速度制御に必要な流量Qを調整し、残りの流量Q_rはリリーフ弁から油タンクに逃がします。ロッド側圧力は油タンクの圧力(大気圧)と等しく、負荷圧力のキャップ側圧力p_cは、以下で得られます。

$$p_c = \frac{F_l}{A_c} = \frac{60 \times 10^3}{100 \times 10^{-4}} = 6 \times 10^6 = 6\,\text{MPa} \tag{4.4}$$

したがって、キャップ側圧力p_cは、リリーフ弁の設定圧力p_sより低く、余剰な流量Q_rをリリーフ弁より常に吐き出します。この方式は、アクチュエータの衝撃が少なく、高い精度の速度制御を実現できます。しかし、シリンダロッド側の流量は規制されないので、押し行程時に抵抗する負荷(正の負荷)に対して有効ですが、ロッドが引っ張られるような負荷(負の負荷)には使用できません。また、負荷変動がある場合に対しても不向きです。

(2) メータアウト制御

メータアウト制御は、アクチュエータからの排出側管路内の流れを制御することによって、速度を制御する方式です(同図(b))。メータイン制御と同じように、油圧ポンプはリリーフ弁の設定圧力p_sで流量Q_pを常に吐き出しています。負荷力F_lが作用しているとき、流量調整弁の上流側すなわちロッド側圧力p_rは次式で得られます。

$$p_r = \frac{A_c p_c - F_l}{A_r} = \frac{(100\times10^{-4})\times(10\times10^{6})-(60\times10^{3})}{50\times10^{-4}} = 8\times10^{6} = 8\,\mathrm{MPa} \quad (4.5)$$

このようにロッド側にp_r=8MPaの背圧が掛かるので、負荷変動が激しい条件やシリンダを縦方向に用い負荷が自重落下(負の負荷)するときに利用されます。ただし本方式は、仮に負荷力が低下しF_l=4kNの条件下では、式(4.5)からわかるようにロッド側圧力がp_r=12MPaとなり、キャップ側圧力のp_c=10MPa（リリーフ弁の設定圧力p_s)を上回ることがあるので注意が必要です。

(3) ブリードオフ制御

ブリードオフ制御は、アクチュエータへの供給側管路に設けたバイパス回路の流量を制御することによって、速度を制御する方式です(同図(c))。油圧ポンプからシリンダへは速度制御するために必要な流量Q_bをバイパス回路で絞り、残った流量Qをシリンダに送り込むので、キャップ側圧力p_cは常に負荷力F_lに見合った圧力となります。

メータイン制御やメータアウト制御では、ポンプ吐出し圧力p_dはリリーフ弁の設定圧力p_sと等しいのですが、ブリードオフ制御ではポンプ吐出し圧力p_d=6MPaをリリーフ弁の設定圧力p_s=10MPaより低く抑えることができます。以上の理由から、ブリードオフ制御は回路効率に優れ、かつ低圧力で小流量の流量調整弁を選定できるという利点があります。しかし、バイパス回路から逃がす流量Q_bを一定に保持しているので、ポンプの吐出し量Q_pの変動が直接に速度制御精度に影響を及ぼすという欠点があります。また、ロッドが引っ張られるような負荷(負の負荷)には用いることはできません。

4-3 パイロット操作流量調整弁

パイロット操作流量調整弁は、パイロット圧力を電磁方向切換弁で操作して、流量を連続的に調整できるバルブです。図4-10(a), (b) は、パイロット操作流量調整弁の内部構造と図記号です。

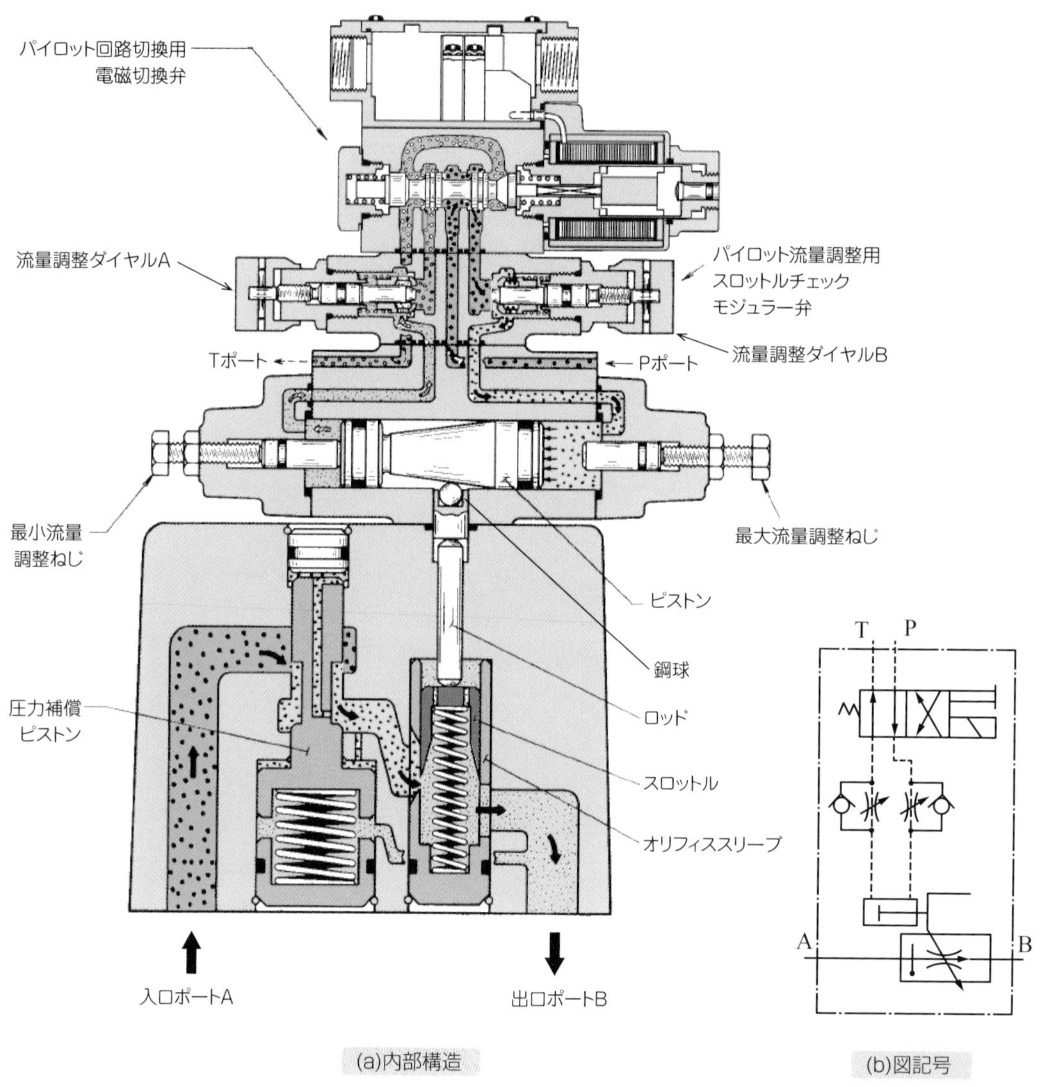

図4-10　パイロット操作流量調整弁[1][1)]

このバルブは、流量調整弁、パイロット回路切換用の電磁方向切換弁、パイロット流量調整用のスロットルチェックモジュラー弁、流量調整のためのピストン部から構成されています。流量調整弁でのダイヤルの代わりに、ピストンとロッドがスロットルの絞り開度を調整します。ここで、スロットル(Throttle)とは「絞り」という意味であり、**スロットル弁**とは、溝やノッチを付けた弁体で、ストロークにつれて作動油の流路断面積が変化するバルブ要素です。また、同図(c)はパイロット操作流量調整弁の流量変化を示しています。

● 作動原理

電磁方向切換弁をオンからオフにすれば、Pポートからの圧油は、スプールを経てスロットルチェックモジュラー弁を押し上げて、ピストンの右端面に圧力が作用します(同図(a))。ピストンは、円錐のテーパ形状のため、鋼球を介してロッドおよびスロットルを押すと、オリフィススリーブとの絞り開口面積は小さくなり、流量Qは連続的に減少していきます(同図(c)のT_2)。ピストン左端の作動油は、スロットルチェック弁で絞られ、スプールを経てTポートへ流れます。この際に、スロットルチェック弁の開度を調整すれば、流量Qの時間変化率を変えることができます(同図(c)の③、①)。また、最大および最小流量調整ねじを回せば、ピストンの変位は拘束され、最大流量値と最小流量値が決まります(同図(c)の②、④)。これに対して電磁方向切換弁をオフからオンにすれば、作動油が逆側に流れ、ピストン左端に高圧が作用するためピストンは右方向に動き、絞り開口面積は大きくなり、流量Qは連続的に増加していきます(同図(c)のT_1)。

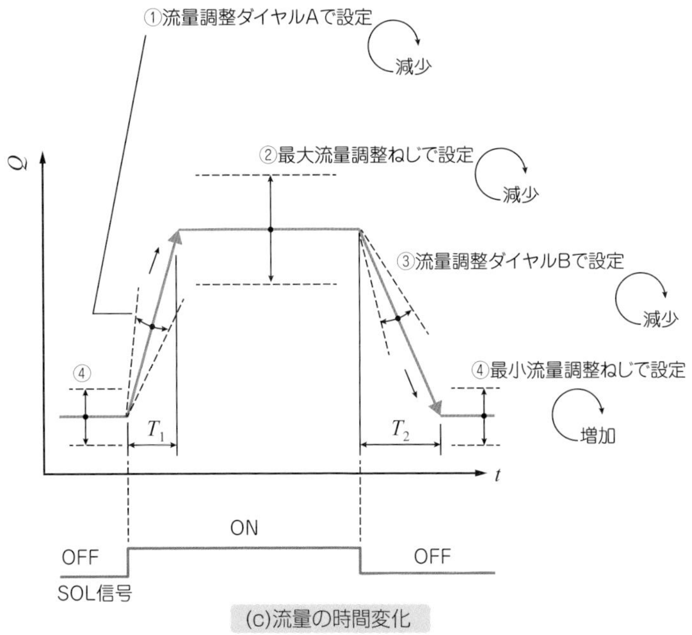

図4-10　パイロット操作流量調整弁[2][1)]

4-4 デセラレーション弁

デセラレーション弁は、カムでローラを操作することにより弁内流路を開閉させ流量の増減をします。工作機械のテーブル送りなどの用途で、アクチュエータを加減速や停止させたいときに使用されます。

● 作動原理

図4-11は、デセラレーション弁の内部構造と図記号です。同図(a)はノーマルオープン形、同図(b)はノーマルクローズ形です。

ノーマルオープン形では、作動油がAポートからBポートに流れています。ローラがカムに接触して、スプールが下方に動くと絞り部がテーパになっているため、流れは徐々に絞られて流量は減っていきます。このような動作は、シリンダを早送りから微速送りへ円滑に移行させたいときに用いられます。

ノーマルクローズ形では、AポートとBポートが閉鎖され、作動油の流れはありません。ローラがカムに接触すると、スプールは下方に動いて絞りが開きはじめ、流量が増していきます。なお、デセラレーション弁は、図4-12に示す図記号のように、絞り弁やチェック弁と併用されます。

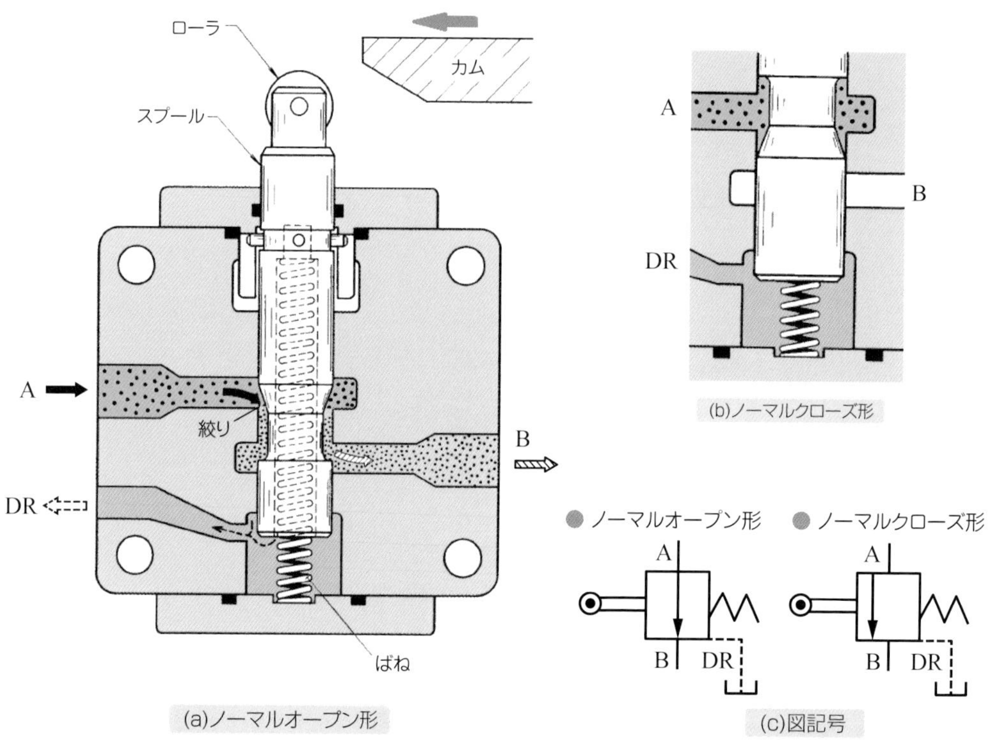

図4-11　デセラレーション弁[1)]

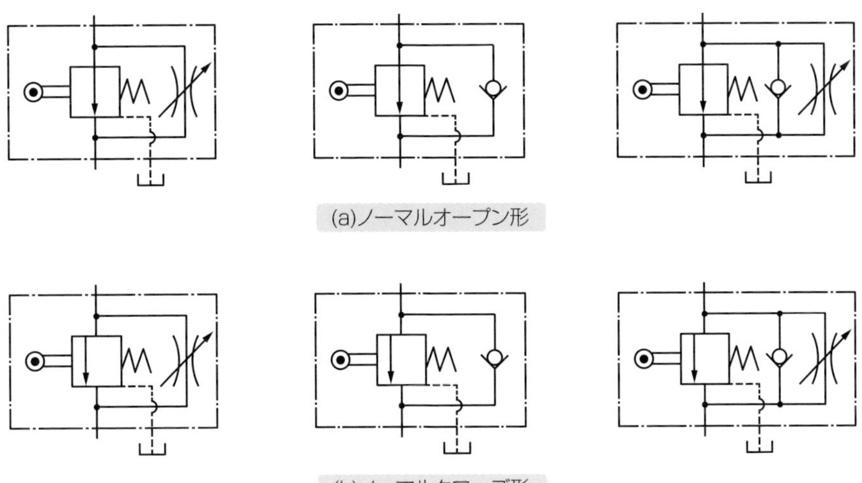

図4-12　絞り弁およびチェック弁付きのデセラレーション弁の図記号

● デセラレーション弁の油圧回路

図4-13は、デセラレーション弁を使用した油圧回路例です。電磁方向切換弁のソレノイドSOL.bがオンになりシリンダが押し行程に移行するとき、デセラレーション弁のローラにシリンダロッドのカムが当たり、減速域を経て微速域に入ります。カムがリミットスイッチを押してオンになると、シリンダは停止します。また、ソレノイドSOL.aがオンでシリンダは引き行程となり移動します。ここで、**リミットスイッチ**とは、機械の可動部が任意の位置にあることを検出するオンオフスイッチです。

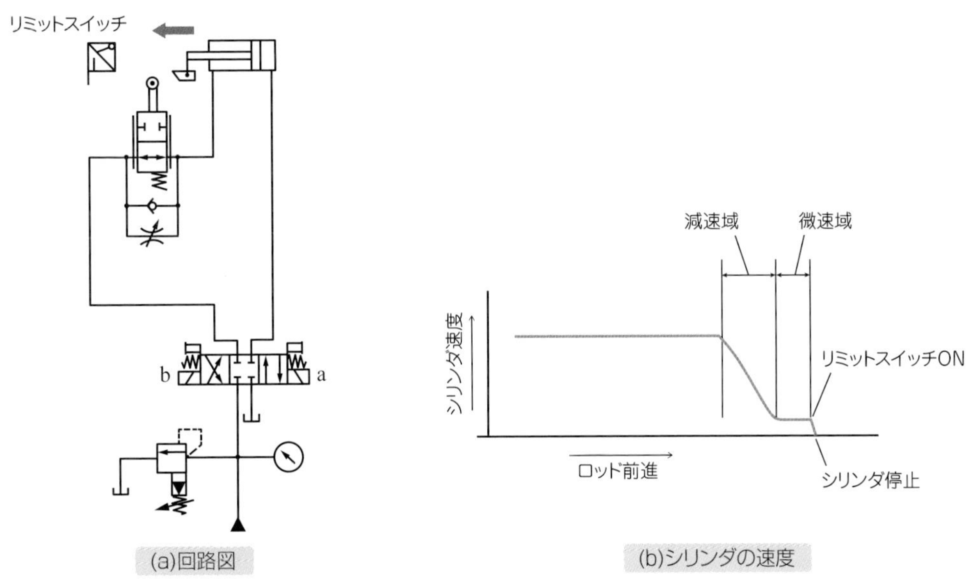

図4-13　デセラレーション弁を使用した油圧回路例[1)]

4-5 フィードコントロール弁

フィードコントロール弁は、チェック弁付流量調整弁とデセラレーション弁とを一体に組み入れた複合弁です。このバルブは、工作機械などの送り装置において、早送りから切削送りへの切換のために用いられます。

● 作動原理

図4-14は、フィードコントロール弁の内部構造と図記号です。早送り時には、Aポートからの圧油はチェック弁を横切り、ポペット内部を通り、スプール開度が全開のためBポートへと絞りの抵抗はなく流れ、シリンダを早送りさせます(同図(a)の黒矢印)。ローラがカムに当たり、スプールが下がるとスプール開度は徐々に絞られ、制御流れとなりシリンダが減速します。同時に、圧油は流量調整弁の圧力補償ピストンやオリフィスを抜けてBポートへと流れ出て、シリンダは減速します。最終的に切削送り時には、スプールは完全に閉じて圧油は、流量調整弁のみに流れ、送り速度が制御されます(同図(b))。シリンダを後退させるときには、BポートからAポートへとチェック弁を通り、自由流れとなります(同図(a)の白矢印)。

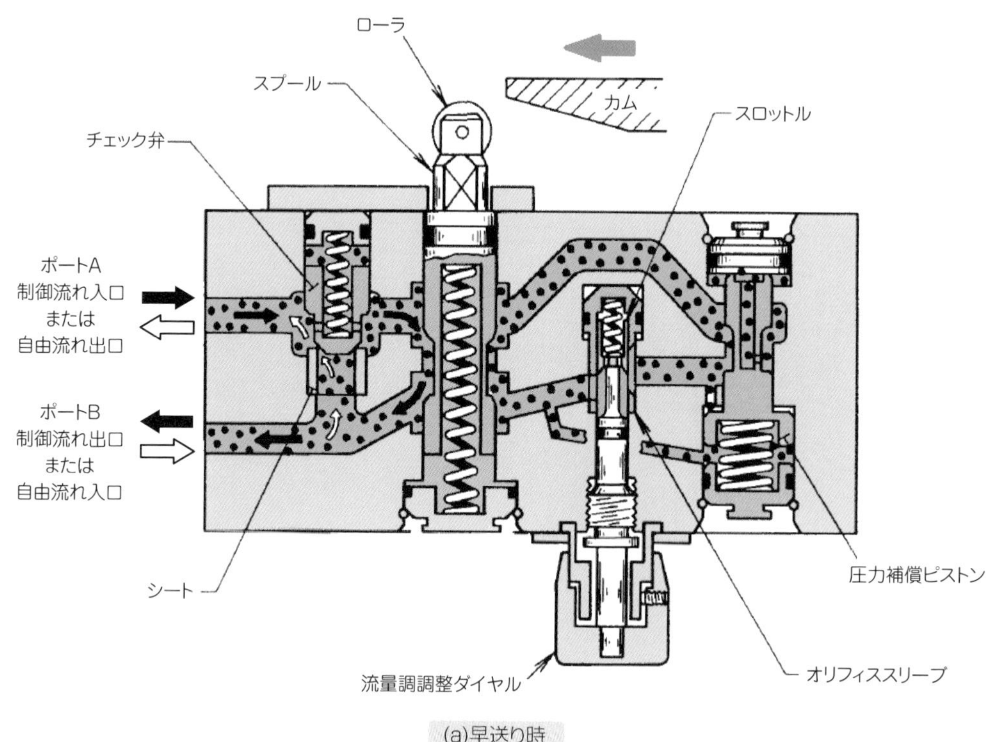

(a)早送り時

図4-14　フィードコントロール弁[1][1)]

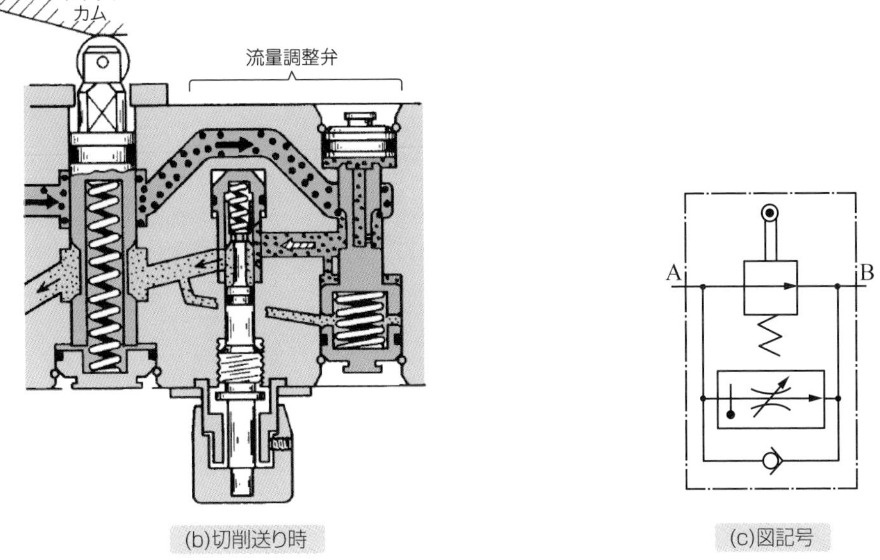

(b)切削送り時

(c)図記号

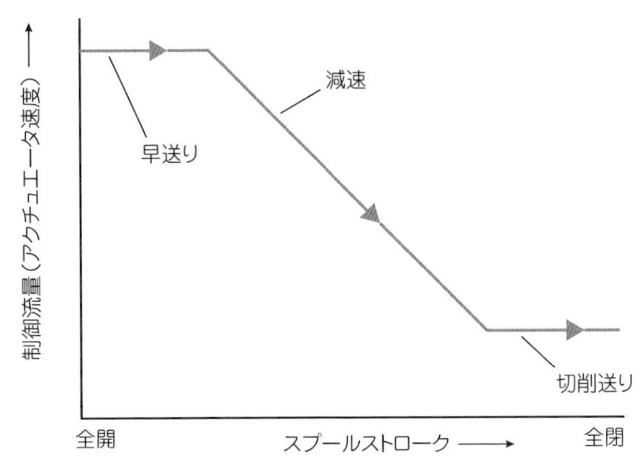

(d)スプール変位と制御流量

図4-14　フィードコントロール弁[2][1)]

4-6 プレフィル弁

プレフィル弁は、大型プレスや射出成形機などで小流量の油圧ポンプを用いたときでも、油圧装置の高速化を実現できます。

● 作動原理

図4-15は、プレフィル弁の内部構造と図記号です。プレフィル弁は、油タンクとシリンダの間に設置されます。まず、シリンダの引き行程では、パイロットポートに圧油を導き、ピストン及びシャフトがばね力に抗してポペットを押し下げ、シリンダ側の作動油は油タンクへと逃げます(同図(a))。つぎに、パイロットポートに圧油を導かないシリンダの前進・後退行程では、高速度で移動するため、油タンクからシリンダへ多量の作動油を吸い込みます(同図(b))。また加圧行程では、シリンダ内の圧力が高くなるため、ポペットがシートに着座して、シリンダから油タンクへの流れを阻止します。なお、図記号の中でCLはシリンダを示します(同図(c))。

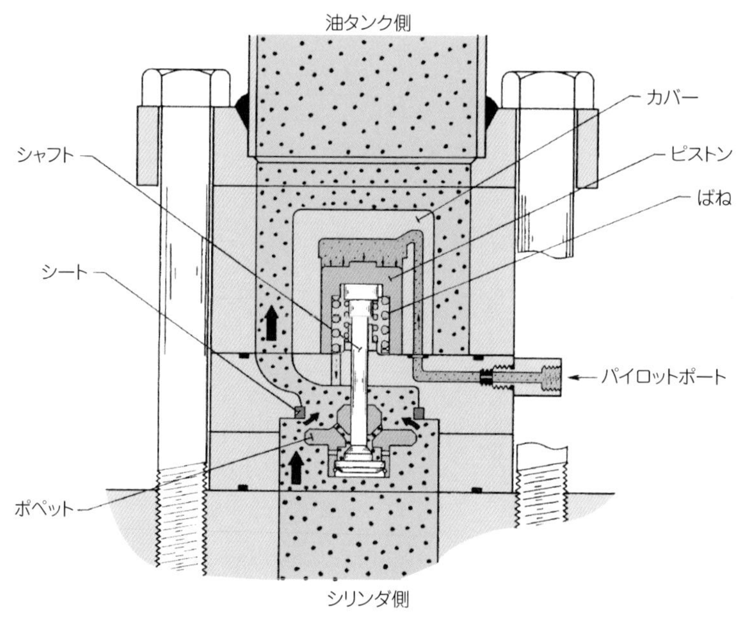

(a)シリンダから油タンクへの流れ(逆自由流れ)

図4-15　プレフィル弁[1][1)]

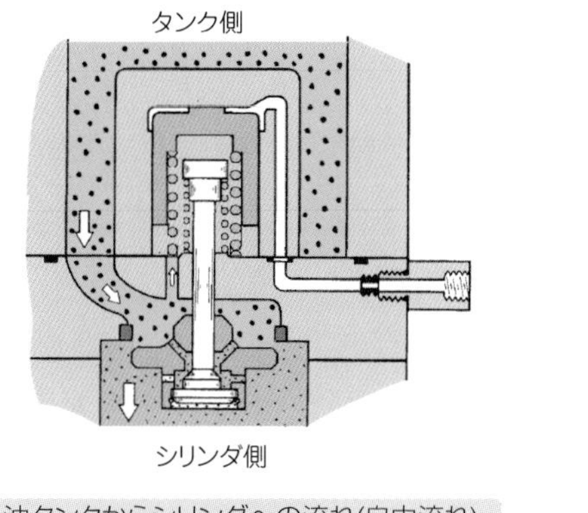

(b)油タンクからシリンダへの流れ(自由流れ)

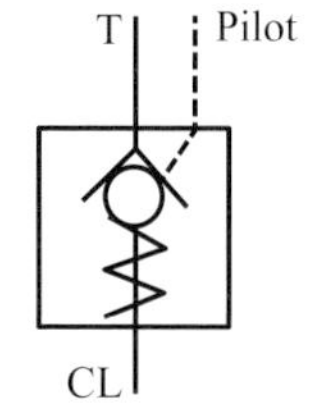

(c)図記号

図4-15　プレフィル弁[2][1)]

● プレフィル弁の油圧回路

図4-16は、プレフィル弁を用いシリンダを高速に上昇および下降させる油圧回路です。まず、高速上昇行程では、電磁方向切換弁のソレノイド①と③をオンにして、補助シリンダのキャップ側に圧油を導き作動させます。それと同時に、プレフィル弁にはパイロット圧力が導かれ、油タンクからラムシリンダへ作動油を吸い込みます。つぎに、加圧行程では、ソレノイド②と③をオンにして、圧油は一方向絞り弁を通してラムシリンダに送り込まれます。このとき、パイロットチェック弁のパイロットポートは、油タンクに接続されるため、ポペットは閉じてラムシリンダ内の圧力は保持されます。さらに、高速下降行程では、ソレノイド①と④をオンにして、補助シリンダのロッド側に圧油を送り込みます。それとともに、プレフィル弁へパイロット圧力が導かれ、ポペットが開き、ラムシリンダからの作動油は油タンクに戻ります。同図中の表は、4つのソレノイドの切換えと作動状態を整理したものです。

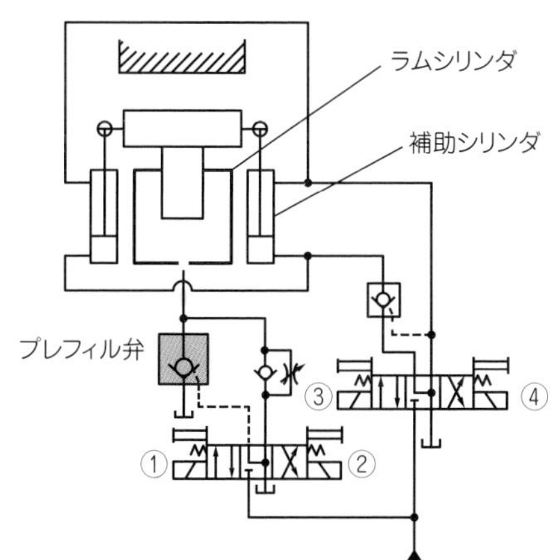

ソレノイド	高速上昇	加　圧	高速下降
①	ON	OFF	ON
②	OFF	ON	OFF
③	ON	ON	OFF
④	OFF	OFF	ON

図4-16　プレフィル弁を使用した油圧回路例

4-7 分流弁

分流弁は、圧力源からの作動油が2本以上の管路に分流されるとき、各管路の圧力に関係なく、一定な比率で流量を分割します。

● 作動原理

図4-17は分流弁の内部構造と図記号です。分流弁は、フローデバイダとも呼ばれ、主にスプールと両端の2つのばねから成ります。スプールには、固定絞り①、②が加工された側面カバーが組み付けられて一体となっています。Pポートからの作動油の流れは、中央のC室で固定絞り①、②へと分岐し、それぞれ両側のA室、B室を経て可変絞り③、④を通り、AポートとBポートに流れ出ます。スプールの左右端面のL室、R室には、A室、B室から各流路を介して、それぞれ同一の圧力が導かれます。

もしAポートの負荷圧力が高まるとA室の圧力p_aも上がり、C室からA室への固定絞り①を介して通過する流量Q_aが減ります。それにともなって、スプール左端面のL室の圧力p_lは上昇します。スプール両端の面積に作用する差圧p_l–p_rによって、スプールは右方に動き、可変絞り④の面積は減り、可変絞り③の面積は増えます。したがって、B室の圧力p_bは高まり、A室の圧力p_aの増加が抑制されて、スプールは両圧力が等しい$p_a = p_b$の位置で均衡して停止します。以上より、固定絞り①と②の面積が等しく$A_a = A_b$ならば、両者を通過する流量Q_aとQ_bは、AポートやBポートの圧力に依存せず常に同じとなります。なお、固定絞り①と②の面積比A_a/A_bを設定すれば、この面積比に比例して流量比Q_a/Q_bが決まり、Pポートからの流量はAポートとBポートに分流します。

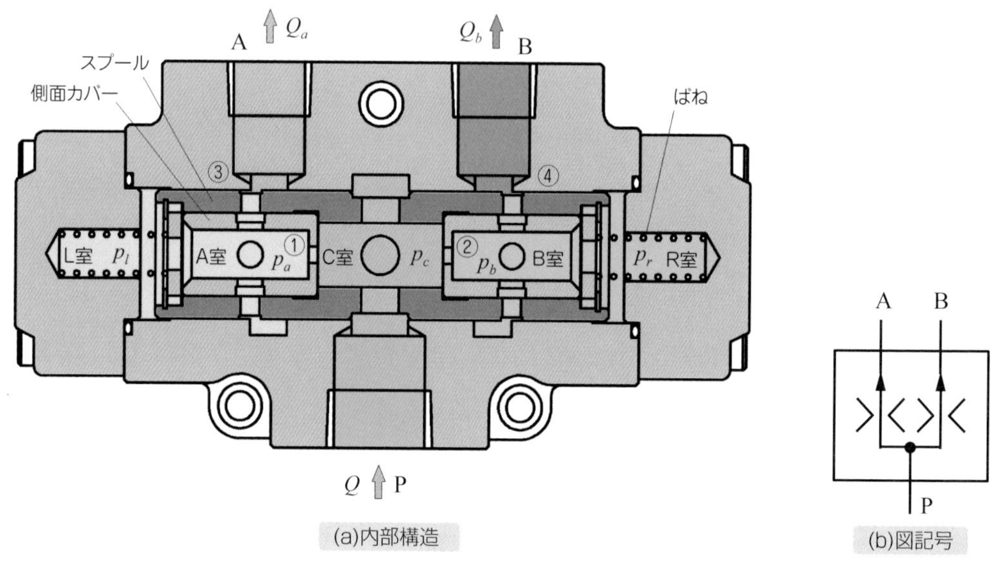

図4-17 分流弁[12)]

● 分流弁による同期回路

図4-18は、油圧アクチュエータの同期のために分流弁を用いた油圧回路です。同期動作が目的なので流量は等しくする必要があり、固定絞りの面積比$A_a/A_b=1$です。これにより、Pポートから Aポート、Bポートの両者への流体抵抗は互いに等しくなります。

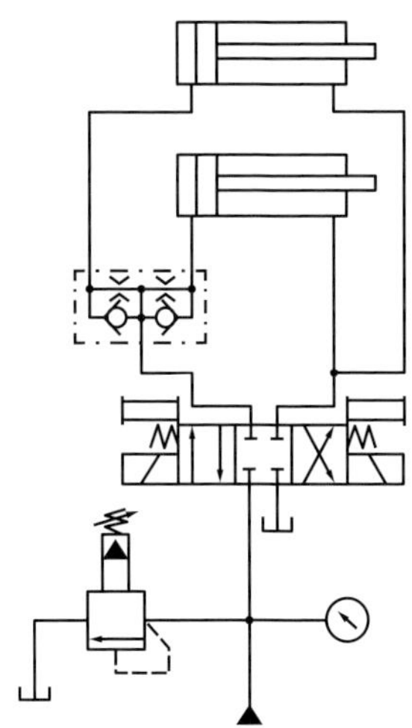

図4-18　分流弁を用いた同期回路

● 分集流弁の作動原理

そのほか、分流弁とは逆に、2つ以上の入口ポートの圧力に関係なく、流量比を維持しながら1つの出口ポートへ合流する**集流弁**があります。図4-19の**分集流弁**は、分流と集流の両者の機能を備えたバルブです。分集流弁の構造は、分流弁とは異なり、1個のスプールの内面を可動する2個のサブスプールが左右に組み込まれています。各サブスプールには固定絞り①、②があり、各スプールには可変絞り③、⑤と④、⑥が2個ずつ切れられています。

(1) 集流の場合

集流の場合には、入口ポートがAポートとBポート、出口ポートがCポートとなります。作動油は、AポートおよびBポートから流入するので、左右2つのサブスプールは差圧により内側に動き、中央に位置しています。それぞれの流れは、可変絞り⑤、⑥を通り、A室、B室を経て固定絞りを通り、C室にて合流しCポートへと流れます。AポートとBポートが等しい圧力であれば、固定絞り①、②の前後差圧も等しいので、スプールは中央に位置して、2つの入口ポートから同じ流量が出口のCポートに集められます。なお集流時には、可変絞り③、④は、サブスプールによって閉じています。

もしAポートの負荷圧力が高まるとA室の圧力p_aも上がり、A室からC室へ固定絞り①を介して通過する流量Q_aが増えます。それにともなって、スプール左端面のL室の圧力p_lは上昇します。スプール両端の面積に作用する差圧p_l-p_rによって、スプールは右方に動き、可変絞り⑤の面積は減り、可変絞り⑥の面積は増えます。したがって、B室の圧力p_bは高まり、A室の圧力p_aの増加は抑制されて、スプールは両圧力が等しい$p_a=p_b$の位置で均衡して停止します。以上より、固定絞り①と②の面積が等しく$A_a=A_b$ならば、両者を通過する流量Q_aとQ_bは、AポートやBポートの圧力に依存せず常に同じとなります。

(2) 分流の場合

分流の場合には、入口ポートがCポート、出口ポートがAポートとBポートとなります。作動油は、Cポートから流入するので、左右2つのサブスプールは差圧により外側へ動きます。その後の作動原理は分流弁と同じです。すなわち、可変絞り③、④の面積がAポートやBポートの圧力に対して常に調整され、固定絞り①と②を通る流量は等しくなり、分流弁としての機能を果たします。なお、分流時には、可変絞り⑤、⑥は、サブスプールにより閉じています。

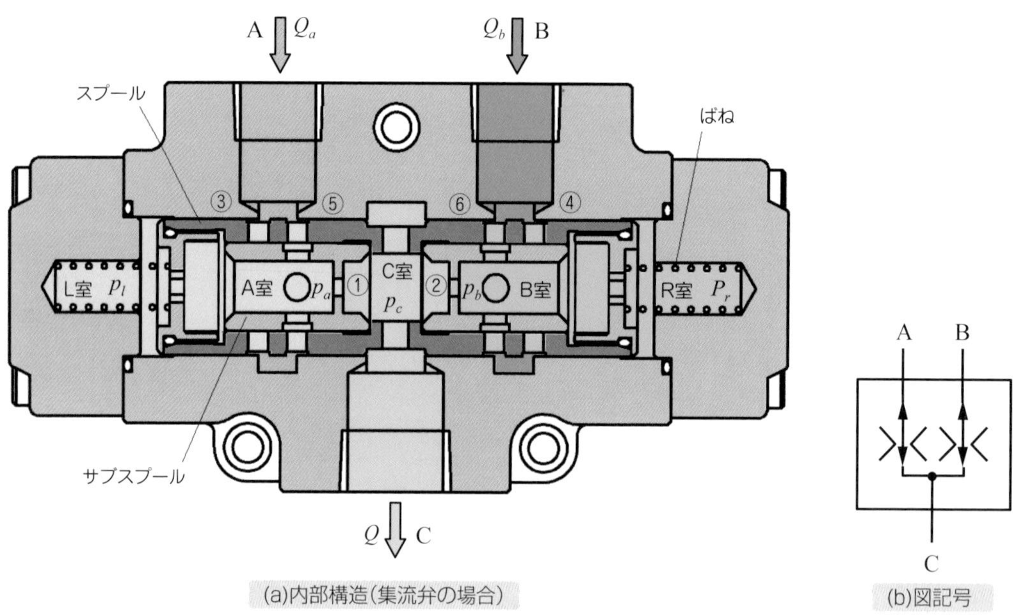

図4-19　分集流弁[12)]

第5章　そのほかの制御弁

本章では、前章までの方向制御弁、圧力制御弁、流量制御弁の機能を持ちながら、配管による接続をなくして、省スペースを図った①積層弁、②カートリッジ弁、③ロジック弁について述べます。

5-1 積層弁

● 積層弁の特徴

図5-1は、積層弁の外観写真と油圧回路です。**積層弁**はスタック弁ともいい、スタック(Stack)とは「積み重ねる」という意味です。このバルブは、マニホールドブロックの上面に、機能が異なる数個の方向・圧力・流量制御弁を積み重ね層状にして使用します。ここで**マニホールドブロック**とは、各ポートからのP、T、A、Bなどの流路を持つ立方体形状の取付け台です。また、このバルブは**モジュラー弁**、または**サンドイッチ弁**とも呼ばれています。ここにモジュラー(Modular)とは「基準寸法に従って作られ集約された構成品」という意味があります。

今まで紹介してきた方向・圧力・流量制御弁は、それぞれのポートを接続するために配管が必要ですが、この積層弁は、上部に置く電磁方向切換弁と同じポート取付け寸法(ISO規格に準拠)を持ちます。各種バルブは、スタックボルトとナットにより相互に締め付けられ、1つの油圧回路を構成します。したがって、配管はポンプと油タンク、および各アクチュエータとの接続だけで済みます。積層弁の特長を整理すると、以下の事項が挙げられます。

(1) コンパクトに収納できるため、設置場所が縮減できる。

(2) 回路構成が容易なため、配管の組立作業を余り要しない。

(3) 配管接続がほとんど無いため、油漏れや振動騒音などが減り信頼性が向上する。

(4) 各種バルブを集中管理しているので、保守点検が容易である。

(5) 各種バルブは同じ取り付け寸法なので、油圧回路の追加や変更が簡単である。

ただし、ボルト強度の観点から、積層の段数には制限があり5個程度です。また、定められた配管空間のため、最大定格流量や圧力損失に配慮が必要です。

同図(a)の外観にて左端の積層弁は、同図(b)の油圧回路の左端に相当します。この左端の積層弁の構成は、下面から①リリーフ弁、②レデューシング弁(減圧弁)、③スロットルチェック弁(一方向絞り弁)、④パイロット操作チェック弁、⑤電磁方向切換弁です。以下では、代表的な上記の①～④の積層弁について作動原理を説明します。

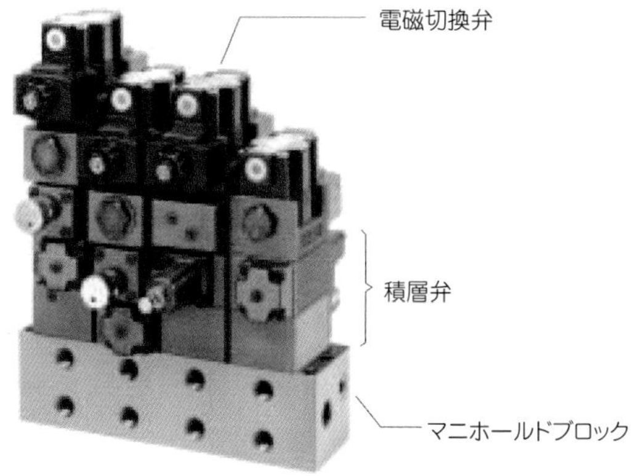

(a)外観

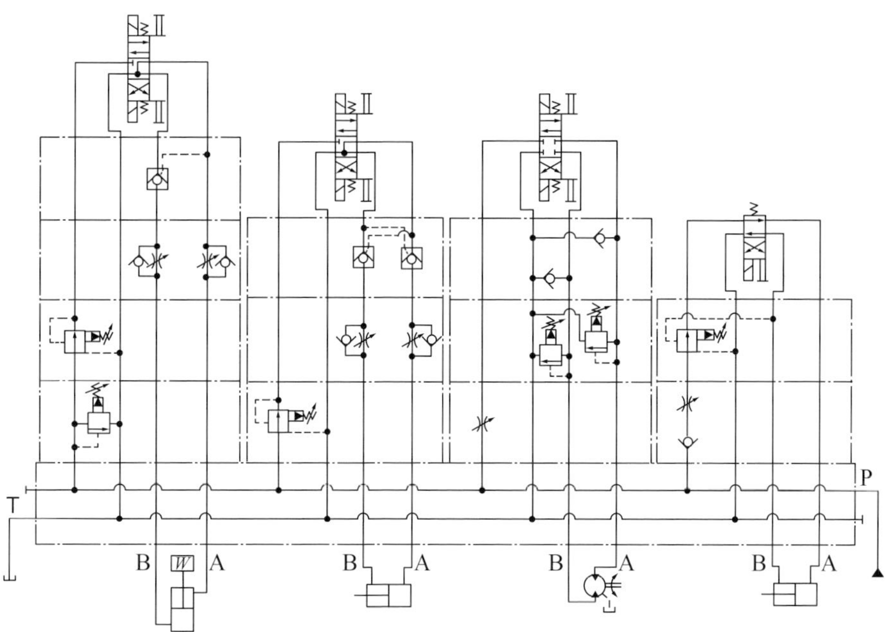

(b)油圧回路

図5-1　積層弁[1)]

5-2 積層形リリーフ弁

図5-2は、**積層形リリーフ弁**(Pライン用)の内部構造と図記号です。Pポートからの圧油は、ポペットの孔を通りパイロットポペットの先端に導かれています。クラッキング圧力(小弁)に達すると、パイロットポペットに作用する油圧力はパイロットスプリングのばね力に打ち勝ち、作動油はTポートへと逃げます。これにより、ポペットの左右断面積に掛かる圧力差が生じて、ポペットは左方に押されシートから離れるので、Pポートの圧油は、Tポートへと流れ出ます。なお、AポートとBポートは、バルブ内を上下に貫通する単純な流路です。同図のようなPライン用だけではなく、Aライン用やBライン用もあります。

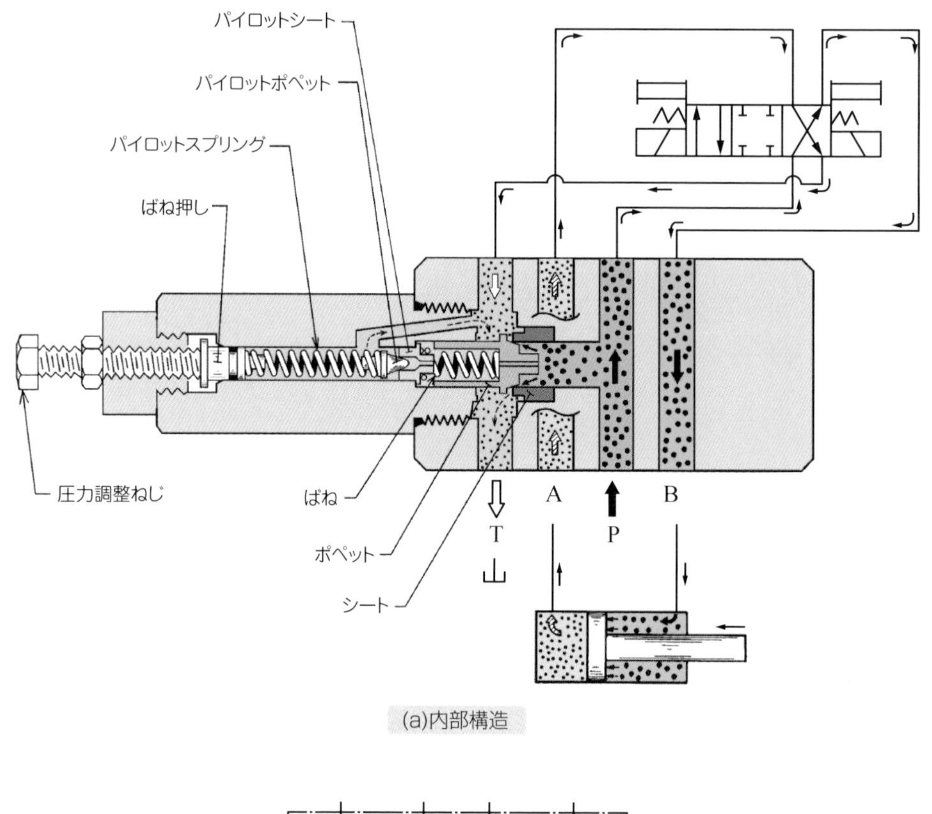

(a)内部構造

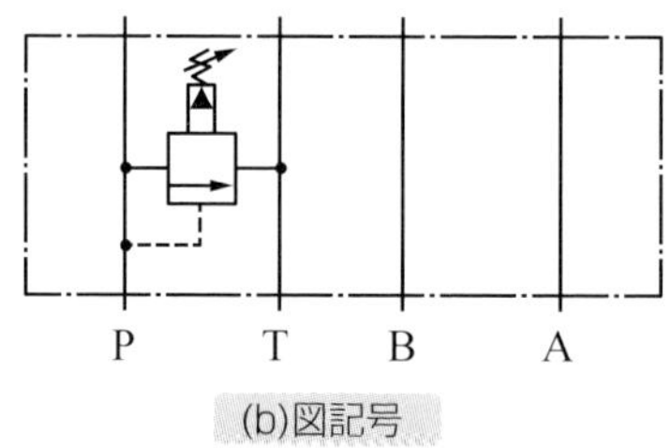

(b)図記号

図5-2　積層形リリーフ弁(Pライン用)[1]

5-3 積層形減圧弁

図5-3は、**積層形減圧弁**(Pライン用)の内部構造と図記号です。Pポート(入口ポート)からの圧油は、スプールで絞られて減圧され、P′ポート(Pポート上方の出口ポート)へと流れています。P′ポートからの圧油は、スプールの右端に導かれると同時に、スプール中央流路およびパイロットシートを経て、パイロットポペット(小弁)の先端に導かれています。小弁に作用する油圧力がパイロットスプリングのばね力に打ち勝ってクラッキング圧力に達すると、作動油は小弁を通り、Tポートへと逃げます。これにより、スプールの左右断面積に作用する油圧力とばね力との力の釣合いにより、スプールは移動してPポートからP′ポートへの絞り開度を調整します。出口ポートの圧力は、圧力調整ねじにより設定され、右端の検出ポートから圧力計で確認できます。

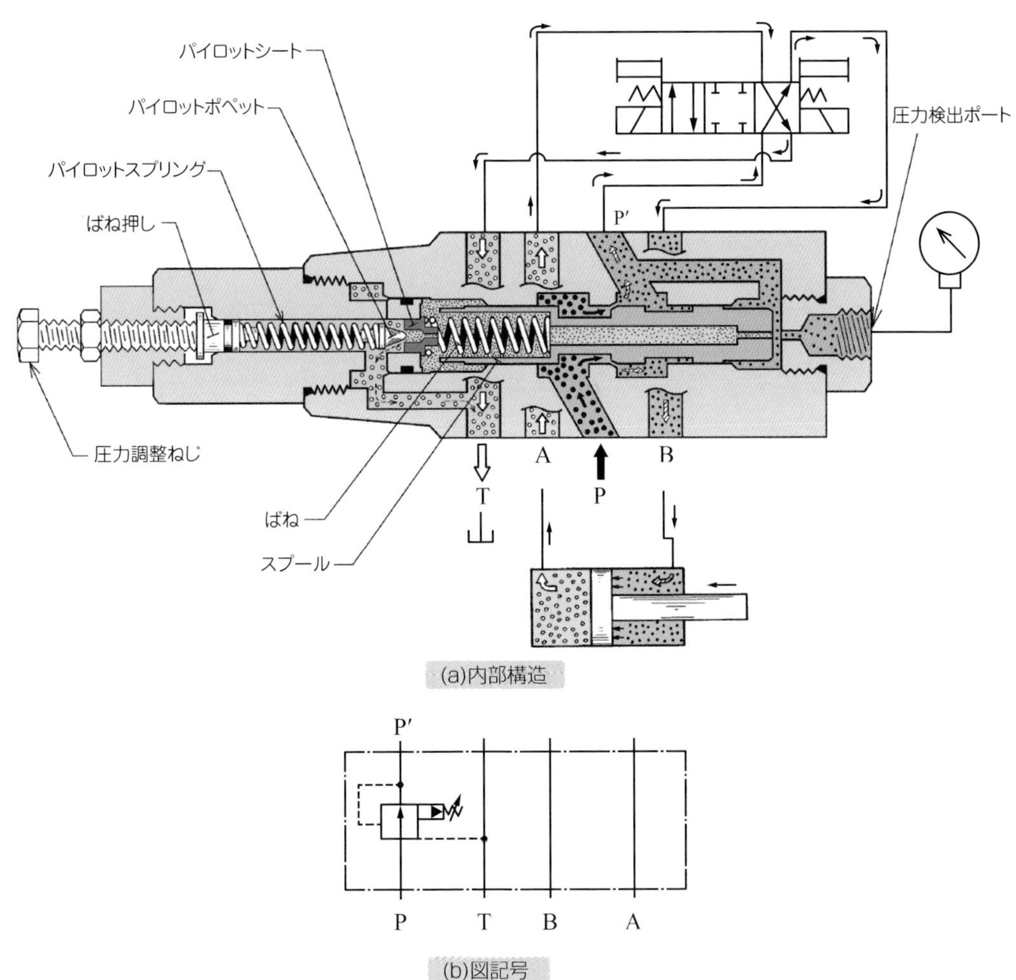

図5-3　積層形減圧弁(Pライン用)[1]

5-4 積層形スロットルチェック弁

図5-4は、**積層形スロットルチェック弁**の内部構造と図記号です。Pポートからの圧油は、バルブ内を通り抜けて電磁方向切換弁に導かれます。B′ポート(Bポートの上方)から入り込む作動油は、右側のスロットルをばね力に抗して左方に押し上げて、Bポートへの自由流れとなります。Aポートからの作動油は、左側のスロットルで絞られてA′ポート(Aポートの上方)への制御流れとなります。この絞りの開度は、流量調整ダイヤルを回し、ダイヤル軸をばね力に対して押し引きすれば設定できます。

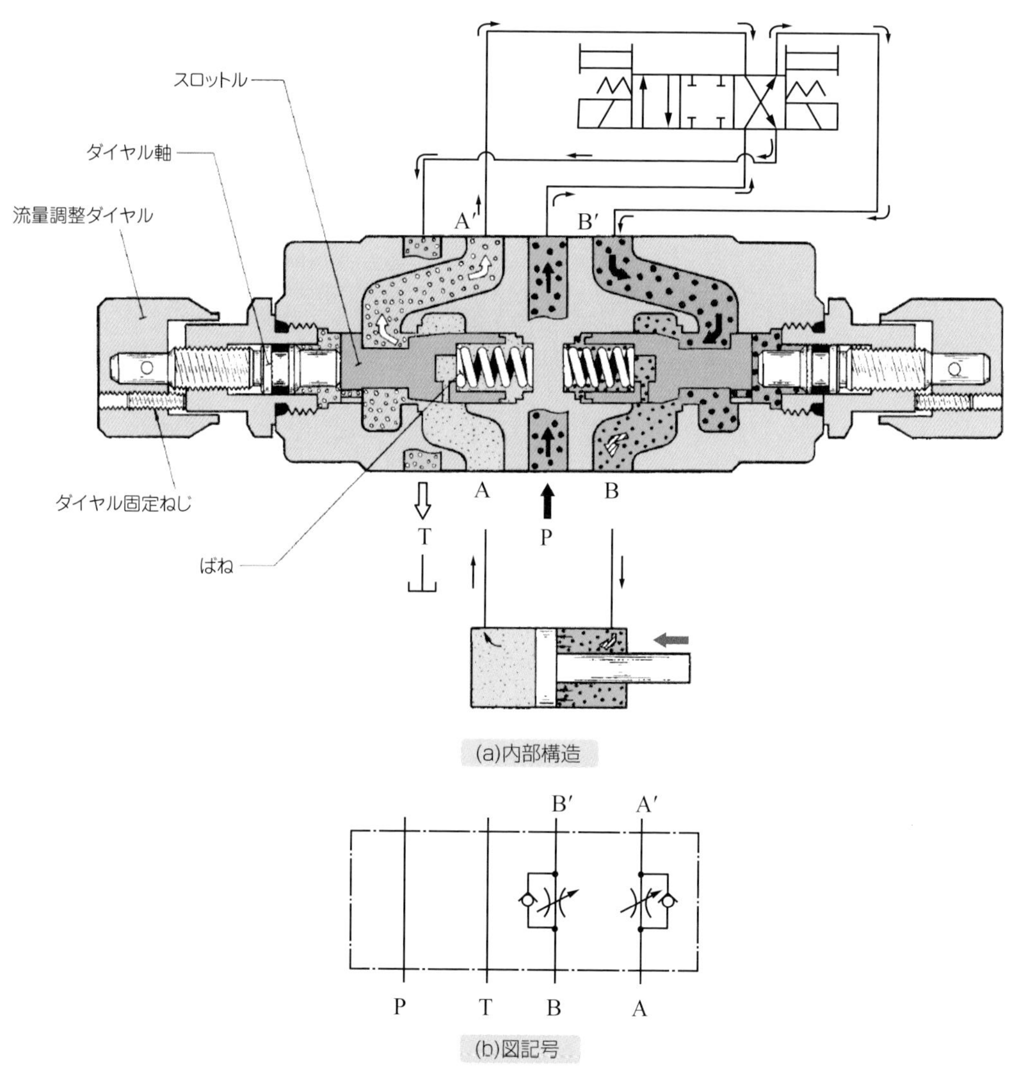

図5-4　積層形スロットルチェック弁[1)]

5-5 積層形パイロット操作チェック弁

図5-5は、**積層形パイロット操作チェック弁**の内部構造と図記号です。垂直に設置されたシリンダ位置を保持したいので、電磁方向切換弁の中央位置はABT接続です。シリンダロッド側には荷重*W*によって背圧が生じているので、積層形パイロット操作チェック弁のポペットは、ばね室内のBポートの圧力によってシートに押し付けられ完全に閉じています。したがって、シリンダロッド側の圧力は何処からも抜けないので、シリンダは下降せず任意の位置を保持します(同図(a))。

シリンダを下降させたいときには、電磁方向切換弁のSOL.bをオンにして、PポートからAポートに圧油が流れます。Aポートからの圧油がピストンの左側面に働き、ピストンは右方向に動きポペットを押します。これにより、Bポートの作動油は、ポペットとシートとの間を抜け、電磁方向切換弁を経てTポートに流れ出るため、シリンダは下降していきます(同図(b))。

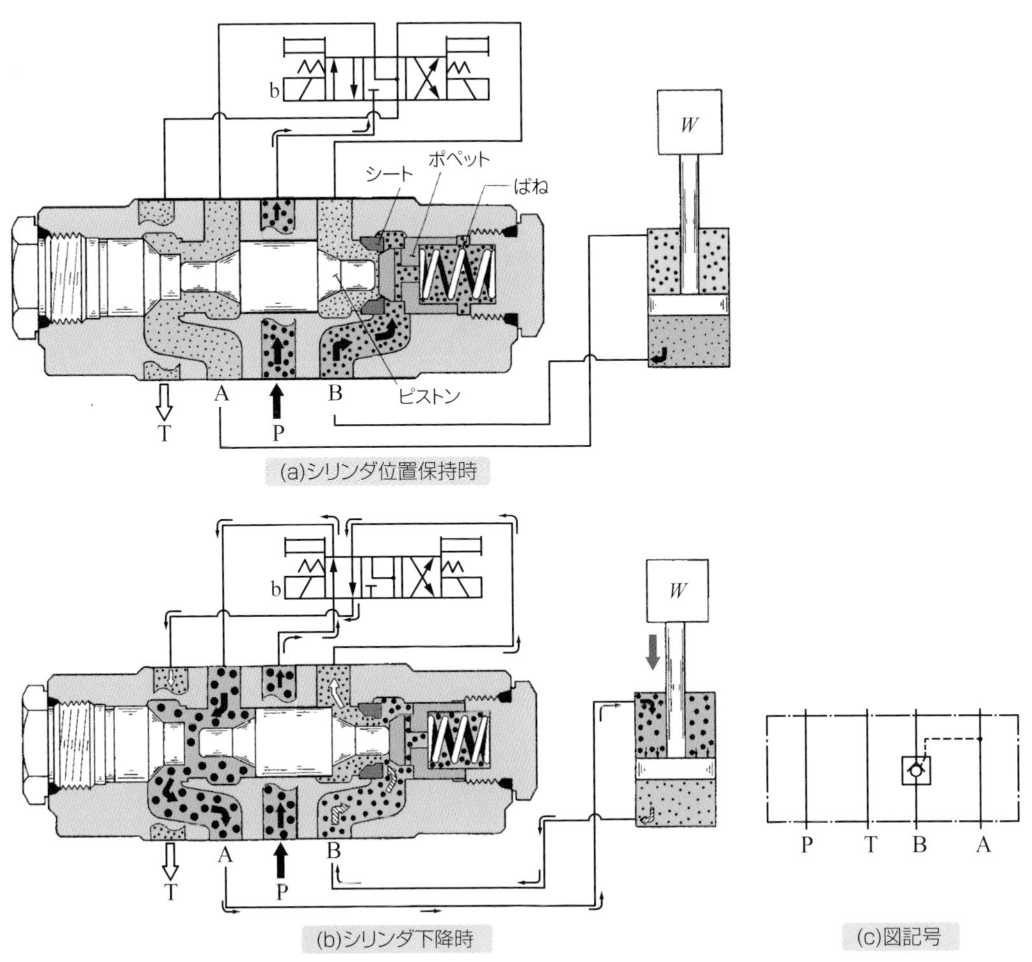

図5-5　積層形パイロット操作チェック弁(Bポート用)[1]

5-6 カートリッジ弁

バルブを集積する油圧システムとして、**カートリッジ弁**があります。カートリッジ弁は、ねじ穴を持つケーシングやマニホールに装着し、その内部流路を連結させてポートと接続することによって多種多様な方向・圧力・流量制御ができるバルブです。

図5-6は、ねじ込み式カートリッジ弁の一例です。このカートリッジ弁のボディー(緑色部)は、カートリッジ穴と同心度を保ちロケーティングショルダの面で位置決めされています。このロケーティングショルダにて、ねじ締め付けトルクによる軸力をすべて受けるので、高いトルクで締め付けができ、振動による緩みや油漏れに対し高い信頼性を有しています。可動部品を内蔵するスリーブ(赤色部)は、結合リングによりボディーと適切な自由度を持つフローティング構造なので、熱や取付けなどよる歪の影響は少なく設計されています。また、バルブ作動中にスリーブが及ぼす油圧力は、ボトムショルダの面により受ける構造です。

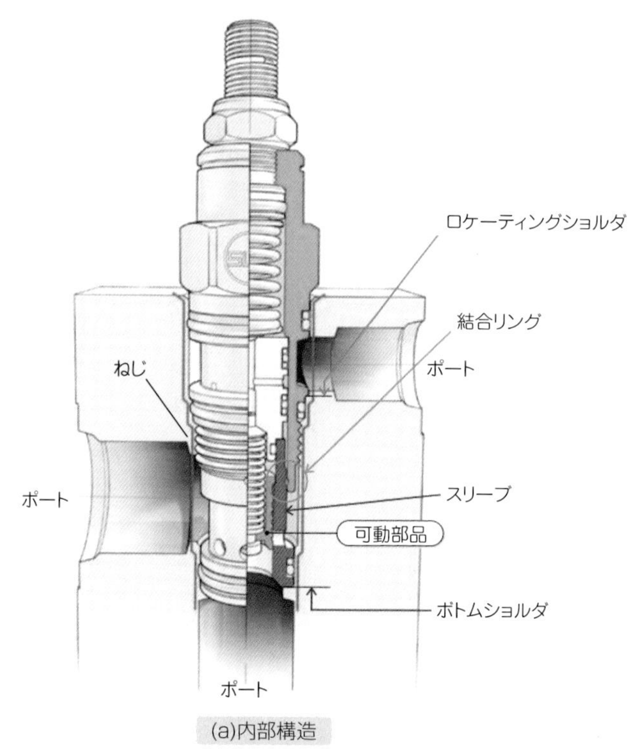

図5-6　カートリッジ弁[1][13)]

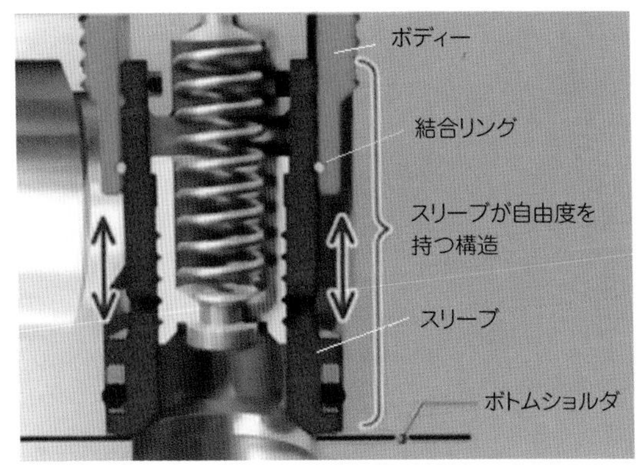

(b)内部詳細

(c)外観

図5-6　カートリッジ弁[2][13)]

● マニホールドブロック

このカートリッジ弁の特徴として**マニホールドブロック**は、図5-7に示すように、従来からの3軸直線加工(*X*、*Y*、*Z*座標)に比べて5軸加工(*X*、*Y*、*Z*、*I*、*R*座標)を導入し、十分な直径の斜め穴加工や広いポート幅を実現しています。したがって、マニホールドブロック内での作動油の流れによる圧力損失が低減されます。また、斜め穴加工により不要な穴が減るのでマニホールドブロックの体積空間は縮小でき、閉止プラグの数が減少するので油漏れの可能性も少なくできます。

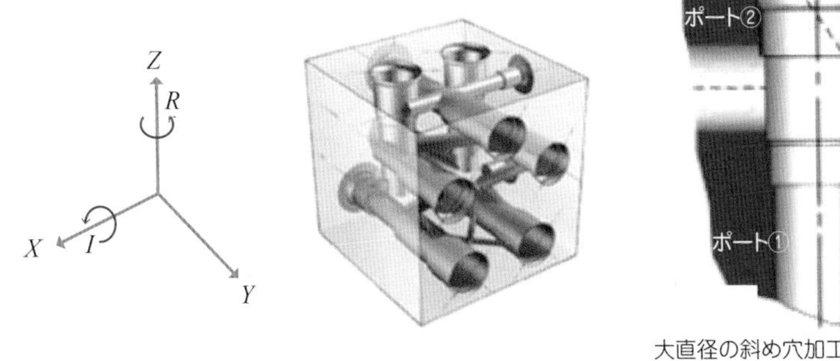

(a)立体図

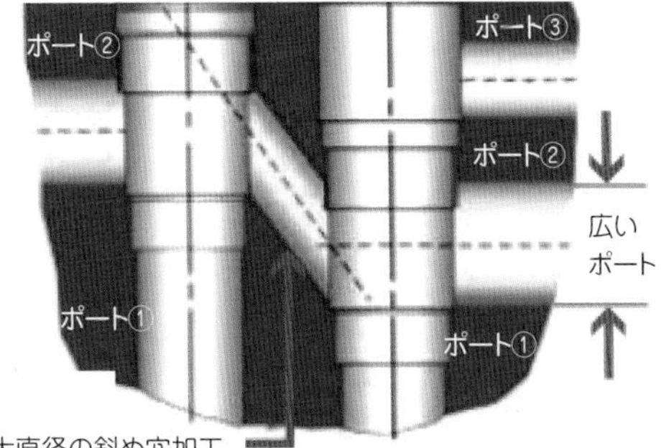

(b)斜め穴加工

図5-7　カートリッジ穴のマニホールド加工[13)]

● バランス形リリーフ弁

図5-8は、**バランス形リリーフ弁**の内部構造と図記号、そして2ポートのカートリッジ穴形状とケーシングです。このリリーフ弁は、ボディー、スリーブ、ポペット、スプールから主に構成されています。ポート①の圧力が上昇すると、上部のポペットが開き少量の作動油がドレン流路を経てポート②に流れます。この流れにより差圧が生じて、スプール上下面に油圧力が働きスプールが上方に動くと、ポート②が開くので、圧油はポート①からポート②へと流れ出ます。

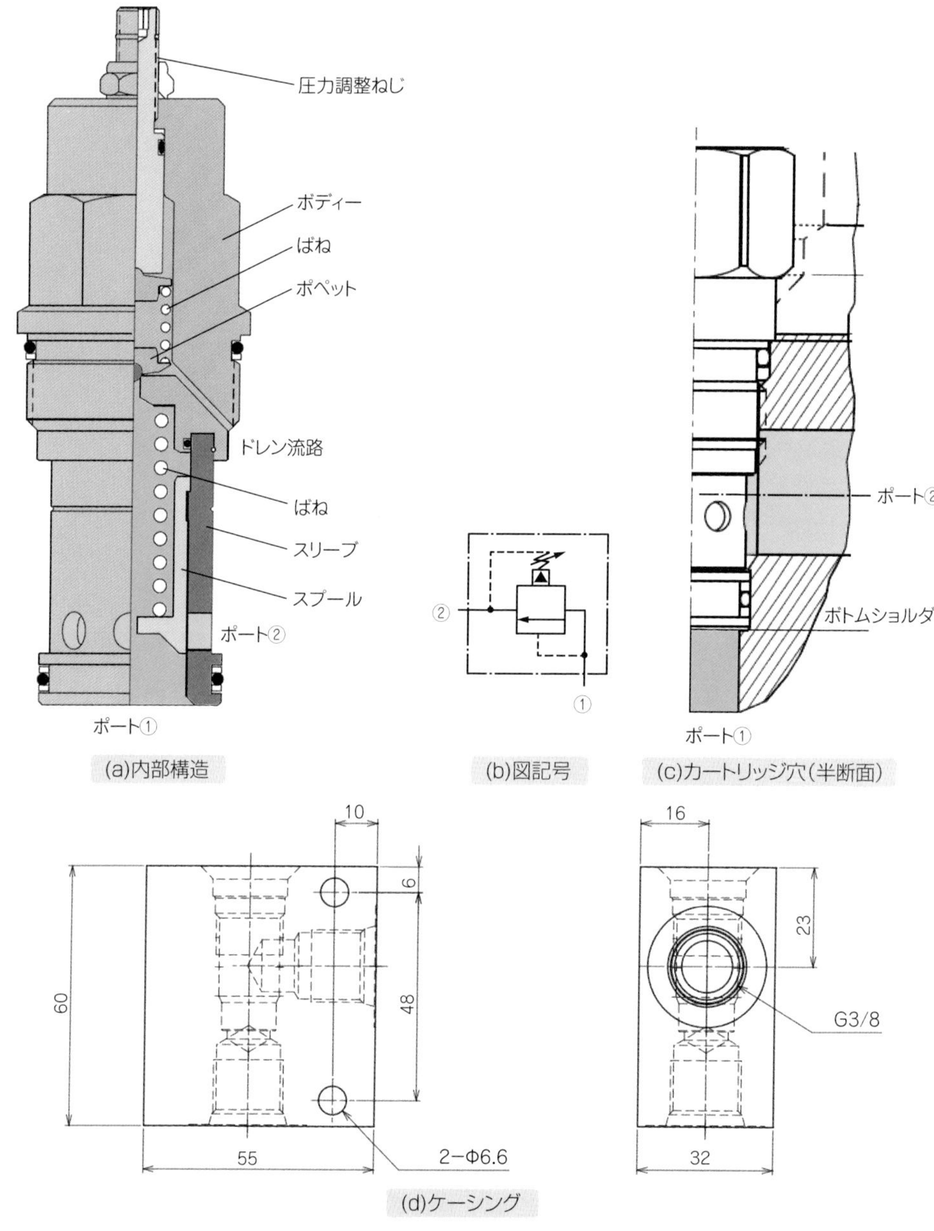

図5-8 バランス形リリーフ弁[13)]

● 可変絞り弁

図5-9は、可変絞り弁の内部構造と図記号です。**可変絞り弁**の絞り部はVノッチ形状の薄刃オリフィスなので、高い精度で温度補償が実現でき、流量調整ねじで絞り開度を変化させると無段階での調整ができます。なお、カートリッジ穴の形状とケーシングは、図5-8と同じ2ポートです。

● 電磁方向切換弁

図5-10は、電磁方向切換弁の内部構造と図記号です。この**電磁方向切換弁**は、ノーマルオープンの2方向2位置形であり、スプール動作によって作動油の開口部を開閉してアクチュエータの始動・停止と運動方向を電気信号で制御します。ポート①からポート②、ポート②からポート①の双方向の流れが可能です。なお、カートリッジ穴の形状とケーシングは、図5-8と同じ2ポートです。

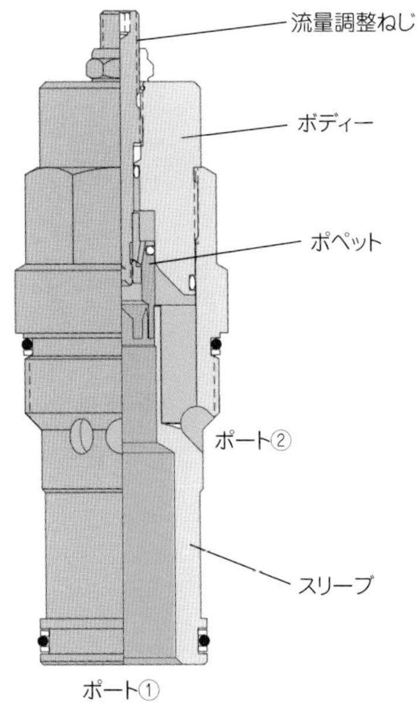

(a)内部構造

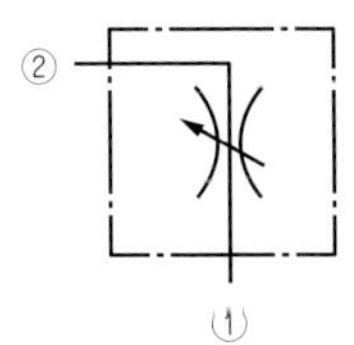

(b)図記号

図5-9　可変絞り弁[13)]

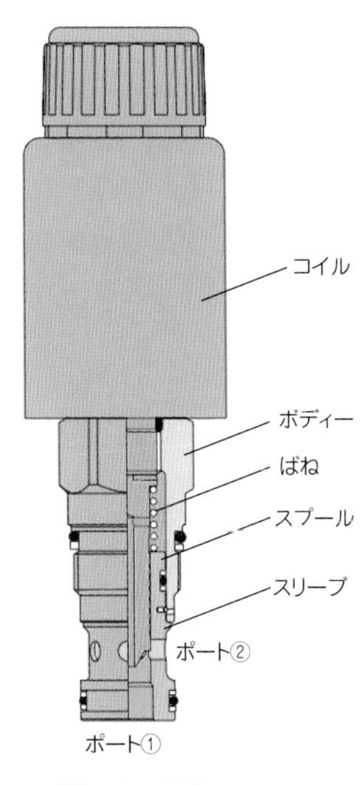

(a)内部構造

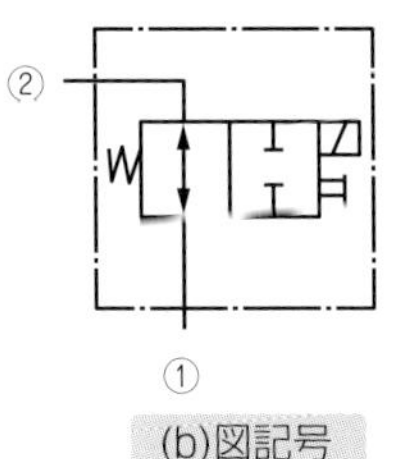

(b)図記号

図5-10　電磁方向切換弁[13)]

● シャトル弁

図5-11は、シャトル弁の内部構造と図記号、そして3ポートのカートリッジ穴形状とケーシングです。**シャトル弁**は、前述したように、ばねなしチェック弁の一種であり、2つの入口と1つの出口を持ち、入口圧力の作用によって出口は2つの入口のいずれか一方に接続されます。すなわち、ポート①とポート③が入口、ポート②が出口となり、ポート①とポート③の圧力の高低により、鋼球のポペットが高圧力側から低圧力側に移動し流れが生じます。この図では、ポート③側にポペットが着座し、ポート①からポート②への自由流れの状態です。このバルブは、パイロットラインの高圧回路の選択などとして用いられます。

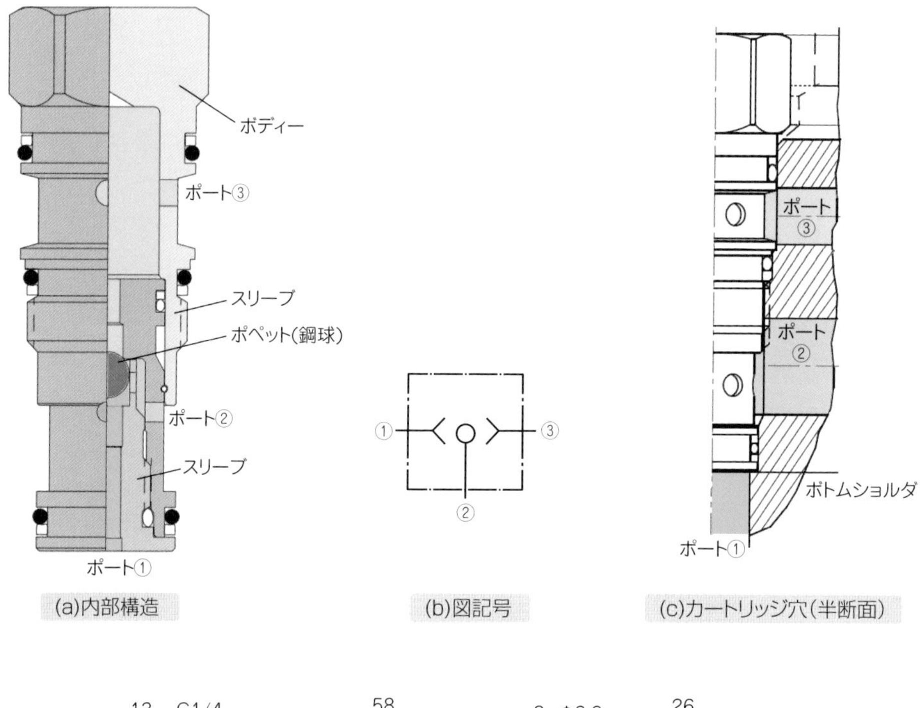

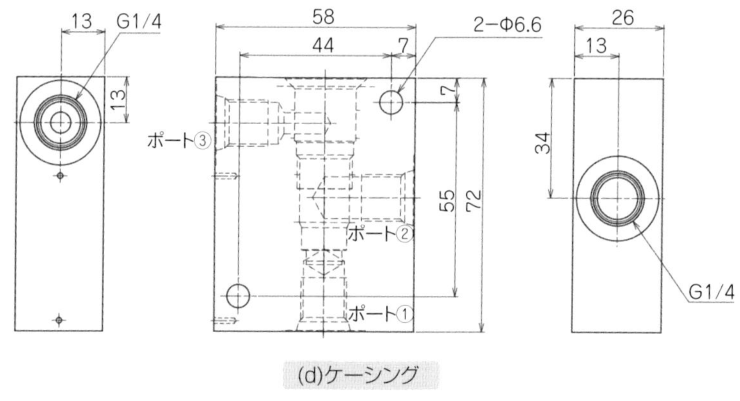

図5-11 シャトル弁[13)]

5-7 ロジック弁

ロジック弁は、カートリッジ形エレメントとパイロット通路を持つカバーから構成され、パイロットの圧力信号によってポペットを開閉する単純な2ポート弁です（図5-12）。このバルブは、油圧回路の用途に従って組み合わせて、方向・流量・圧力制御の機能を果たします。カバーには、数個のパイロットポートとパイロットリリーフ弁などの各種制御弁が付加できます。なお、カバーの取り付け部はインロー方式を採用しているので、外部への油漏れがありません。なお、インローとは、鍋と鍋蓋のように凹凸面が互いに密接して噛み合う状態です。ロジック弁の特長は、内部漏れが極めて少ないので、流体固着現象も起きにくく、オーバラップがないため、高圧かつ大流量の高応答制御ができることです。よって、シリンダを高速駆動するような、ダイカストマシン、高速射出成形機、プレスなどで採用されています。また、高い制御精度が要求されるとき、カバーに比例制御弁やサーボ弁を搭載したサーボロジック弁が用いられます。この場合には、ロジック弁の開度は、メインスプールの変位をフィードバックし、設定信号との偏差に応じて、入力電流により制御されます。

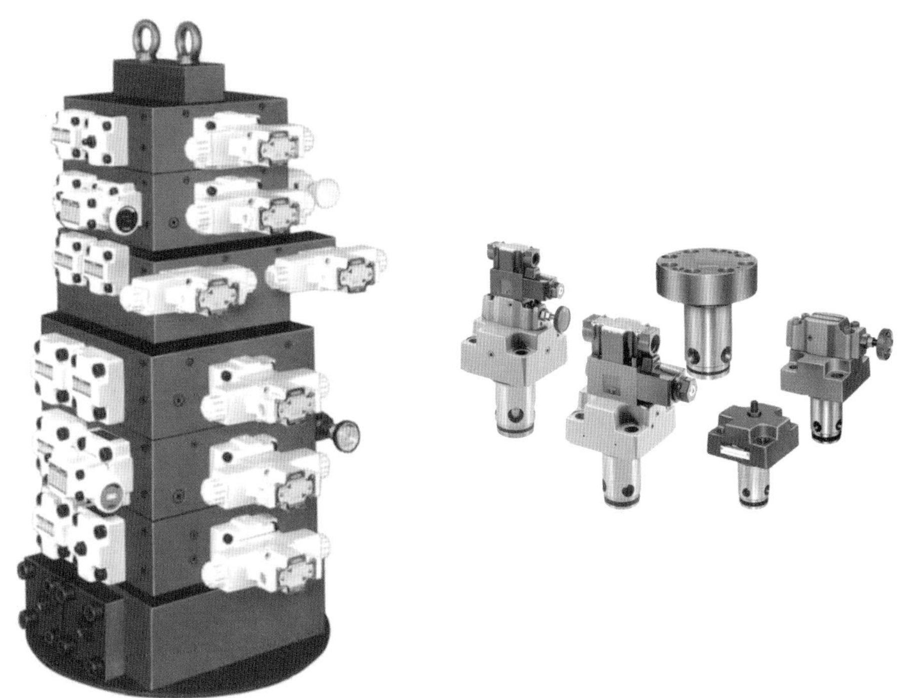

図5-12　ロジック弁の外観[1)]

5-8 方向ロジック弁

● 作動原理

図5-13は、方向ロジック弁の基本構造と図記号です。**方向ロジック弁**は、ポペット、スリーブ、カバー、ばねから構成され、マニホールドブロックに挿入されます。Xポートからの作動油は、絞りを通りポペットの上部にパイロット圧力p_xとして導かれます。このパイロット圧力p_xは受圧面積A_xに作用し、ばね力F_sと合わせてポペットを下方に力F_dで押しています。これに対して、Aポートと Bポートの圧力p_aとp_bは、それぞれ受圧面積A_aとA_bに働き、ポペットを上方に力F_uで押しています。したがって、これらの力は、次式で表されます。

$$\left.\begin{aligned} F_d &= A_x p_x + F_s \\ F_u &= A_a p_a + A_b p_b \end{aligned}\right\} \tag{5.1}$$

なお、ポペットの面積A_aに対する面積A_b、A_xの面積比は、方向制御弁・流量制御弁、リリーフ弁の場合で、以下の式で与えられます。

方向制御機能・流量制御機能：$A_b/A_a=0.5$、$A_x/A_a=1.5$

リリーフ機能：$A_b/A_a=0.042$、$A_x/A_a=1.042$

上式の面積比は参考値ですが、ロジック弁はポペット上下面の圧力差により作動するので、この面積比は設計上で重要です。

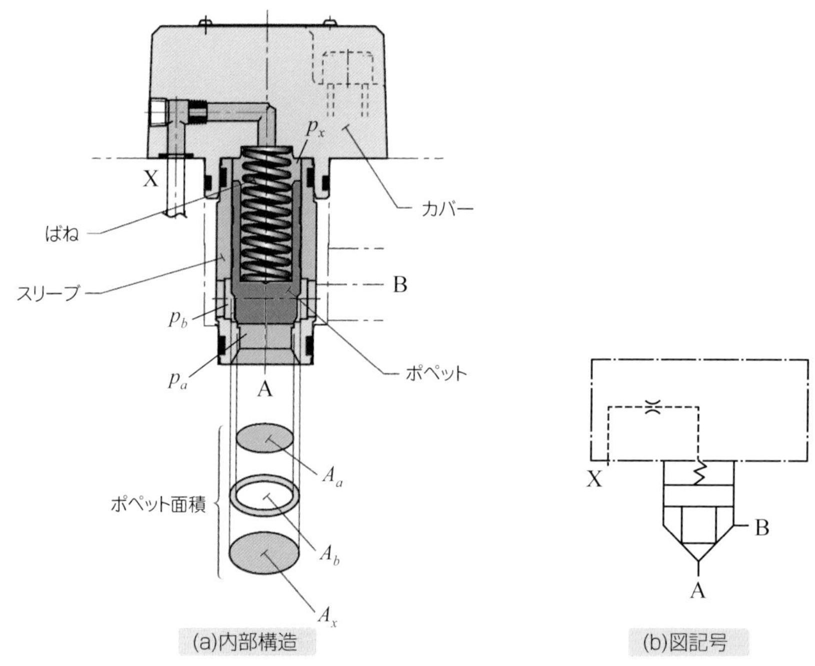

図5-13　方向ロジック弁[1)]

● 電磁方向切換弁を用いた動作

図5-14は、方向ロジック弁のパイロット圧力を電磁方向切換弁によって切換えるバルブ動作を図記号とともに示します。電磁方向切換弁がオフのとき、Xポートから圧油が作用してポペット上下部に働く力は、$F_d > F_u$です。したがって、ポペットはシートに付着して閉じ、AポートとBポートは導通せずに流れはありません(同図(a))。これに対して、電磁方向切換弁がオンのとき、XポートはTポートを介して油タンクと接続され、ほぼ大気圧となります。よって、ポペット上下部に働く力は、$F_d < F_u$ですので、ポペットはシートから離れて開き、AポートとBポートの2つのポートが導通して流れが起きます(同図(b))。

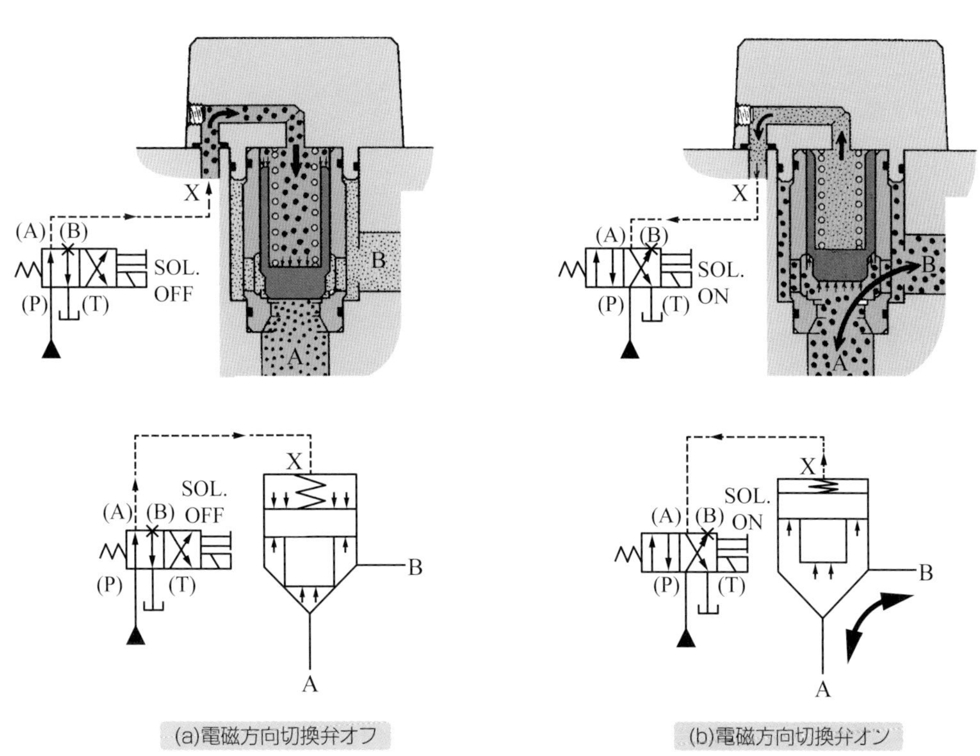

図5-14　電磁方向切換弁を用いた方向ロジック弁の動作[1)]

● 油圧回路

図5-15は、方向ロジック弁を用いた油圧回路の一例です。4つの方向ロジック弁と電磁方向切換弁を使用してシリンダを駆動させます(同図(a))。電磁方向切換弁のソレノイドがオフのときは、PAB接続ですので、すべてのロジック弁に対して、ポペットばね側のXポートに圧油が導かれるため、油圧源からの作動油はロジック弁のポペットにより閉鎖されシリンダは動きません。左側のソレノイドSOL.aをオンにすると、ロジック弁①と③のXポートに圧油が入りポペットは閉じます。他方では、ロジック弁②と④のXポートは油タンクに接続され、ポペットが開き作動油はAポートからBポートに流れます。以上により、圧油はシリンダのキャップ側に流れてシリンダは押し行程となり、ロッド側からの作動油は油タンクに戻ります。反対に右側のソレノイドSOL.bをオンにすると、上記とは逆に作動して、圧油はロッド側に流れて引き行程となります。同図(b)は、ロジック弁の図記号を用いずに、一般の図記号で表したものです。

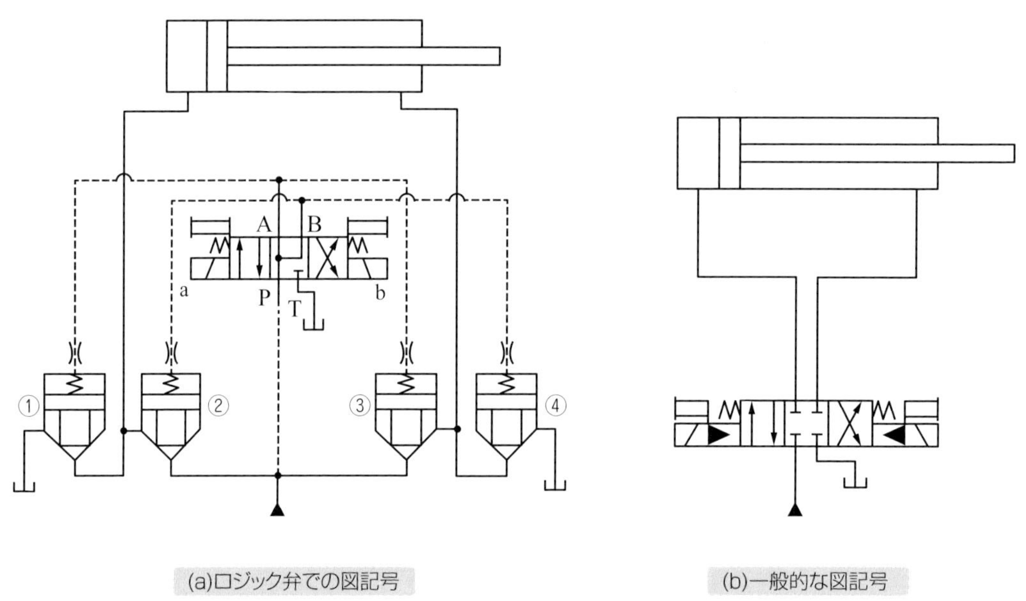

(a)ロジック弁での図記号

(b)一般的な図記号

図5-15　方向ロジック弁の油圧回路例

5-9 そのほかのロジック弁

図5-16には、そのほかの代表的なロジック弁の機種とそれらの図記号を対応させて示します。

● リリーフロジック弁

同図(a)の**リリーフロジック弁**は、ポンプなどによる過剰な圧力を抑制するとともに、回路を一定圧力に保持します。ベントポートを用いれば、遠隔制御やアンロード制御が可能となります。この図では、Aポートからの圧油をXポートに引き入れ、パイロットリリーフ弁のポペット先端に導入しています。ポペットから逃げた作動油は、外部ドレンとしてYポートより排出されます。

● 電磁切換付リリーフロジック弁

同図(b)の**電磁切換付リリーフロジック弁**は、同図(a)に電磁方向切換弁を上部に設けたバルブです。切換弁のSOL.bがオフのときにはリリーフ弁として働きます。また、SOL.bがオンのときはオールポートオープンになるので、ベントポートをYポートに接続してアンロードします。このほかパイロットリリーフ弁を増設すれば、2圧や3圧の制御もできます。

● 方向・流量ロジック弁

同図(c)の**方向・流量ロジック弁**は、Xポートからのパイロット圧力により、方向制御弁としてポペットを開閉すると同時に、上部の調整ねじにより流量を調整できます。図記号の上部の記号は、可変流量調整ねじを表します。このバルブでは、AポートからBポートへの制御流れとなりますが、BポートからAポートへは流れません。

● 電磁切換付方向ロジック弁

同図(d)の**電磁切換付方向ロジック弁**は、方向ロジック弁と電磁方向切換弁を一体化したバルブです。電磁方向切換弁のSOL.bがオフのとき、Xポートからの圧油は、スプールや絞りを通り、ポペットのばね側に導かれます。SOL.bをオンにすると、ポペットのばね側の圧油はスプールを通りYポートより逃げます。

なお、ロジック弁の図記号は、JIS B0125-1:2007に定められていますが、ここでは理解しやすいように旧JIS記号にもとづき記載しています。

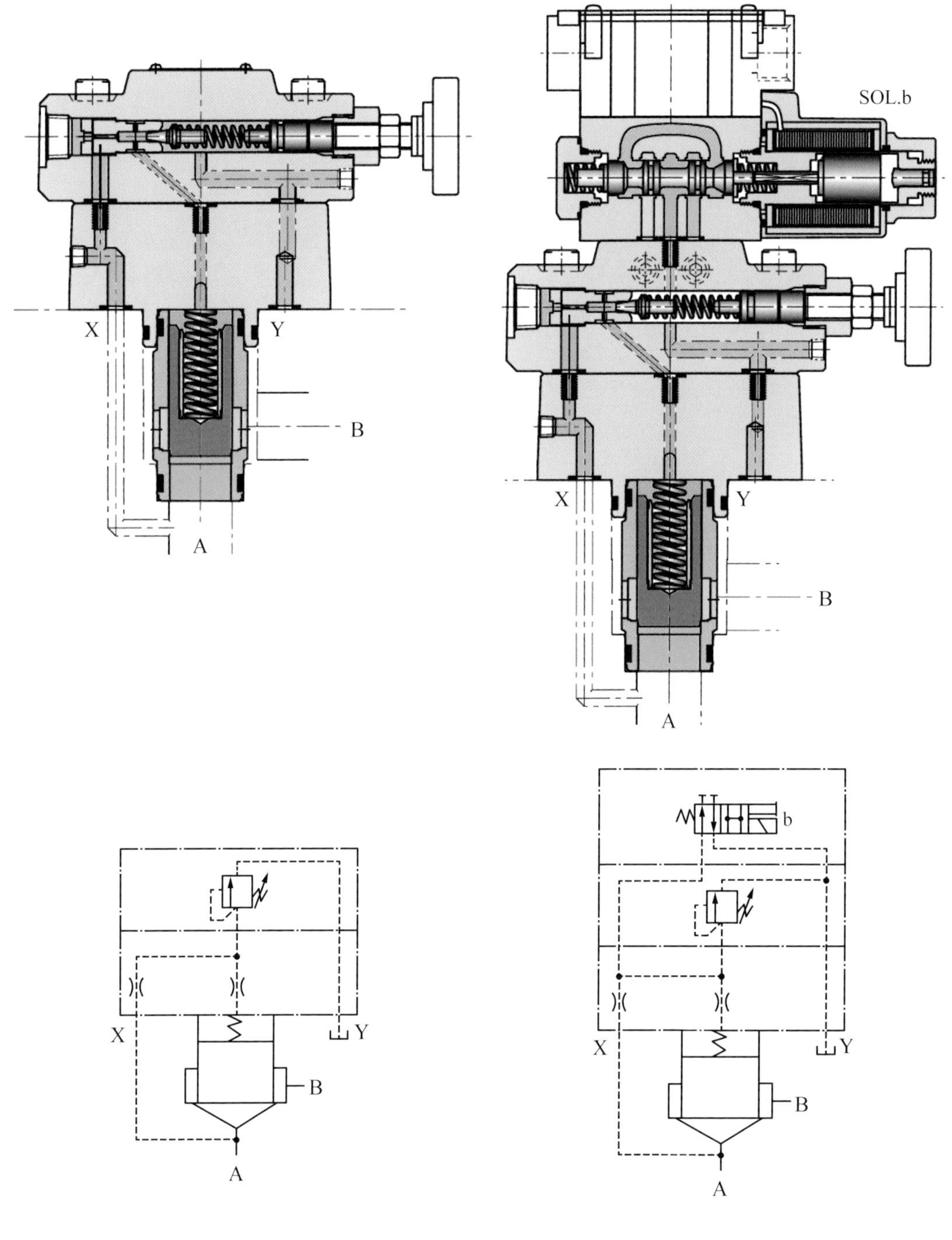

図5-16　そのほかのロジック弁の機種[1][1)]

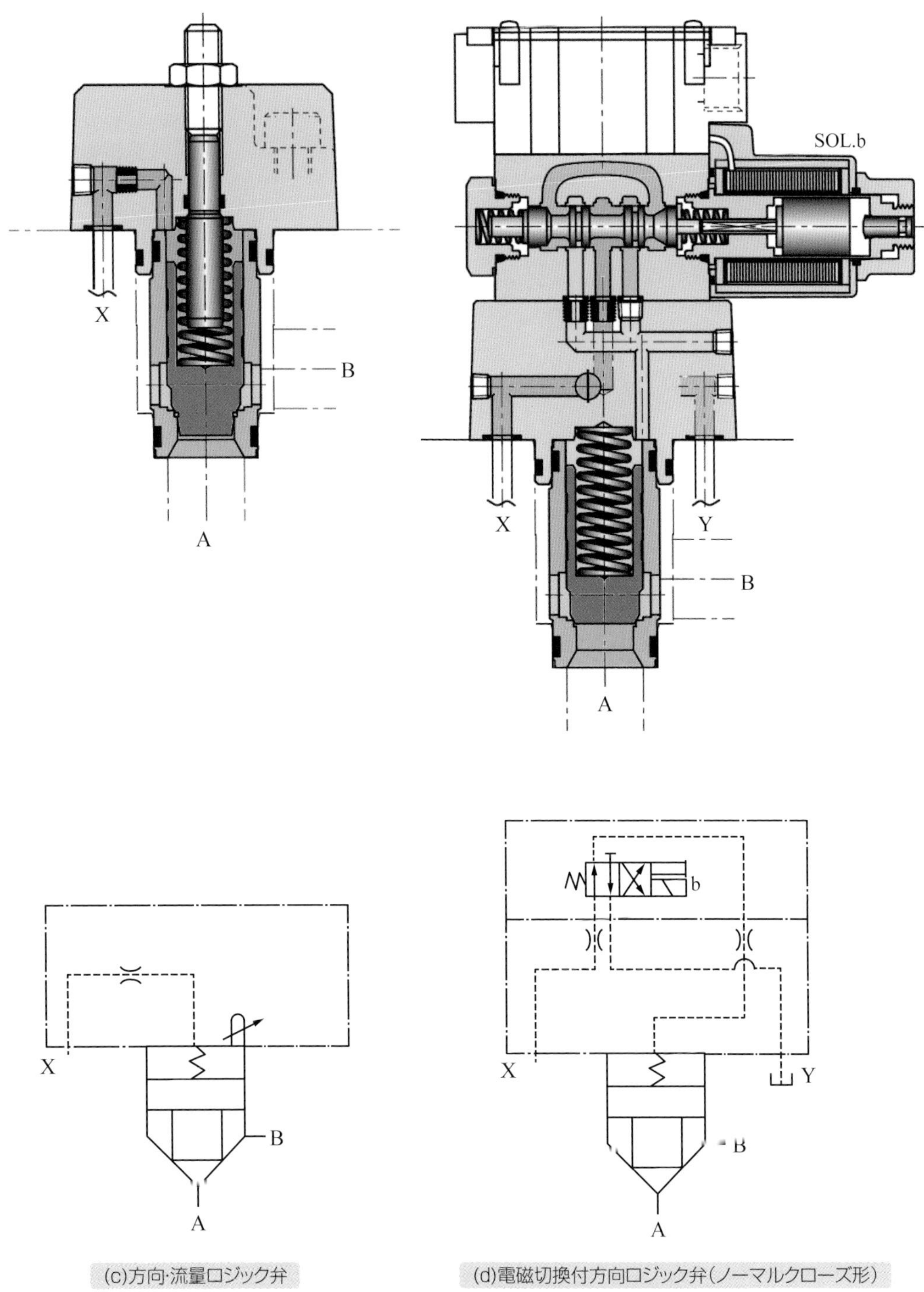

(c)方向·流量ロジック弁

(d)電磁切換付方向ロジック弁(ノーマルクローズ形)

図5-16　そのほかのロジック弁の機種[2][1)]

memo

第6章　比例制御弁とサーボ弁

比例制御弁とサーボ弁は、ともに連続した入力信号に追随しながら、油圧システムの流体エネルギーを連続的に制御するバルブであり、JISの用語では**連続操作弁**の範疇に含まれます。

6-1 比例制御弁

比例制御弁は、比例電磁式制御弁あるいは単に**比例弁**とも呼ばれ、入力信号に比例した圧力や流量を出力として制御できるバルブです。すなわち、通常の制御弁では調整ねじで行う手動動作が電気信号に置き換えられ、遠隔から連続的に圧力・流量・方向を制御できます。また、今まで多段の圧力や流量を制御するときには、複数個の制御弁を組み合わせる必要がありましたが、比例制御弁を用いれば油圧回路を極めて簡素に構築できます。比例制御弁には、比例ソレノイドが用いられます。

● 比例ソレノイド

図6-1は比例ソレノイドの内部構造と図記号です。**比例ソレノイド**は、コイル、プランジャ(可動鉄心)、シャフト、ベースなどから構成されます。一般的なソレノイドは、すでに述べたように、単純なオンオフ動作をします。これに対して、比例ソレノイドは、磁極形状などの工夫によって、変位xに関係なく推力Fがコイル電流iに比例します。

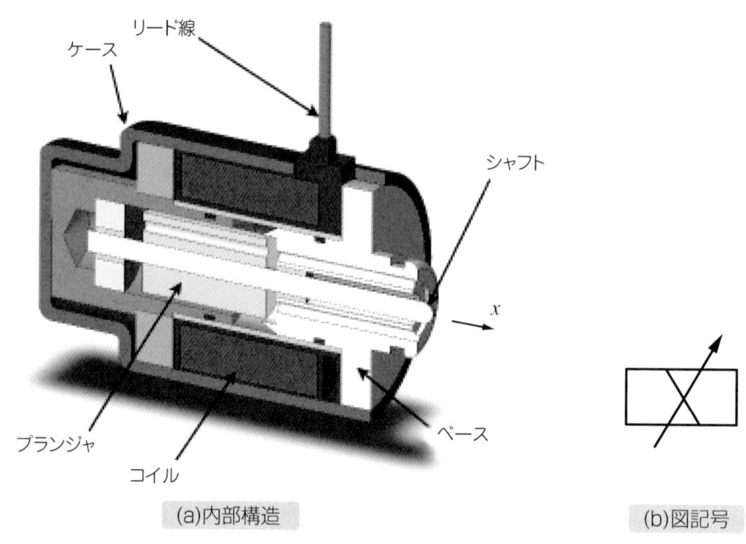

図6-1　比例ソレノイド[11)]

● 比例ソレノイドの特性

図6-2は、比例ソレノイドの特性線図です。同図(a)に可動鉄心の変位xに対する推力(吸引力)Fの特性を示します。変位が概略$0<x<2$mmの**コントロール領域**では、可動鉄心の変位xに依存せずに、推力Fが一定値を有しています。同図(b)にコイル電流iに対する推力Fを示します。比例ソレノイドの性能として、同図(a)でのコントロール領域のフラットな特性および同図(b)での直線性が必要とされます。なお、入力電流に重畳するディザーには、PWM(Pulse-Width Modulation)信号が用いられています。

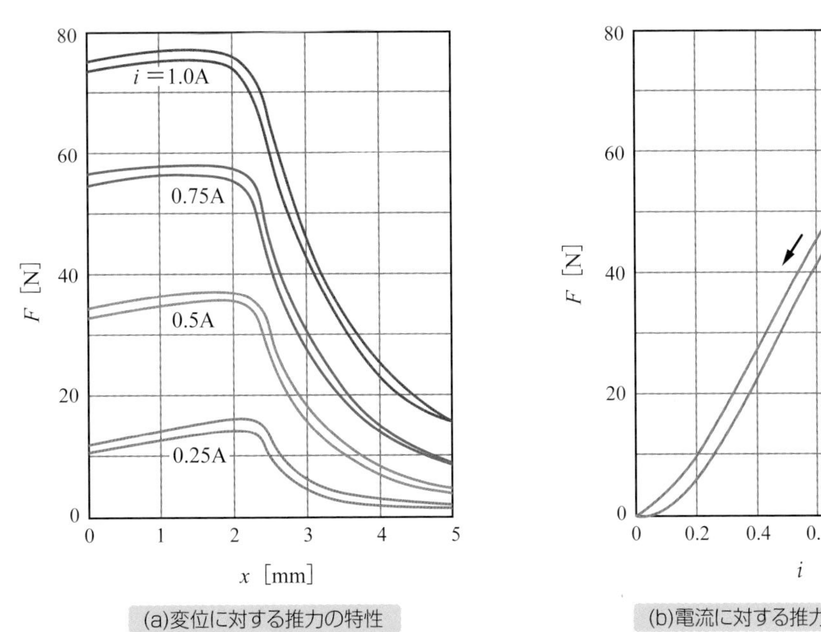

図6-2　比例ソレノイドの特性[11)]

6-2 比例電磁式パイロットリリーフ弁

図6-3は、比例電磁式パイロットリリーフ弁の内部構造と図記号です。このバルブをリリーフ弁や減圧弁のベントポートに接続することで、入力電流に比例して連続的な圧力の制御ができます。**比例電磁式パイロットリリーフ弁**は、直動形リリーフ弁の圧力調整ねじの代わりに直流比例ソレノイドを用いたバルブです。比例ソレノイドに電流iが加わると、それに比例した吸引力Fが生じ、可動鉄心はばね力に抗して動き、ばね押しやばねを介してポペットをシートに押し付けます。ポペットへの圧力ポートの圧力pによる油圧力が吸引力およびばね力に打ち勝つと、ポペットはシートから離れて、作動油はタンクポートに流れて油タンクに戻ります。なお、ソレノイドの電源が入っていない場合でも、左側の手動圧力調整ねじによって設定圧力が調整できます。また、右端側の安全弁は並列に接続され、異常な圧力上昇に対して作動します。エアベントは、バルブ内の作動油内の空気抜きの孔です。空気が油中に残留していると不安定な現象を引き起こすので、十分な抜き取りが必要です。このバルブは、ソレノイド電流を増幅するために専用のパワーアンプを別に必要としますが、パワーアンプを比例制御弁に搭載し一体化されたものもあります。

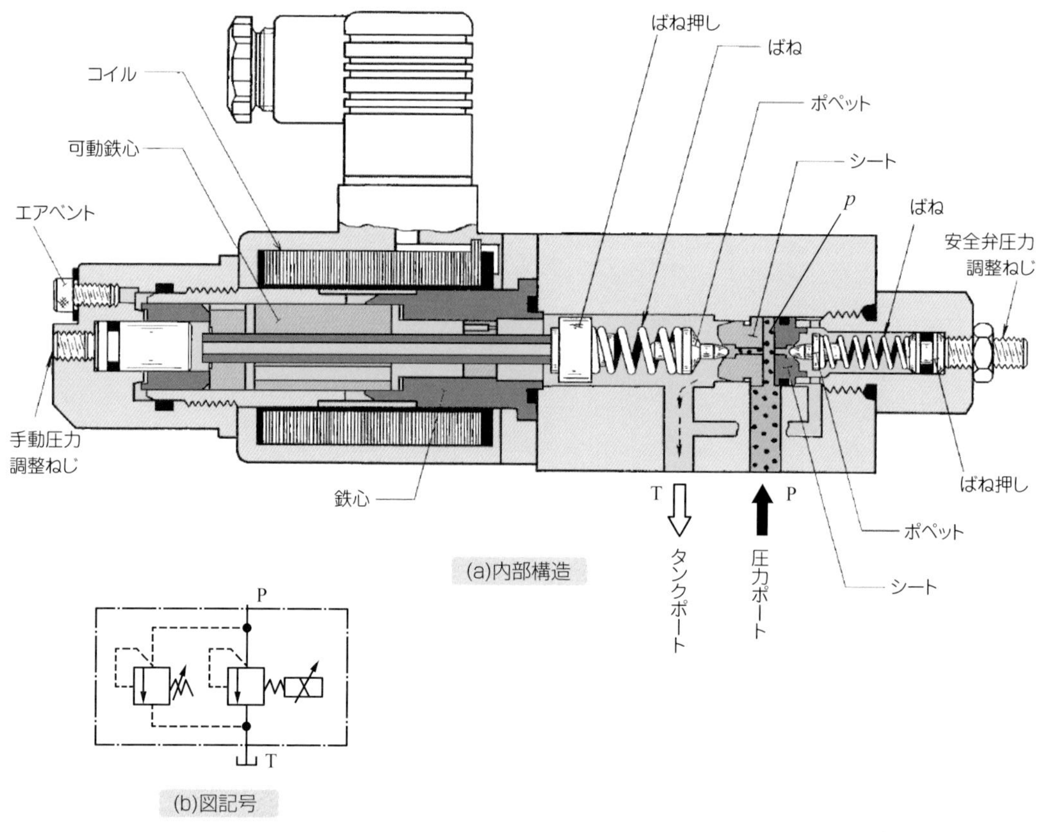

図6-3 比例電磁式パイロットリリーフ弁(安全弁付)[1)]

● 比例電磁式パイロットリリーフ弁の特性

図6-4は、比例電磁式パイロットリリーフ弁の静特性と動特性の一例です。入力電流iに対して圧力pの静特性は、ほぼ比例関係にあり、電流iを増加および減少すると圧力pのヒステリシス特性が観察されます(同図(a))。ここでのヒステリシス値は、最高圧力値の3%です。ステップ応答特性は、ほぼ無駄時間がなく、立上りも立下りも0.1ms程度で目標値に追従しています(同図(b))。一方で動特性に関しては、周波数応答特性の一例から、ゲイン曲線が−3dBで約7Hz、位相曲線が−90°で約15Hzと読み取れます(同図(c))。

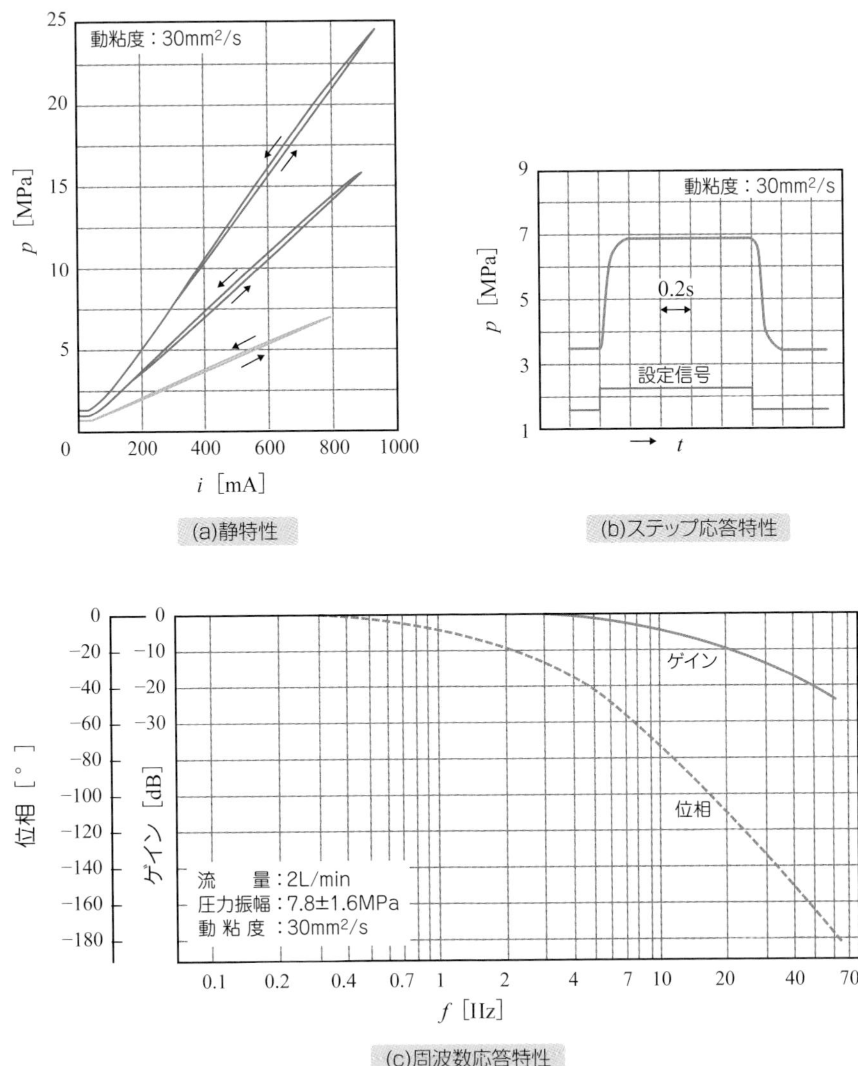

図6-4　比例電磁式パイロットリリーフ弁の特性 [1)]

第6章 比例制御弁とサーボ弁

● 油圧回路

図6-5は、リリーフ弁ならびに減圧弁のベントポートに比例電磁式パイロットリリーフ弁を接続して、各所の圧力pを連続的に調整している油圧回路の例です。

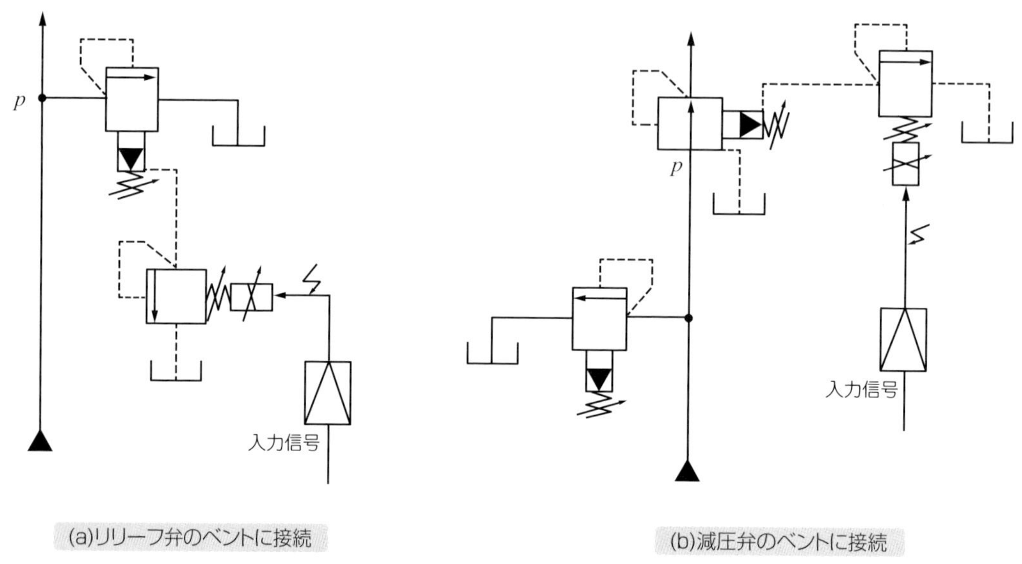

図6-5 比例電磁式パイロットリリーフ弁を使用した油圧回路例

6-3 比例電磁式リリーフ付減圧弁

このバルブは、比例電磁式パイロットリリーフ弁とリリーフ機能が付いた減圧弁(別名でバランシング弁と呼ぶ)を組み合わせたものです。**比例電磁式リリーフ付減圧弁**は、ソレノイドの入力電流を変化させて連続的に2次側ポートの圧力を制御できます。また、過剰な負荷を受け2次側ポートで設定圧力値を越しても、リリーフ弁の機能を備えているため、比較的に負荷容量が大きい状況でも、圧力降下時の応答特性は優れています。

● 作動弁原理

(1) 減圧弁機能

図6-6は、比例電磁式リリーフ付減圧弁の内部構造と図記号です。1次側のAポートからの圧油は、スプールでのノッチの絞り①を通り、2次側のBポートへ流れます。Bポートからスプールの左端面には固定絞り②を通り圧力p_lが導かれ、スプールの右端面には流路③を通り圧力p_rが導かれています。スプールの左端面に作用する圧力p_lは、比例電磁式パイロットリリーフ弁の設定値によって決められます。両端面に掛かる油圧力とばね力との釣合い条件が、スプールノッチの絞り開口面積①を変化させ、設定された2次側のBポートの圧力を保持します。以上が減圧弁機能としての作動原理です。

(2) リリーフ弁機能

つぎに、リリーフ弁機能の作動原理は、以下のとおりです。2次側ポート圧力が急激に高くなったときは、流路③を通りスプール右端面の圧力p_rにサージ圧力が伝播します。これとともに、固定絞り②を介してスプール左端面にもサージ圧力が伝播しますが、圧力p_lは固定絞り②の影響で圧力波の伝達が遅れます。このため、圧力差p_r–p_lでスプールは瞬時に左方向に動くので、2次側のBポートの作動油はタンクポートへと逃げ、リリーフ弁機能が働き異常圧力の発生を防止します。

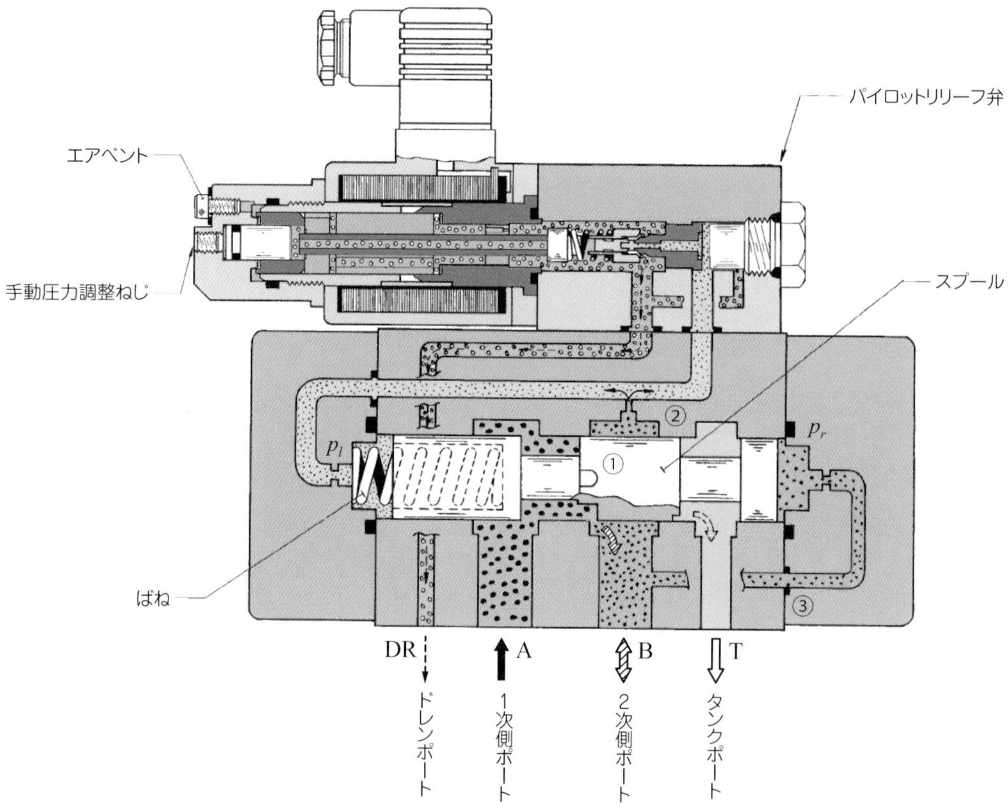

パイロットリリーフ弁
エアベント
手動圧力調整ねじ
スプール
②
p_l
①
p_r
ばね
③
DR A B T
ドレンポート
1次側ポート
2次側ポート
タンクポート

(a)内部構造

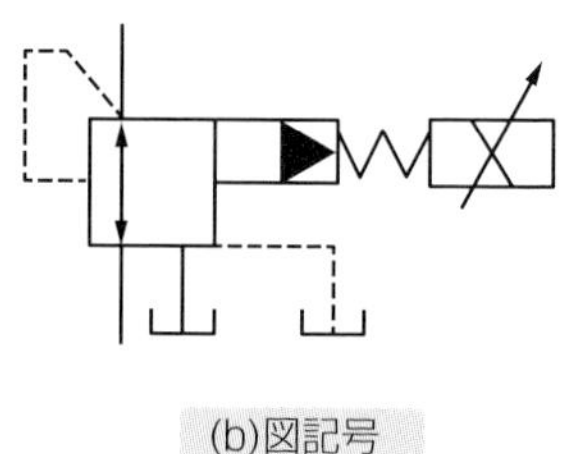

(b)図記号

図6-6　比例電磁式リリーフ付減圧弁[1)]

● 油圧回路

図6-7(a)は、複数個のパイロットリリーフ弁をベント回路に接続するとともにチェック弁付減圧弁を用い、圧力を個々に3段階(高圧・中圧・低圧)に設定した例です。これに対して、同図(b)は比例電磁式リリーフ付減圧弁を1個だけ使用し、同図(a)に比べて油圧回路を簡素にして遠隔で連続的な圧力制御を実現した例です。これによって、入力信号によってクランプシリンダの上昇押し付け力の調整、ならびに外力による押し下げを制御できます。

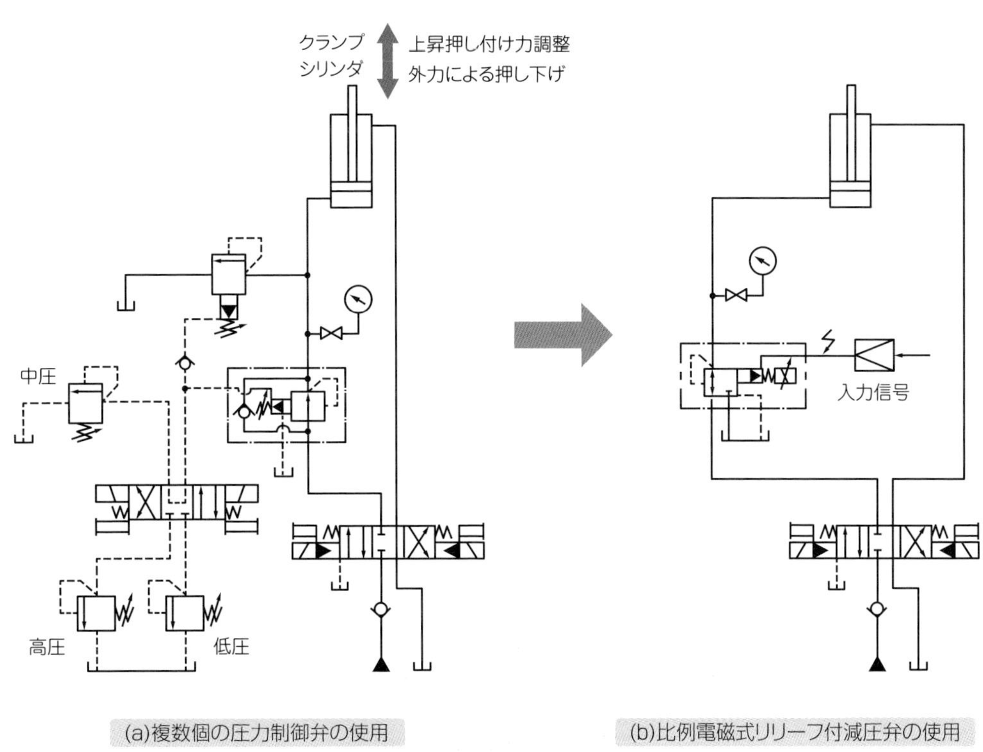

図6-7　比例電磁式リリーフ付減圧弁の油圧回路例

第6章 比例制御弁とサーボ弁

6-4 比例電磁式流量調整弁

比例電磁式流量調整弁は、比例ソレノイドによりスプールの絞り開度を遠隔で連続的に調整できます。すなわち、流量調整ハンドル部に代わり比例ソレノイドを設けてあり、スプール位置の設定は、その吸引力とばね力で決定します。比例ソレノイドへの入力電流を変化させると、任意の流量制御ができるため、アクチュエータの速度を滑らかに変えて、起動時や停止時でも衝撃がありません。

● 作動原理

図6-8は、比例電磁式流量調整弁の内部構造と図記号です。入口ポートからの圧油は、圧力補償ピストンでの可変絞り①を経て、スプールとオリフィススリーブの間の薄刃オリフィス絞り②を通り、出口ポートから流れ出ます。圧力補償ピストンの右端側面には、出口ポートの圧力が導かれ、段付きテーパ部の左側面にはオリフィス絞り②の上流側圧力が導かれています。この圧力差による油圧力とばね力が互いに反対方向から圧力補償ピストンに作用して、圧力差が一定となるように可変絞り①の開度を調整します。他方、入力電流に比例して可動鉄心が動き、薄刃オリフィス絞り②の開度を任意に保持します。したがって、薄刃オリフィス絞り②を通過する流量は、差圧が常に一定のため、変動せずに一定値を保ちます。また、薄刃オリフィスを用いているので温度補償もされ、作動油の粘度変化の影響も受けません。なお、この比例ソレノイドは特殊な仕様で、精密動作が要求されるためスライドベアリングが採用されています。

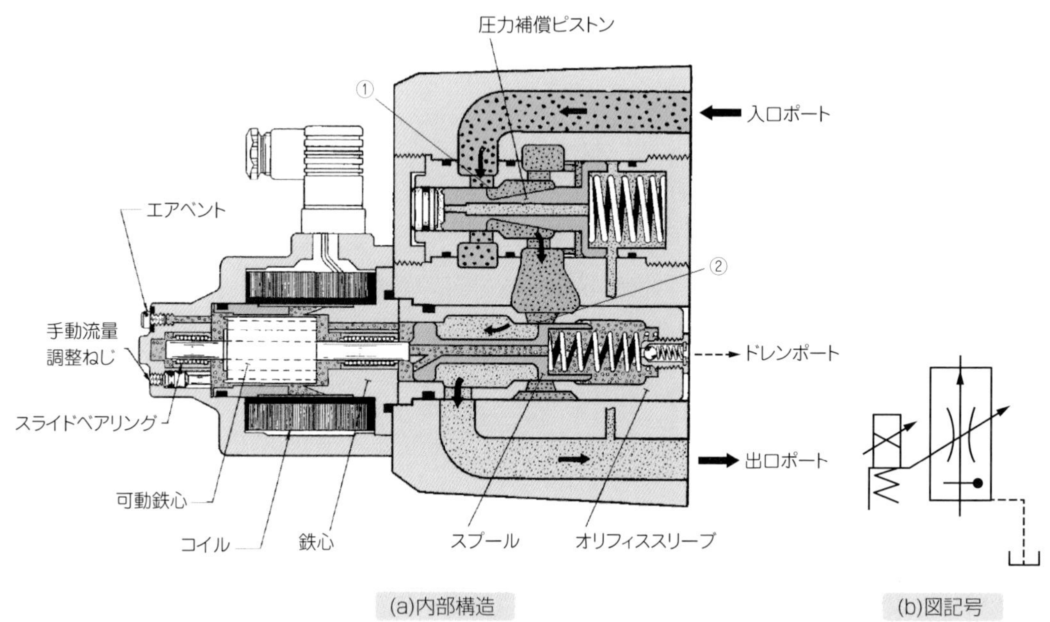

図6-8　比例電磁式流量調整弁 [1)]

● 比例電磁式流量調整弁の特性

図6-9は、比例電磁式流量調整弁の静特性と動特性に一例です。同図(a)に示す入力電流iに対して流量Qの静特性では、流量は約180mA未満では0で不感帯が存在しています。約180mAを超えると、流量は電流にほぼ比例して流れ、電流の増減によってヒステリシスが見受けられます。一方で動特性に関しては、周波数応答特性から、ゲイン曲線が−3dBで約5Hz、位相曲線が−90°で約9Hzと読み取れます(同図(b))。ステップ応答特性は、0.05s程度の無駄時間が観察されますが、立ち上がりも立下りも0.2s以内で目標値に達しています(同図(c))。

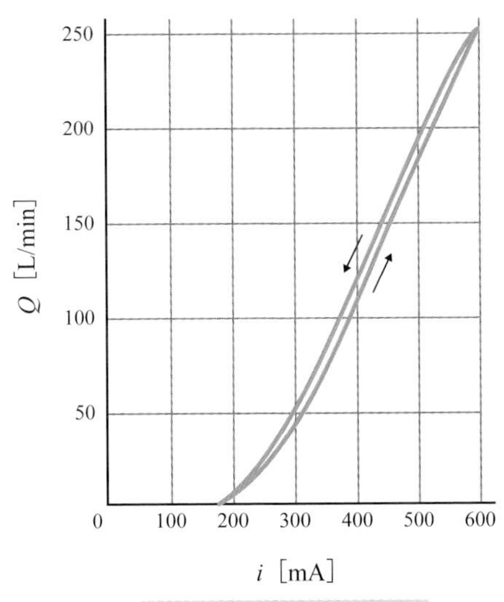

(a)入力電流と流量の関係

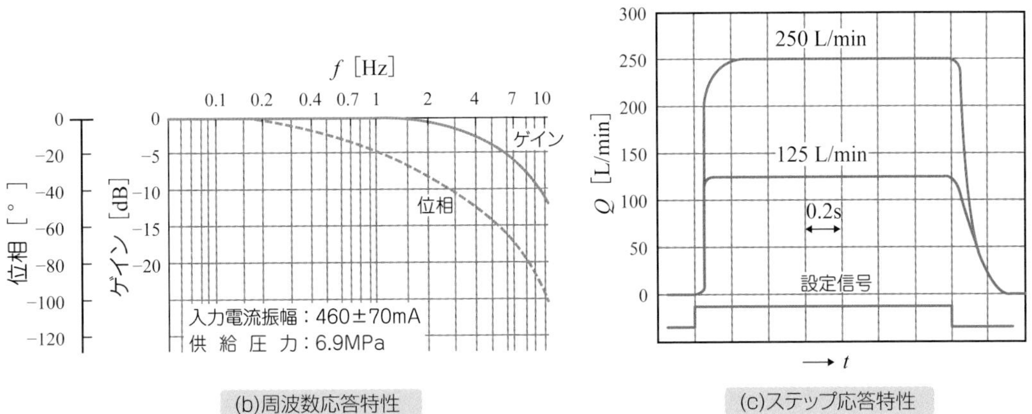

(b)周波数応答特性

(c)ステップ応答特性

図6-9　比例電磁式流量調整弁の特性[1)]

● 油圧回路

図6-10(a)は、複数個の流量調整弁を用い、個々に手動で流量を3段階(大流量・中流量・小流量)に設定した例です。これに対して、同図(b)は比例電磁式流量調整弁を1個だけ使用し、油圧回路を簡素化して遠隔で連続的な流量制御を実現した例です。この油圧回路の適用により、シリンダ速度を滑らかに変化させて作動できます。

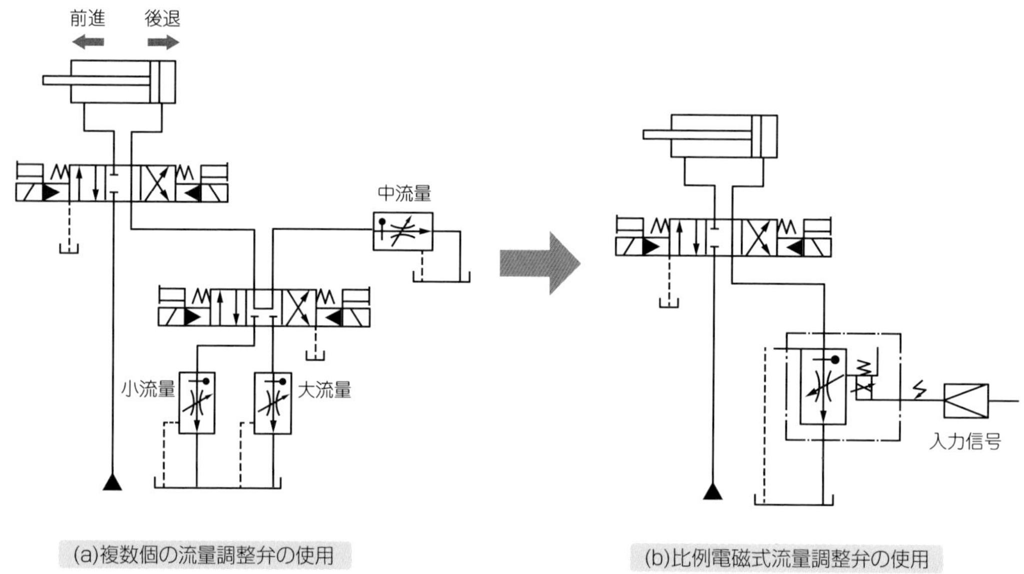

図6-10　比例電磁式流量調整弁の油圧回路例

6-5 比例電磁式パワーセービング弁

比例電磁式パワーセービング弁は、比例電磁式流量調整弁と特殊なリリーフ弁を組み合わせ、アクチュエータを駆動するのに必要な最小限の圧力と流量を供給します。このバルブの特徴は、ポンプ吐出し圧力が負荷圧力に対して約0.6MPaのわずかな圧力が高くなるだけなので、動力節減の効果があります。リリーフ弁の設定圧力ならびに流量調整弁の設定流量は、比例ソレノイドにより独立して遠隔で連続的に制御します。

● 作動原理

図6-11は、比例電磁式パワーセービング弁の内部構造と図記号です。入口ポートPからの圧油は、ピストン下部を横切り、スプールとオリフィススリーブでの薄刃オリフィス形状の可変絞り①を経て、出口ポートAに流れ出ます。出口ポートAの圧油は、連絡孔の固定絞り②を介してピストン上部の環状面積に作用するとともに、安全弁付パイロットリリーフ弁のポペット先端に至ります。ピストン上部の環状面積③に働く圧力は、固定絞り②の二次圧およびパイロットリリーフ弁の設定値で決まり、ピストン下部の環状面積④には入口ポート圧力が働きます。ピストンは、これらの油圧力とばね力の釣合いによってシート面⑤から離れ、入口ポートPからの圧油の一部は、シート面⑤での絞りからタンクポートTに逃げます。

また、流量調整弁の作動原理と同様に、可変絞り①の前後差圧、すなわち入口ポートPと出口ポートAから導入された圧力の差が常に一定になるようにピストンが作動します。したがって、スプールとオリフィススリーブを通過する流量は、一定な値を保持します。

通常の流量調整弁では、負荷側の出口圧力に関係なく、入口圧力は回路内での別のリリーフ弁で設定されます。よって、出口圧力が低くなっても入口圧力は高く、この圧力損失によって流体動力が余計に消費されています。しかし、この動力を節減したパワーセービング弁は、その問題点を補い、入口圧力が出口圧力によって決まるために省エネルギー効果を持ちます。

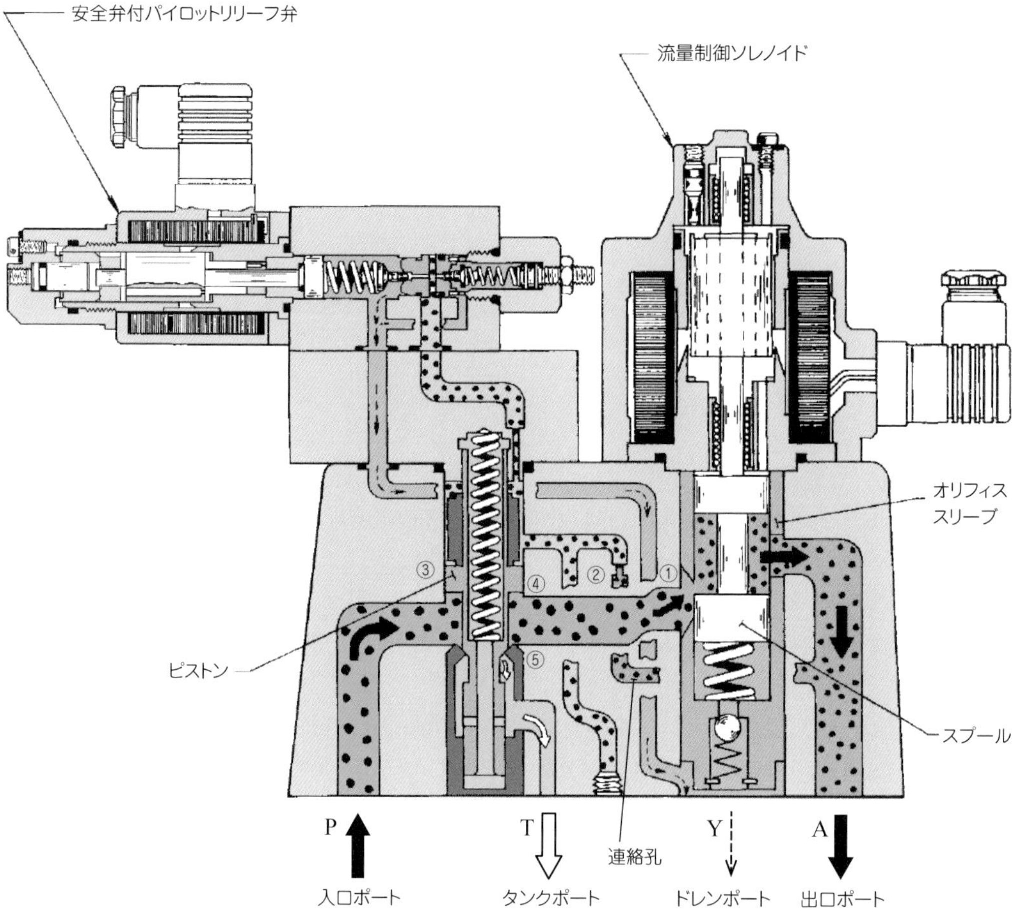

安全弁付パイロットリリーフ弁
流量制御ソレノイド
オリフィス
スリーブ
③
④
②
①
⑤
ピストン
スプール
連絡孔
P
T
Y
A
入口ポート
タンクポート
ドレンポート
出口ポート

(a)内部構造

A
Y
T
P

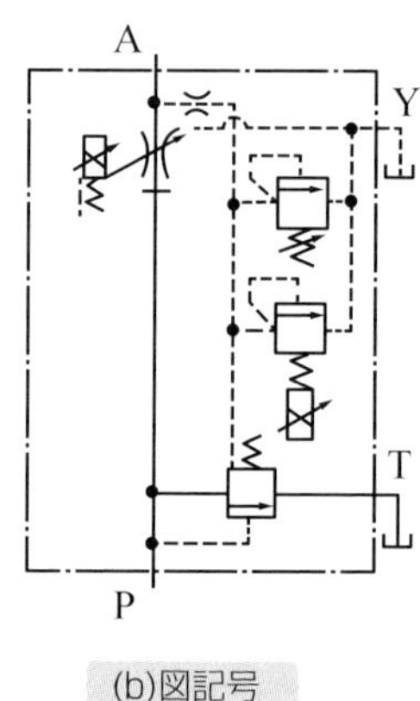

(b)図記号

図6-11　比例電磁式パワーセービング弁[1)]

6-6 2段形比例電磁式方向・流量制御弁

図6-12は、**2段形比例電磁式方向・流量制御弁**の内部構造と図記号です。このバルブは、アクチュエータの方向制御と流量制御との2つの機能を一体化しています。方向制御では、一つの比例ソレノイドに電流を加え、もう一方の比例ソレノイドには電流を流しません。流量制御では、比例ソレノイドへの入力電流を変化させます。作動油の流れやスプールの動きは、パイロット形電磁弁とほぼ同じです。しかし、方向制御弁および流量制御弁には、スプールの位置検出用差動トランスが組み込まれフィードバック機構を施しているため、高応答で高精度な性能が実現できます。この例は、内部パイロット・外部ドレン方式ですが、ほかのパイロット形式やドレン形式も選定できます。

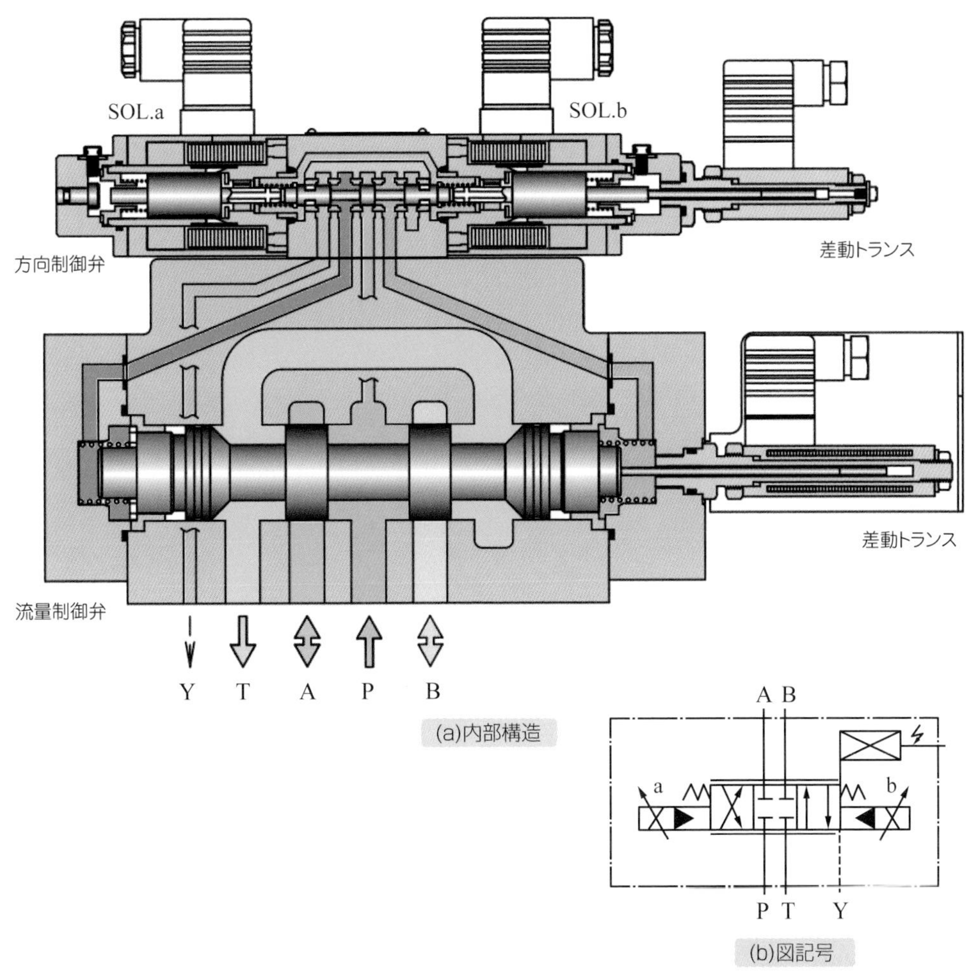

図6-12　2段形比例電磁式方向・流量制御弁[1)]

● 2段形比例電磁式方向・流量制御弁の特性

図6-13は、2段形比例電磁式方向・流量制御弁の静特性と動特性に一例です。比例ソレノイドに送るパワー増幅器への入力電圧Eに対して流量Qの静特性では、約±1Vの範囲では流量は無く、不感帯が観察されています。約±1Vを超えると、電圧にほぼ比例して流量が生じ次第に飽和していきます。なお、電圧Eの正側がクロスの接続(P→B、A→T)で、負側がパラレルの接続(P→A、B→T)ですが、電圧が増加および減少してもヒステリシスは発生していません。一方で動特性に関しては、周波数応答特性から、ゲイン曲線が−3dBで約55Hz、位相曲線が−90°で約45Hzと読み取れます。

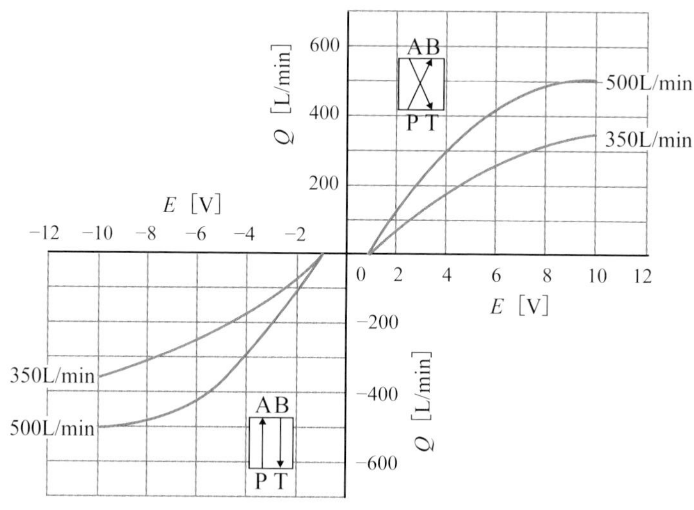

(a)入力電圧と流量の関係

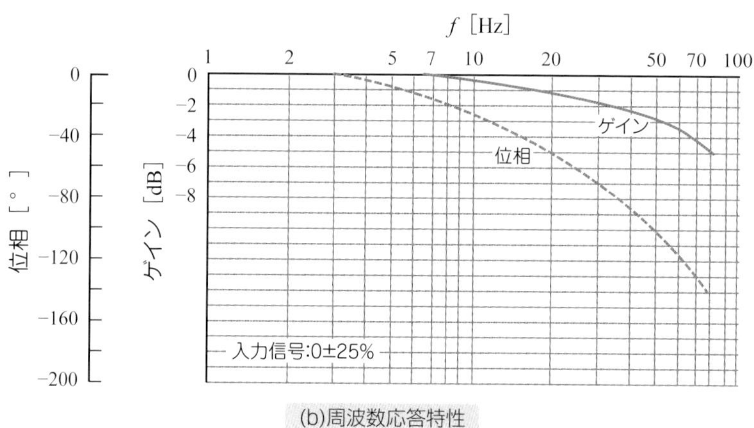

(b)周波数応答特性

図6-13　2段形比例電磁式方向・流量制御弁の特性
（動粘度：30mm^2/s、供給圧力：14MPa、弁差圧：1MPa）

6-7 サーボ機構とサーボ弁

図6-14は、サーボ弁、油圧アクチュエータ、サーボ増幅器、検出器、負荷によって構成される油圧サーボ機構のブロック線図です。**サーボ機構**とは、対象物体の位置などを制御量とし、目標値の連続的な指令に対して追従する制御系です。すなわち、**フィードバック信号**によって制御量を目標値に一致されるように修正動作を繰り返します。ここにサーボ(Servo)の語源は、ラテン語での「奴隷(Servus)」から由来し、指令通りに動作させることを意味しています。

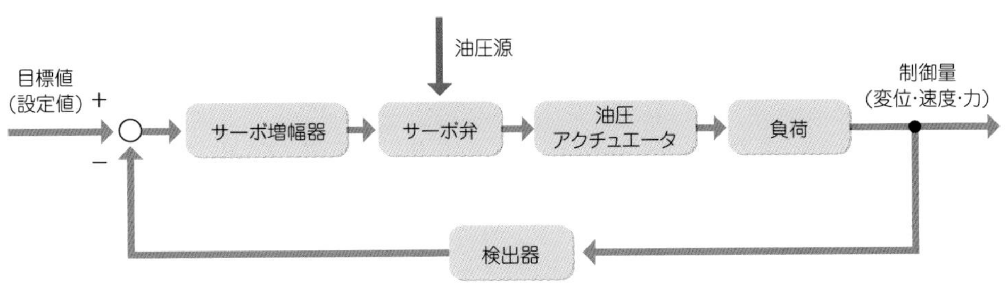

図6-14　サーボ機構

油圧サーボ機構は航空機、船舶をはじめ、一般産業用の機械にも幅広く利用され、変位・速度・力などの制御量を高精度かつ高応答に制御できます。油圧サーボ機構の応用事例は、工作機械ではテーブル送り、主軸回転数制御、圧延機の板厚制御、そしてロボット、シミュレータ、試験装置、射出成形機、ダイキャスト機、プレスなどです。

サーボ弁は、電気などの入力信号の関数として、流量または圧力を制御するバルブです。代表的なサーボ弁には以下のリニアサーボ弁と**ノズルフラッパ制御**の2段形電気油圧サーボ弁があります。

6-8 リニアサーボ弁

リニアサーボ弁の特徴は、専用アンプを組み込むことで高精度と高応答性を持ち、作動油の耐コンタミ性にも優れていることです。リニアサーボ弁は**直動形サーボ弁**とも呼ばれます。図6-15(a)は、リニアサーボ弁の内部構造と位置制御系の構成です。サーボ弁のスプールは、ボイスコイル型のリニアモータによって直接に駆動されます。また、スプール変位は位置検出器により計測され、電気的なフィードバック信号をサーボ増幅器に与えます。

このサーボ弁は一列に配置された3つの要素から成る構造です。1つ目は流体力の低減やゼロラップ加工を施した特殊なスプールおよびスリーブから成る本体部、2つ目は非接触で高応答な磁気式検出器を持つ位置センサ部です。また、3つ目は永久磁石を用いたボイスコイル型のリニアモータ部です。ボイスコイル型のリニアモータとは、Nd-Fe-B(ネオジウム・鉄・ホウ素)の希土類永久磁石が作る強力な磁界の中で、コイルに電流を流すとコイルが往復運動するモータです。この原理は、電気エネルギーによって音響用スピーカが運動エネルギーに変換させることに類似しています。

● 作動原理

同図(a)内の位置制御系のサーボ機構に示すように、スプール変位は、このスプールならびにシリンダの位置センサからの電圧信号をフィードバックして、コントローラやサーボアンプに送られ演算回路によって連続的に制御されます。入力信号がゼロ付近では、スプールは中央位置でオールポートブロックですので、すべてのポートは導通せずに油圧源からの圧油は流れません。同図(b)のように、入力信号が＋100%になると、圧油はPポートから入り、スプールとスリーブ間の絞りを通り、Bポートに抜けてアクチュエータを駆動します。アクチュエータからの作動油は、Aポートに入り、同じくスプールとスリーブ間の絞りを通り、Tポートを経て油タンクへと戻ります。同図(c)のように、入力信号が–100%になると、作動油の流れやスプールの動きは上記とは反対になります。同図(d)にサーボ弁の図記号を示します。

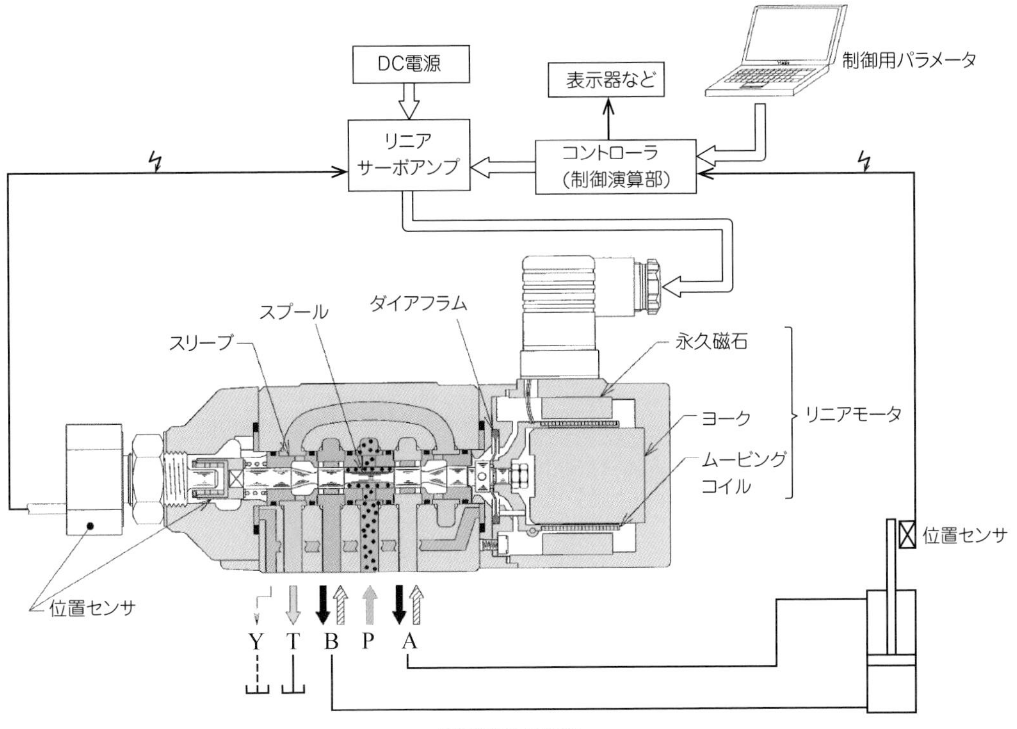

DC電源
表示器など
制御用パラメータ
リニア
サーボアンプ
コントローラ
(制御演算部)
スプール
ダイアフラム
スリーブ
永久磁石
ヨーク
リニアモータ
ムービング
コイル
位置センサ
位置センサ
Y T B P A

(a)内部構造

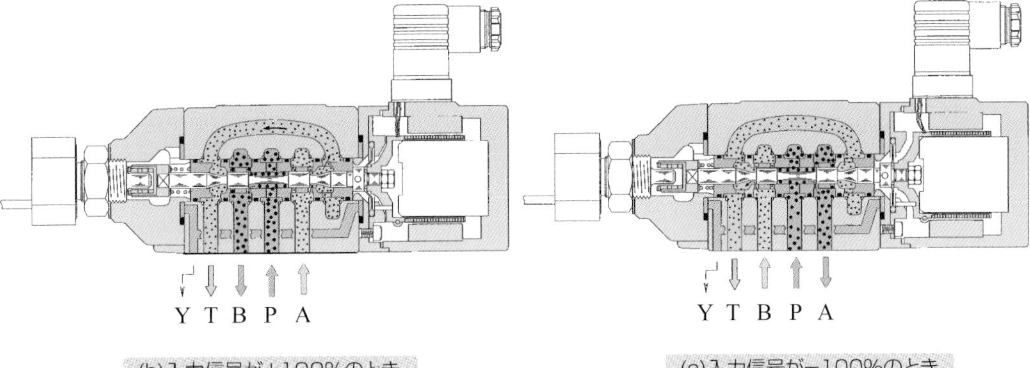

Y T B P A

(b)入力信号が+100%のとき

Y T B P A

(c)入力信号が−100%のとき

A B
P T Y

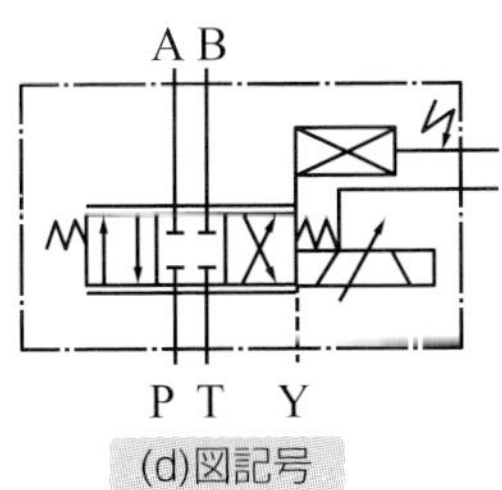

(d)図記号

図6-15　リニアサーボ弁とサーボ機構[1)]

● ボイスコイル型リニアモータ

図6-16は、**ボイスコイル型リニアモータ**の立体図です。アウターヨークの内側に磁石が設けられ、その磁石とインナーヨークの間にはコイルがあります。磁場中でコイルに電流を与えると、フレミングの左手の法則に従ってコイルに推力が発生しコイルボビンが往復運動します。ボイスコイル型リニアモータは、直接駆動で可動部がコイルのみで軽量なため高速で応答性に優れています。なお、リニアモータ部と本体部の間はダイアフラムで仕切られ、内部漏れを抑止し粘性抵抗を減少させています。

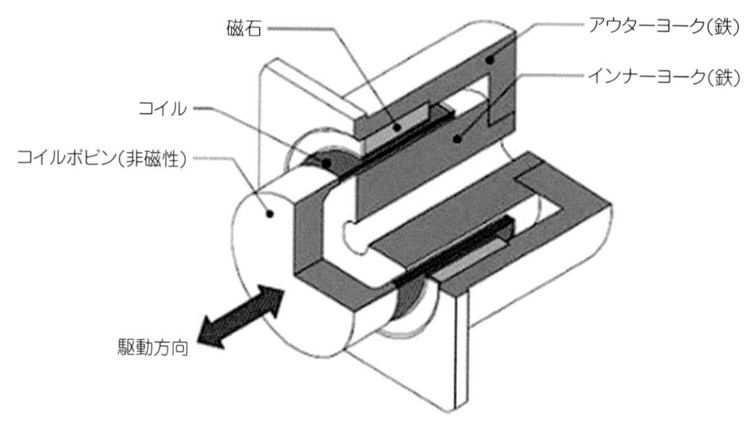

図6-16　ボイスコイル型リニアモータ[14)]

● リニアサーボ弁の特性

図6-17は、リニアサーボ弁の特性の一例です。同図(a)は、無負荷条件(Aポートと Bポートが管路のみで直結)での入力電圧信号に対する無次元定格流量の静特性を示します。電圧が正の値のときは、PポートからBポートおよびAポートを経てTポートへの作動油の流れを、負の値のときは、PポートからAポートおよびBポートを経てTポートへの作動油の流れを表しています。このときの、PポートからTポートまでの弁差圧は7MPaです。

図中の実線で示すようにゲインが100%のとき、ゼロ点近傍での不感帯はほとんど無く±100%の入力信号で定格流量±100%まで直線性が保たれています。図中の破線で示すように、ゲインを公称ゲインの50%や200%にすると、アンダラップやオーバラップの影響で入力信号が5%の範囲内で流量は2倍や0.5倍になりますが、それ以外ではゲインが100%時と同じこう配を持ちます。入力信号が100%のときでは、公称ゲインの50%と200%にて90%と110%となり、±10%の負荷流量公差を生じます。

同図(b)は、入力信号100%すなわち定格流量時での負荷特性です。AポートとBポートの圧力差$p_l=p_a-p_b$に対しての負荷流量特性です。それぞれの曲線は、サーボ弁の容量①～⑤について表しています。弁差圧が$p_v=7$MPaでは負荷圧力差が$p_l=35-p_v=28$MPaなので、各容量①～⑤の定格流量は、同図からそれぞれ4、10、20、40、60L/minと読み取れます。

同図(c)は、入力信号に0から100%までのステップ入力を与えたときのスプール変位の測定結果です。ステップ応答は立上がりも立下りも約2msで目標値に達しています。同図(d)は、入力電圧信号の振幅を定格値の25%として、周波数応答を調べた実験結果です。このボード線図より、ゲイン−3dBで約350Hz、位相差−90°で約450Hzと応答性に極めて優れています。

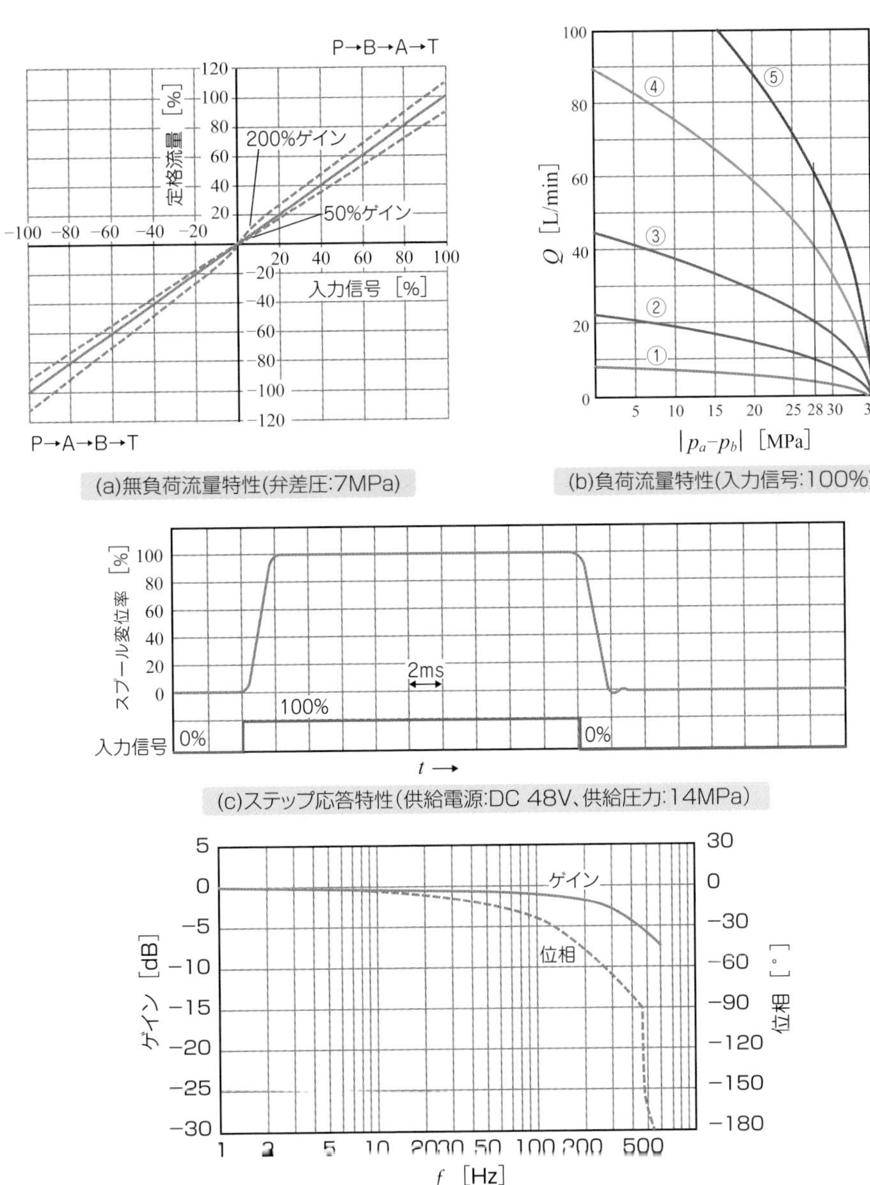

図6-17 リニアサーボ弁の特性(動粘度：30mm²/s)[1)]

6-9 2段形電気油圧サーボ弁

図6-18(a)は、**2段形電気油圧サーボ弁**の内部構造です。このサーボ弁は、①トルクモータ部、②パイロット操作部、③主弁部から構成されます。同図(b)のとおりトルクモータ部では、固定された永久磁石の上部および下部磁極(N極およびS極)の間に、コイルおよびアーマチュア(可動鉄心)が位置しています。パイロット操作部では、ノズルとフラッパによって、トルクモータ部から伝達される機械的な変位をスプール両端に作用させる油圧力に変換します。なお、左右のノズル上流では、圧力ポートPから圧力p_sの作動油が固定絞りを通り導かれ、流体抵抗を受けた後の圧油がノズルから常に噴出しています。主弁部では、フィードバックばねを持つスプールが変位し、ポートが開いて流れを生みます。同図(c)に図記号を示します。

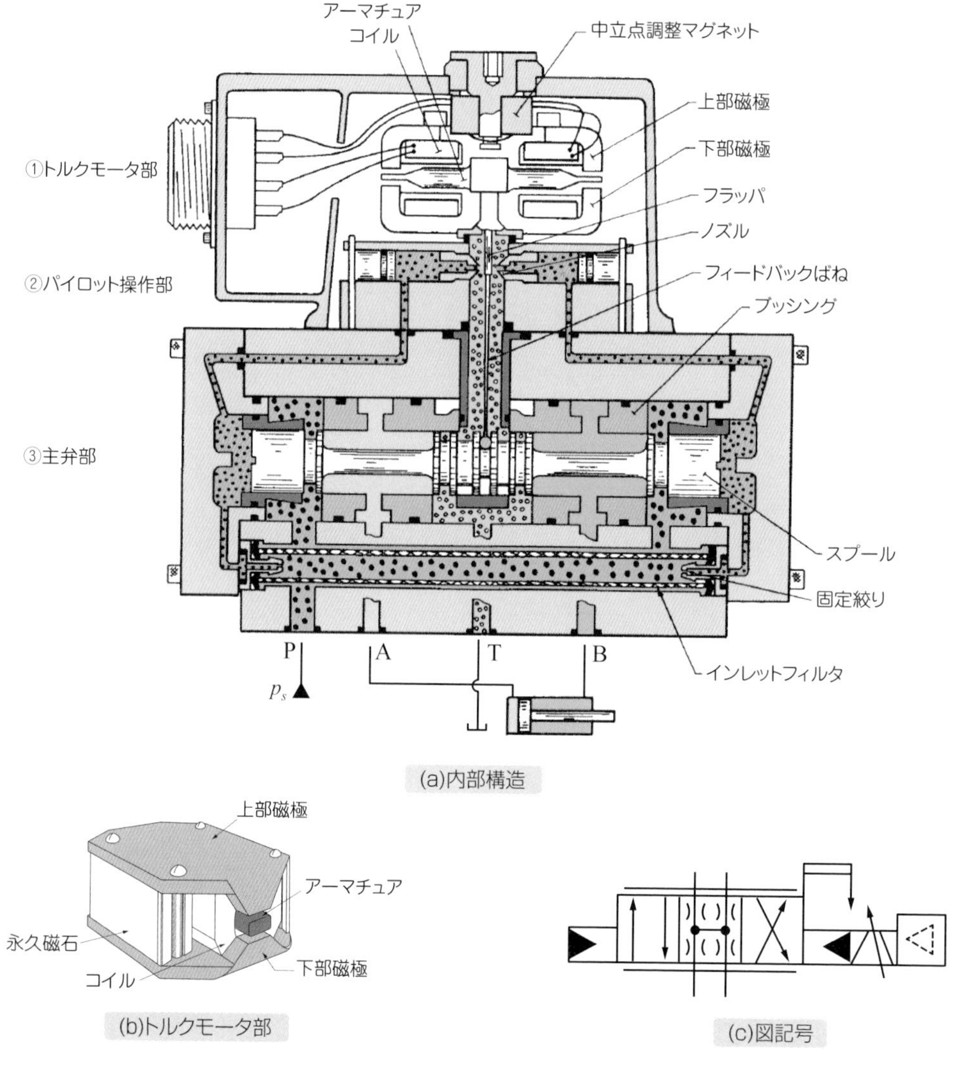

図6-18　2段形電気油圧サーボ弁[1)]

● 作動原理

図6-19は、2段形電気油圧サーボ弁の作動原理です。まず、コイルに電流が流れていない$i=0$の状態では、アーマチュアは動かずフラッパは2つのノズルの中央に位置しています(同図(a))。したがって、左右のノズル背圧は等しく$p_L=p_R$で、スプール両端に働く油圧力は均衡しているため、スプールは中央位置で静止し各ポートは閉じています。

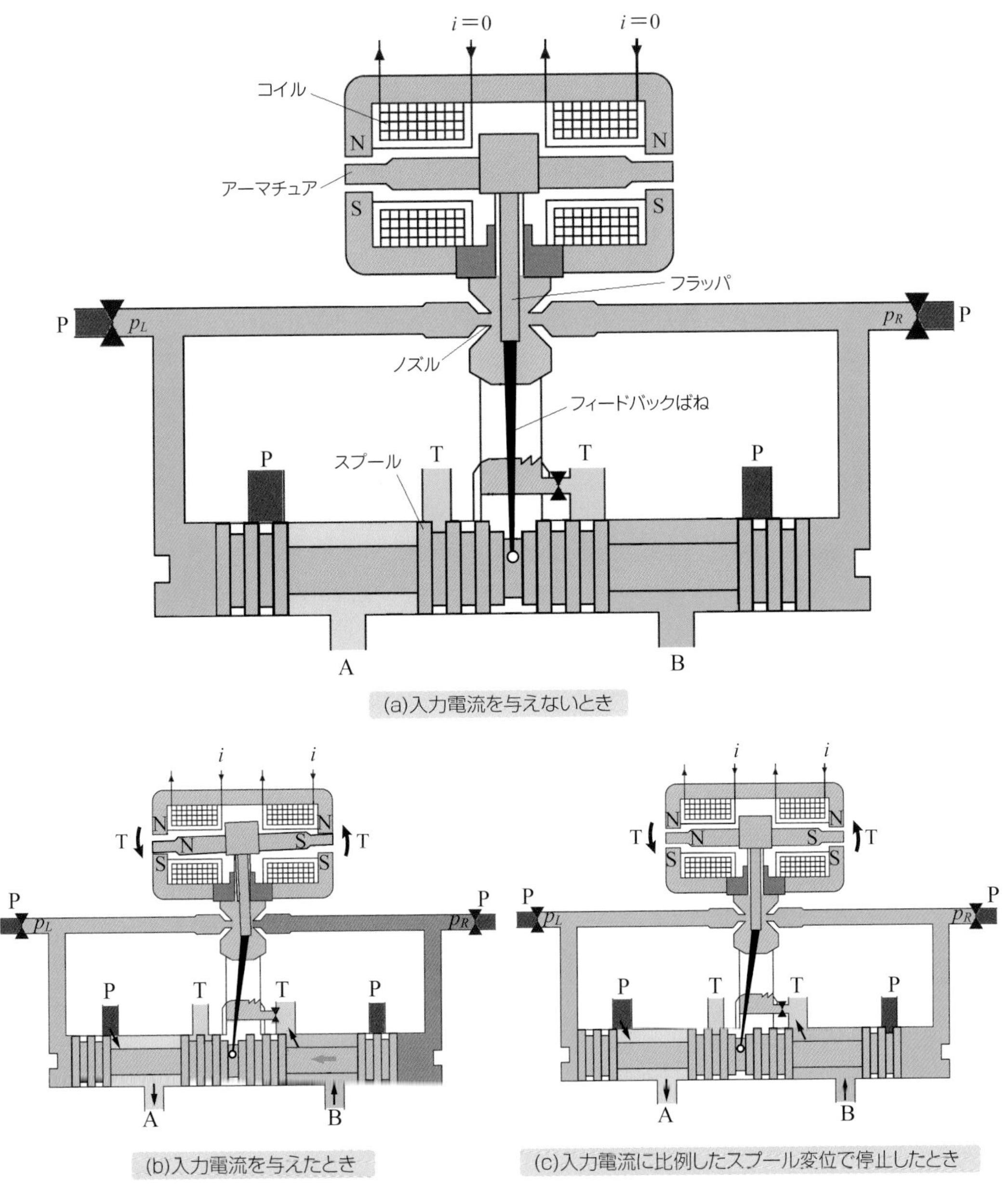

図6-19　2段形電気油圧サーボ弁の作動原理[15)]

つぎに、コイルに電流を与えると、電流iに比例した磁気トルクTがアーマチュアに働きます(同図(b))。たとえば、アーマチュアを介してフラッパが右側に傾くと、右側ノズルの背圧は高くなり、左側ノズルの背圧は低く$p_R > p_L$となるので、スプール両端の油圧力に差が生じ、スプールは左方向に変位します。スプールの変位は、アーマチュアと一体になっているフィードバックばねを撓ませ、磁気トルクと反対方向に復元トルクTを発生させます。したがって、再びフラッパは中心位置に戻り、両者のノズル背圧はほぼ等しく$p_R \fallingdotseq p_L$となります(同図(c))。ただしここで、フィードバックばねが撓み、そのばね力とスプール両端に働く油圧力は均衡しているため、厳密には圧力p_Rは圧力p_Lよりやや高く、両者の背圧は同値ではありません。

したがって、スプール両端へ導かれる作動油の圧力はほぼ等しく、スプールには油圧力は一切働かずに、スプールは入力電流に比例した弁開度で停止します。この場合では、作動油はPポートからAポートへ、BポートからTポートへ流れます。他方で入力電流の極性を変えると、逆にノズル背圧は$p_L > p_R$となり、スプールは右方向に動き、一定の弁開度を保持します。以上のように、スプールは、入力電流の正負(極性)に関係し、また大きさに比例した位置で停止して弁開度を保つので、電流に比例した制御流量をアクチュエータに供給できます。パイロット流路の上流には、フィルタが内蔵されコンタミネーション(汚染物質)を除去し、とくにパイロット操作部の誤動作を防止しています。

● 2段形電気油圧サーボ弁の特性

図6-20は、2段形電気油圧サーボ弁の特性です。同図(a)は、横軸に定格電流に対する入力電流の比i/i_r、縦軸に定格流量に対する無負荷流量Q/Q_rを取って、無負荷特性を表しています。無負荷流量特性に±5%程度の不感帯が生じていますが、最近ではスプールの加工精度が上がり、ほぼ0%となり直線性が保たれています。

同図(b)は、横軸に供給圧力に対する負荷圧力p_l/p_s、縦軸に定格流量に対する無負荷流量Q/Q_rを取って、負荷特性を表しています。同図(c)は、それぞれの定格流量に関して、弁内での圧力降下Δpに対して流量Qを整理しています。同図(d)の周波数特性から、入力振幅が定格の±40%のときゲイン−3dBで約60〜120Hz、位相遅れ−90°で約180〜250Hz、入力振幅が定格の±100%のときゲイン−3dBで約40〜130Hz、位相遅れ−90°で約70〜150Hzと読み取れます。

なお、同図中の①、②、③は定格流量を表し、①は3.8L/minと38L/min、②は9.5L/minと19L/min、③は57L/minです。

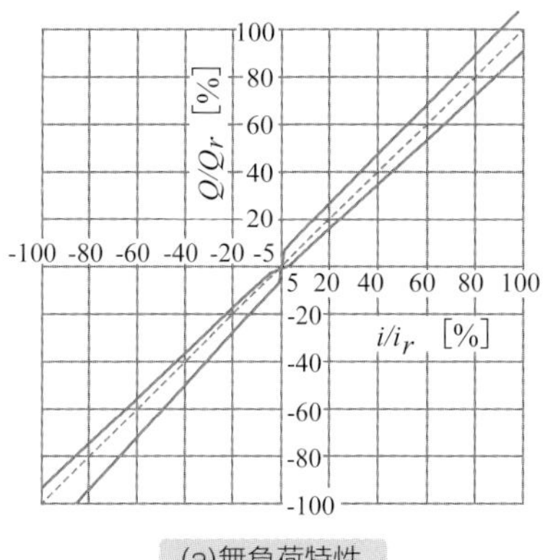

(a)無負荷特性

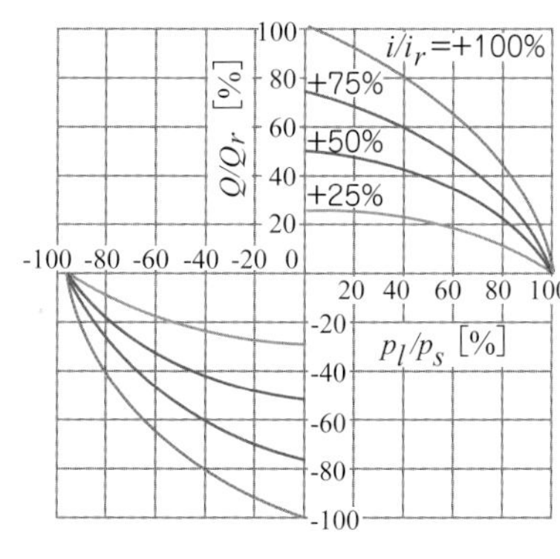

(b)負荷特性

(c)弁圧力降下特性

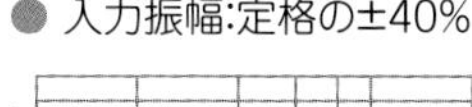

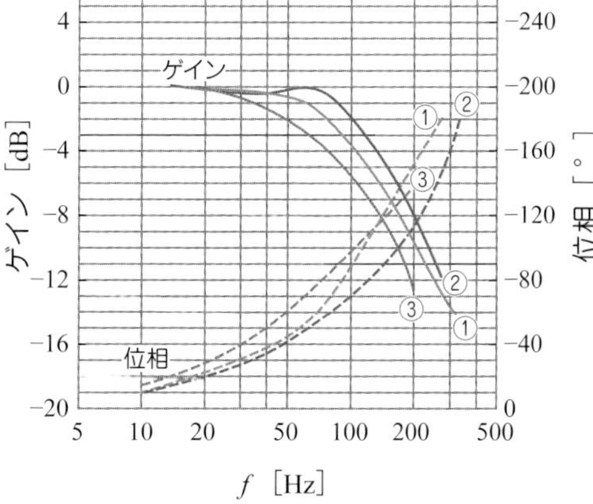

● 入力振幅:定格の±100%

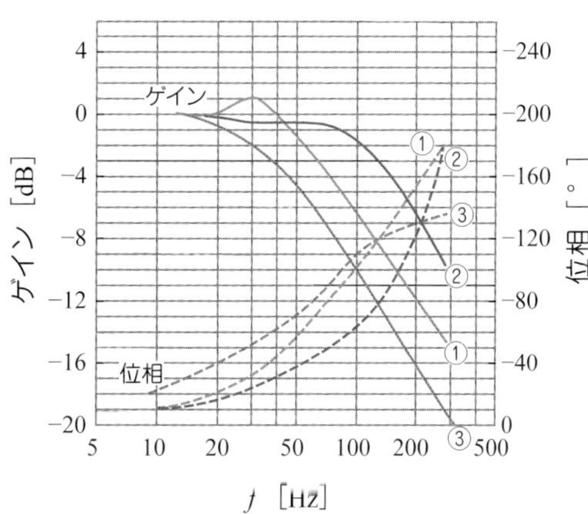

(d)周波数特性

図6-20　2段形電気油圧サーボ弁の特性[1)]

● 電気フィードバック式油圧サーボ弁

図6-21に、**電気フィードバック式油圧サーボ弁**の作動原理とカットモデルの写真を示します。このサーボ弁の作動原理は、前述の2段形電気油圧サーボ弁と同様ですが、スプール変位をフィードバックすることにより、静特性や動特性がさらに向上しています。スプールに一端には変位計のLVDT(Linear Variable Differential Transformer：線形可変差動変圧器)が接続され、内蔵アンプ内のデモジュレータを介してスプール変位が検出されます。指令信号は、このフィードバック信号との偏差をとり、サーボアンプに入力され、偏差信号としてコイルに入力されます。これにより、偏差が0になるまで、フィードバック制御が行われ、指令信号の極性と大きさに対応した弁開度を保ちます。

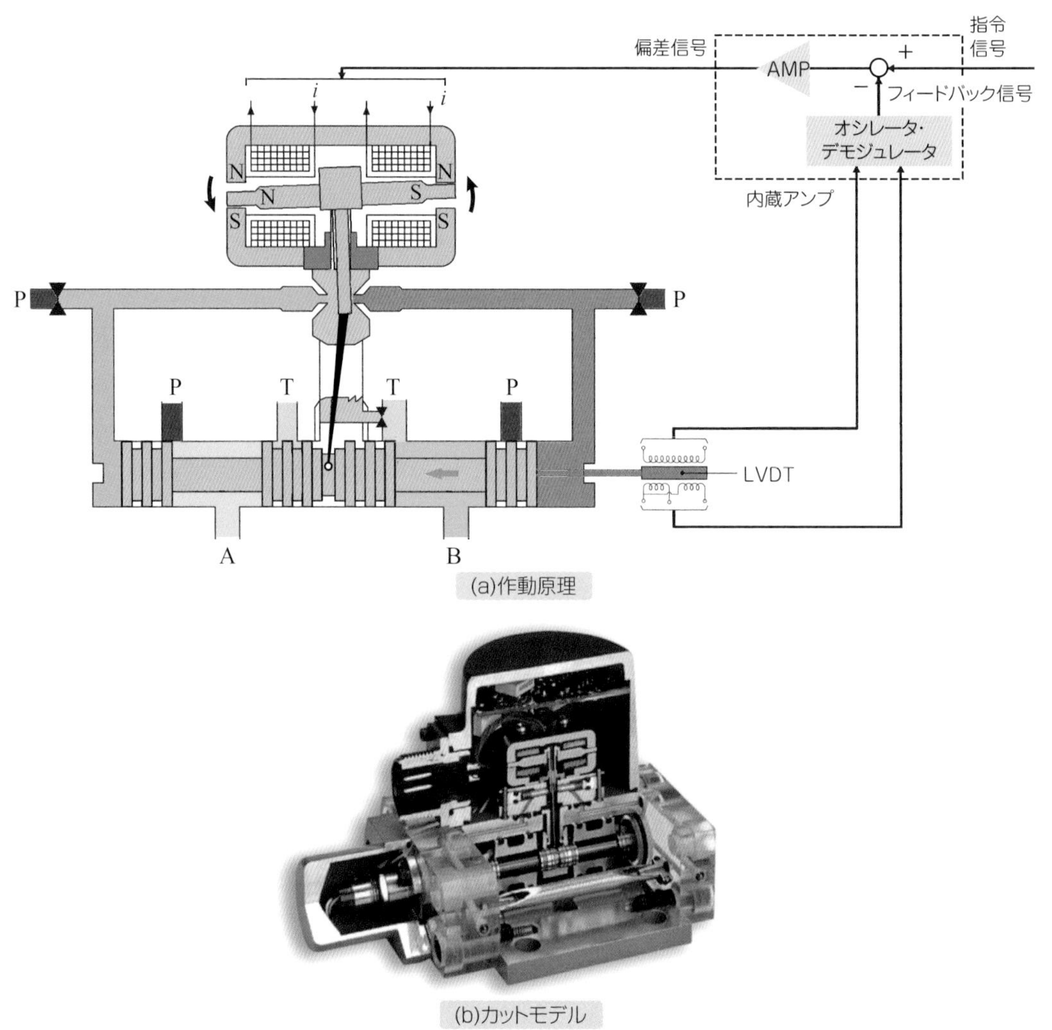

(a)作動原理

(b)カットモデル

図6-21　電気フィードバック式油圧サーボ弁[15)]

6-10 メカニカルサーボ弁

メカニカルサーボ弁は、電気的な動作なく、メカニカル機構のみによるサーボ弁です。スプールの片側にスタイラス(Stylus)が取り付けられ、スタイラスが押されて機械的な動作により圧油の流れ方向を変えるバルブです。ならい制御用として工作機械、溶接機などに使用されます。

● 作動原理

図6-22は、メカニカルサーボ弁の内部構造と図記号です。スプールの右端には外部にスタイラスが接続され、左端にはばねが設けられ常にスプールを押しています。スタイルラスに力が働かないときには、ばね力によりスプールは右方に動き、圧油はPポートからAポートへ、またBポートからTポートへ流れます。一方、スタイラスがテームプレートなどによりばね力に抗して押されると、スプールは左方に動き、圧油はPポートからBポートへ、またAポートからTポートへ流れます。この図は、外部パイロット・内部ドレン形ですが、ほかのパイロット方式やドレン方式があります。パイロット方式選択用プラグを取り外すと、内部パイロットとなり、ドレン方式選択用プラグを取り外せば外部ドレンになります。

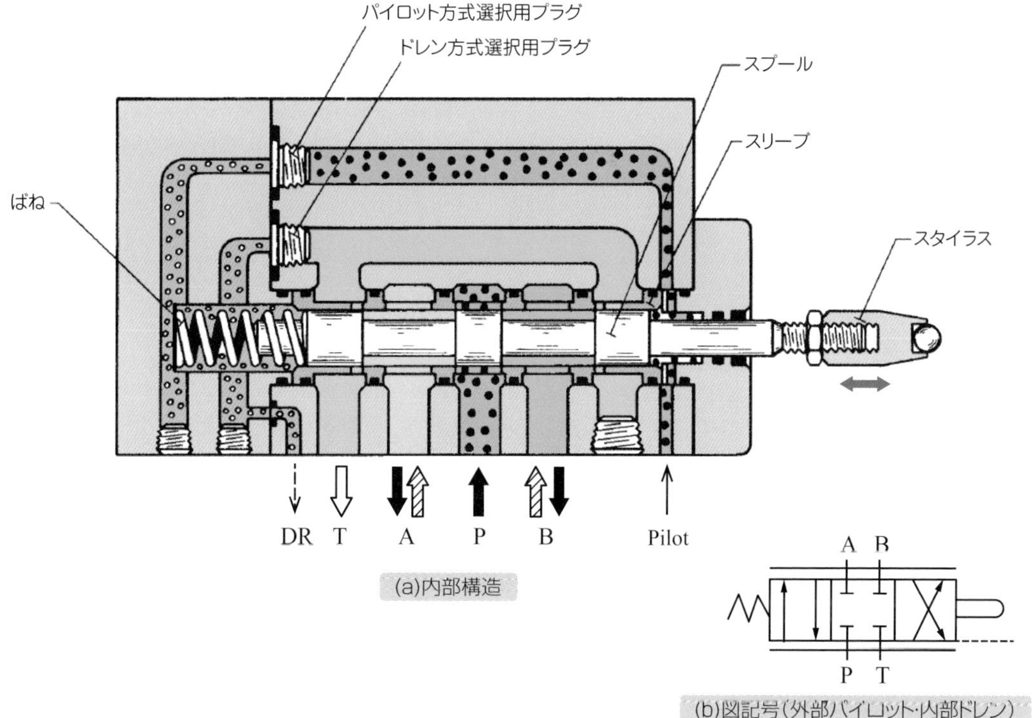

図6-22　メカニカルサーボ弁[1)]

6-11 油圧サーボシステムの理論

本節では、サーボ弁とアクチュエータから成る**油圧サーボシステム**について、その理論的な特性を考えましょう。

● サーボ弁の圧力流量特性

サーボ弁の主弁スプールがゼロラップであるとき、図6-23に示すように直径dのスプールがxだけ開いた定常流の状態を考え、まず圧力流量特性を求めます。スプールでの漏れを無視すると、可変絞り部を通過する制御流量Q_AおよびQ_Bは、オリフィスの式から、

$$Q_A = \alpha A\sqrt{\frac{2(p_S - p_A)}{\rho}} \tag{6.1}$$

$$Q_B = \alpha A\sqrt{\frac{2(p_B - p_T)}{\rho}} \tag{6.2}$$

です。ここに、αは流量係数、Aは開口面積であり、p_S、p_A、p_B、p_Tは、それぞれPポート、Aポート、Bポート、Tポートでの圧力です。Tポートでの圧力を$p_T = 0$とすれば、$Q = Q_A = Q_B$なので、式(6.1)、(6.2)より、

$$p_S = p_A + p_B \tag{6.3}$$

であり、差圧p_lを、

$$p_l = p_A - p_B \tag{6.4}$$

の通り定めると、式(6.3)、(6.4)から、AポートとBポートの圧力は、それぞれ、

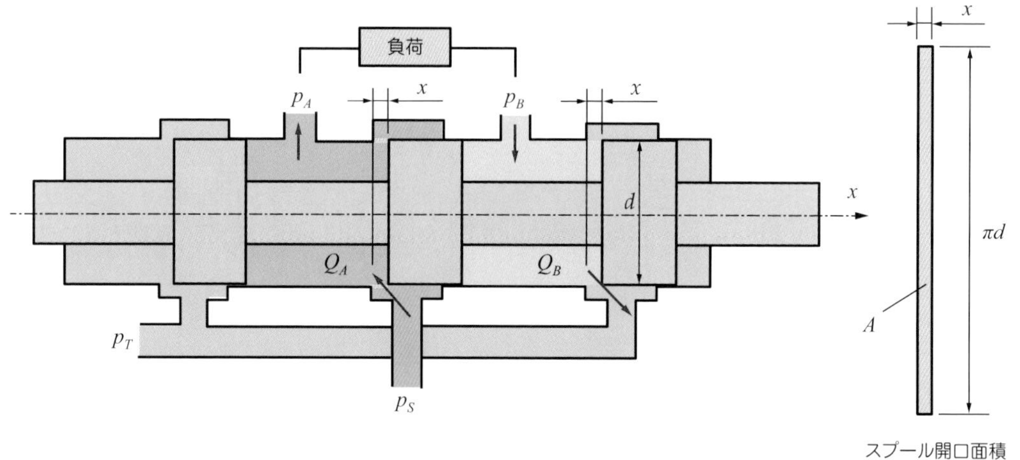

図6-23　ゼロラップスプールでの流れ

$$p_A = \frac{p_S + p_l}{2} \tag{6.5}$$

$$p_B = \frac{p_S - p_l}{2} \tag{6.6}$$

です。よって、上式より式(6.1)、(6.2)は、スプールの開口面積を$A=\pi d{\cdot}x$と置けば、ともに、

$$Q = \pi\alpha d \cdot x\sqrt{\frac{p_S - p_l}{\rho}} \tag{6.7}$$

と書き換えられます。正負を考慮しながら、上式のスプール変位x、差圧p_l、流量Qをそれぞれ無次元化すれば、

$$\overline{Q} = \overline{x}\sqrt{1-\left|\overline{p_l}\right|} \tag{6.8}$$

となります。上式において、それぞれの無次元数は次式で表されます。

$$\overline{x} = \frac{x}{\left|x_m\right|} \quad , \quad \overline{p_l} = \frac{p_l}{p_S}, \qquad \overline{Q} = \frac{Q}{Q_m} \tag{6.9}$$

ここに、$|x_m|$はスプールの最大開度、p_Sは供給圧力であり、Q_mは最大流量で次式で与えられます。

$$Q_m = \pi\alpha d\left|x_m\right|\sqrt{\frac{p_S}{\rho}} \tag{6.10}$$

図6-24は、スプール開度xを変化させて、式(6.8)をもとに描いた圧力流量特性曲線です。同図の第3象限にある曲線群は、スプール開度xが中央位置から負方向に動き、負荷圧力p_lが負の値、すなわち$p_l=p_B-p_A$となり、作動油が流量QでPポートからBポートに、AポートからTポートに流れていることを表しています。

● サーボ弁の効率

負荷に伝達される動力$L=p_lQ$を無次元化して表せば、

$$\overline{L} = \overline{p_l} \cdot \overline{Q} = \overline{x}\,\overline{p_l}\sqrt{1-\left|\overline{p_l}\right|} \tag{6.11}$$

であるので、負荷を伝達する最大動力$L_{\max}$は、上式を無次元負荷圧力$\overline{p_l}$に関して偏微分し、

$$\frac{\partial \overline{L}}{\partial \overline{p_l}} = 0 \tag{6.12}$$

と置けば、その無次元負荷圧力$\overline{p_l}$は次式で与えられます。

$$\overline{p_l} = \frac{2}{3} \tag{6.13}$$

サーボ弁の効率ηは、バルブに供給される動力$L_{\rm in}$とバルブから負荷に供給する動力$L_{\rm out}$の比で表されるので、

$$\eta = \frac{L_{\rm out}}{L_{\rm in}} = \frac{(p_A - p_B)Q}{p_S Q} = \frac{p_l}{p_S} = \overline{p_l} \tag{6.14}$$

となり、仮にサーボ弁が最大動力$L_{\max}$を供給できたとしても、式(6.13)、(6.14)より最高効率は66.7%となります。

● サーボ弁の流量ゲイン

一般には、図6-24のような圧力流量特性曲線は、スプール開度比$\overline{x}$の代わりに、定格電流i_rに対する電流iの比$\overline{i} = i/i_r$を用い、式(6.8)は次式のとおり置き換えられます。

$$\overline{Q} = \overline{i}\sqrt{1 - \left|\overline{p_l}\right|} \tag{6.15}$$

上式において、無負荷条件の負荷圧力が$p_l = \overline{p_l} = 0$では、$\overline{Q} = \overline{i}$であり、次式のとおり、流量$Q$は入力電流$i$に比例します。

$$Q = k_i i \tag{6.16}$$

ここに、k_iは**流量ゲイン**と呼ばれ、

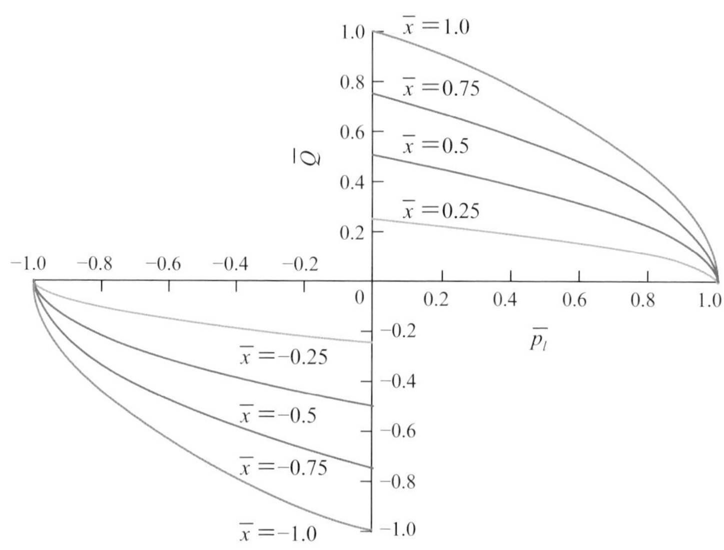

図6-24　圧力流量特性曲線

$$k_i = \frac{\partial Q}{\partial i} = \frac{Q_r}{i_r} \tag{6.17}$$

です。図6-25は、サーボ弁の流量ゲインk_iすなわち入力電流iに対する流量Qの静特性を示します。このデータは、AポートとBポートを流体抵抗のほぼ無い管路で接続し、無負荷条件$p_l=0$で流量Qを流量計にて計測したものです。このようなグラフを用い、定格電流$i_r=\pm 50$mAおよび定格流量$Q_r=10$L/minの範囲内で直線性やヒステリシスなどの存在を確認します。ここで、**直線性**とは、定格電流i_rと定格流量Q_rを結ぶ校正曲線(この場合では直線)とのずれの程度であり百分率で表します。また、**ヒステリシス**とは、正負方向に入力電流iを与え、定格電流i_rの範囲で線図上に往復させて履歴を描き、同一流量時での往路復路での電流値の差の最大値を百分率で表します。式(6.17)より、流量ゲインk_iは、直線で表される校正曲線のこう配を示し、

$$k_i = \tan\alpha = \frac{Q_r}{i_r} \tag{6.18}$$

で表されます。同図の例では、流量ゲインは$k_i=10/50=0.2$[(L/min)/(mA)]と読み取れます。

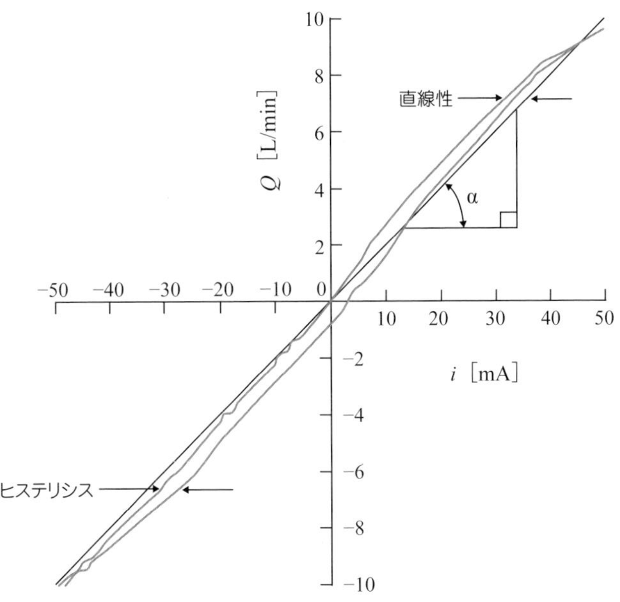

図6-25　サーボ弁の無負荷流量特性の例

● サーボ弁の圧力ゲイン

図6-26は、流量を$Q=0$、すなわち、AポートおよびBポートを閉鎖した状態にて入力電流iに対する負荷圧力p_lを計測し、無次元化して表したグラフです。同図より、定格電流1Aの2%程度で負荷圧力p_lは定格値の80%に達しています。この百分率が高ければ、サーボシステムの剛性が高く、制御精度の向上に寄与します。この状態での入力電流iに対する負荷圧力p_lのこう配は、**圧力ゲイン**と呼ばれ、

$$k_p = \frac{\partial p_l}{\partial i} = \frac{p_s}{i}\frac{\partial \bar{p}_l}{\partial \bar{i}} \tag{6.19}$$

で表されます。

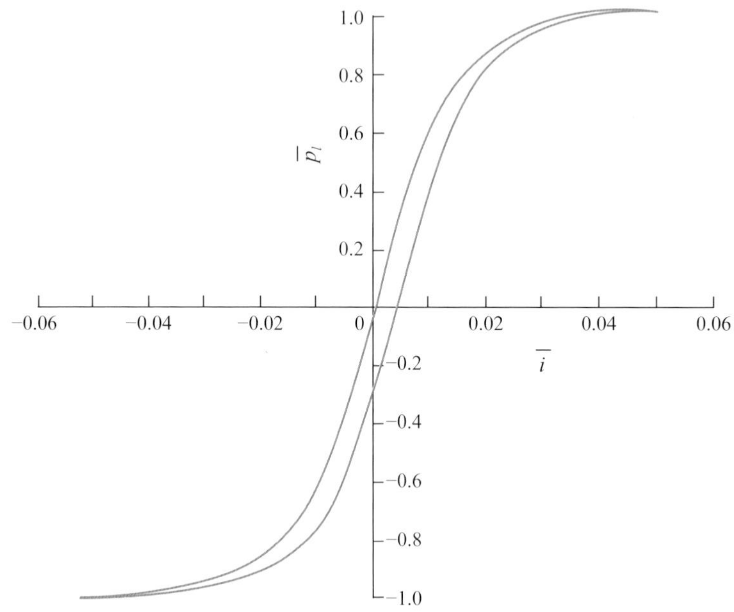

図6-26　サーボ弁の圧力ゲイン特性

● サーボ弁での周波数応答法

サーボ弁は、以上のような静特性のほかに周波数応答法による動特性も性能評価として極めて重要です。**周波数応答法**とは、図6-27に示すように、サーボ弁に電流iを正弦波状に入力信号として与え、流量Qを同じく正弦波状の出力信号として計測して動特性を調べる方法です。高応答の流量測定は困難であるため、同図に示すような試験方法が用いられます。試験装置は、ピストン質量を小さく、摺動部の摩擦力を極力抑えたシリンダ形アクチュエータと、ピストンに取り付けられた速度検出器から構成されます。試験対象のサーボ弁に正弦波の入力電流iが送られると、スプールが中央位置の近傍で左右に移動し、アクチュエータのピストンが速度Uでほぼ正弦波状

に動きます。制御流量 Q は、この速度 U とピストン有効面積 A_p の積より制御流量 Q が求められます。

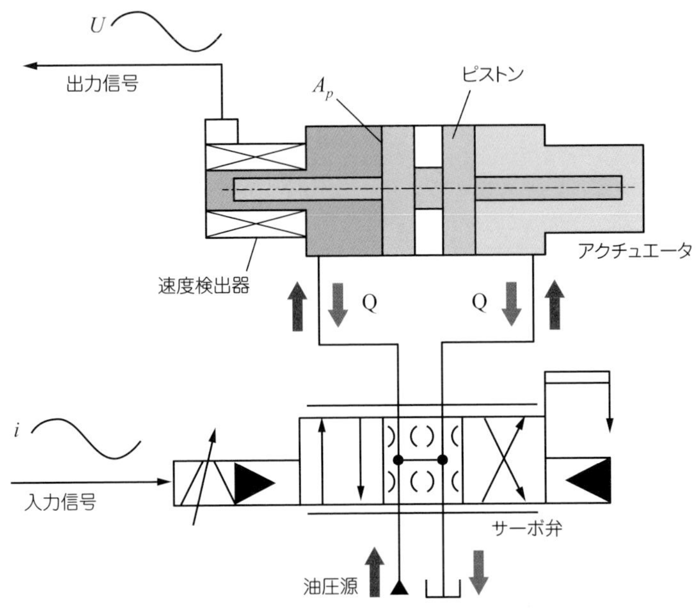

図6-27　サーボ弁の周波数応答法の試験装置

図6-28に示すように、周波数 f が低いときは、出力信号は入力信号に十分に追従します。入力信号の周波数 f を次第に高くしていくと、出力振幅は減衰し波形の位相は遅れます。これらの正弦波の無次元振幅を $|\bar{i}|,|\bar{Q}|$ と置くと、同図(a)のゲイン $|G|$[dB]は、無次元振幅比を用いて、

$$|G| = 20\log\frac{|\bar{Q}|}{|\bar{i}|} \tag{6.20}$$

のとおり表せます。また、位相遅れ $\angle G$ は同図(b)に示すとおり ϕ[°]です。

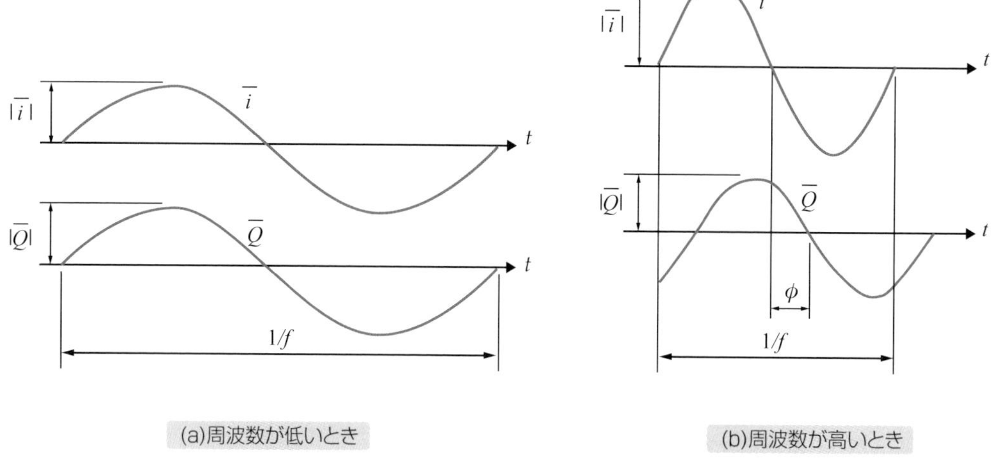

図6-28　入力電流 i と出力流量 Q の無次元化波形

● サーボ弁の周波数応答特性

図6-29にサーボ弁の**周波数応答特性**に関する実験結果の例を示します。このように周波数fを対数で横軸に、ゲイン$|G|$[dB]と位相差$\angle G$[°]を縦軸に取って表示したグラフを**ボード線図**といいます。周波数fを増加させるにしたがい、**ゲイン曲線**および**位相曲線**はともに下がり、振幅の減衰や位相遅れが生じていくことがわかります。サーボ弁の応答特性は、伝達関数として**一次遅れ要素**または**二次遅れ要素**で近似できます。

一般に、バルブなどの動特性の指標として、ゲインについては−3dBあるいはピークとなる周波数を用い、位相角については−90°に達したときの周波数f_rを用います。これらを**応答周波数**f_rまたは**帯域幅**(あるいは**バンド幅**)と呼びます。たとえば、同図中に示すように、電流iが定格値である±100%のときは、ゲイン−3dBでf_r≒40Hz、位相差−90°でf_r≒75Hzと読みとれ、電流iが定格値の±25%のときは、ゲイン−3dBでf_r≒115Hz、位相差−90°でf_r≒130Hzと読みとれます。

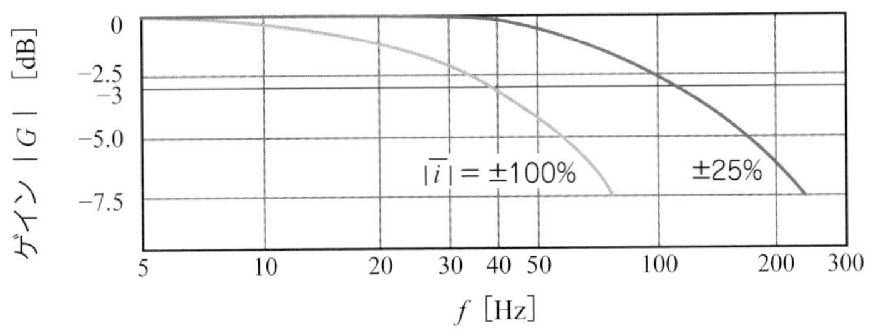

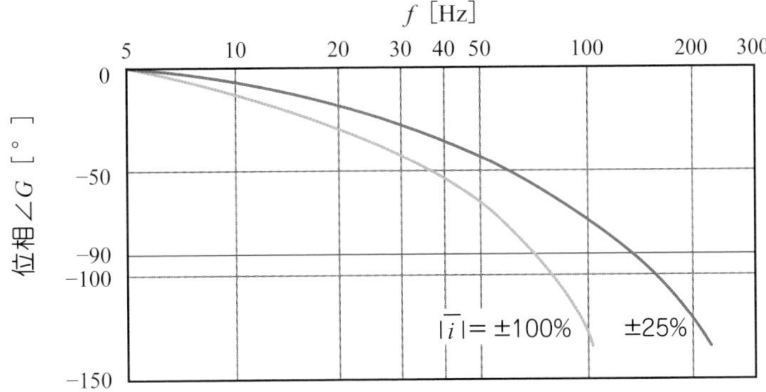

図6-29 サーボ弁の周波数応答特性

● 油圧サーボシステムの基礎式

つぎに、サーボ弁とアクチュエータから構成される油圧サーボシステムについて動特性を考えましょう。図6-30は、両ロッドシリンダに負荷が接続され、サーボ弁によって駆動する状態を示します。動特性を考える前提として、以下では3つの基礎式について述べます。まず、サーボ弁への入力電流iに比例してスプール変位xが生じるとすれば、式(6.7)より、スプールの絞りを通過して、シリンダに流入出する流量Qは、

$$Q = Ci\sqrt{p_S - p_l} \tag{6.21}$$

のとおり表されます。ここに、p_Sは供給圧力であり、p_lは圧力差であり$p_l = p_A - p_B$、またCは係数です。つぎに、シリンダの容積室について圧縮性を考慮した連続の式を適用すると、

$$Q_A = A_p \frac{dy}{dt} + \frac{V_o}{K}\frac{dp_A}{dt} \tag{6.22}$$

$$Q_B = A_p \frac{dy}{dt} - \frac{V_o}{K}\frac{dp_B}{dt} \tag{6.23}$$

となります。ここに、yはシリンダ中立点からのピストン変位、A_pはピストン有効断面積、Kは

作動油の体積弾性係数、V_oはシリンダ中立点での片側のピストン室の体積です。式(6.22)、(6.23)の算術平均をとり、$Q=(Q_A+Q_B)/2$と置けば、

$$Q = A_p \frac{dy}{dt} + \frac{V_o}{2K} \frac{dp_l}{dt} \tag{6.24}$$

となります。最後に、シリンダに関する運動方程式は、負荷の質量をmとして、負荷での粘性減衰力や摩擦力を無視すれば、

$$A_p p_l = m \frac{d^2 y}{dt^2} \tag{6.25}$$

で表されます。

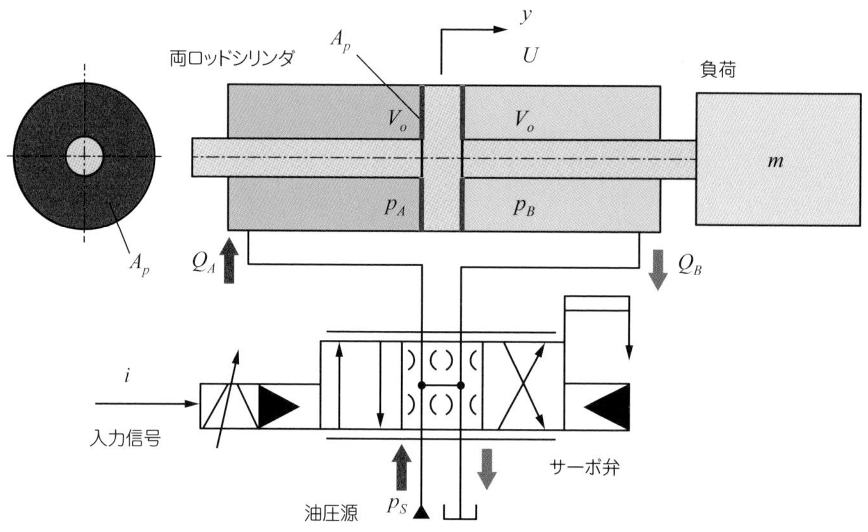

図6-30　油圧サーボシステムの例

● 油圧サーボシステムの動特性

以下では、3つの基礎式(6.21)、(6.24)、(6.25)をもとに動特性を調べましょう。まず、サーボ弁でのオリフィスの式に関しては、式(6.21)をピストンの中立位置近傍からの微小変化を考えて線形化近似し、初期値を0と置いてラプラス変換すると、

$$\Delta Q(s) = k_i \Delta i(s) - k_q \Delta p_l(s) \tag{6.26}$$

となります。上式において、sはラプラス演算子であり、k_iは、

$$k_i = \left.\frac{\partial Q}{\partial i}\right]_{\substack{i=i_r \\ p_l=p_r}} = \frac{Q^*}{i^*} \tag{6.27}$$

で与えられます。ここに、上付きの*は中立位置近傍の動作点です。この流量ゲインk_iは、サーボ弁の定格電流i_r、定格流量Q_rにおいて、式(6.18)により求められます。一方、式(6.26)においてk_qは、

$$k_q = \left.\frac{\partial Q}{\partial p_l}\right]_{\substack{i=i_r \\ p_l=p_r}} = \frac{Q^*}{2(p_s - p_l^*)} \tag{6.28}$$

であり、次式のとおり定格値では流量ゲインk_iと、式(6.19)から求められた圧力ゲインk_pとの比で表されます。

$$k_q = \left.\frac{\partial Q}{\partial p_l}\right]_{\substack{i=i_r \\ p_l=p_r}} = \frac{\left.\dfrac{\partial Q}{\partial i}\right]_{\substack{i=i_r \\ p_l=p_r}}}{\left.\dfrac{\partial p_l}{\partial i}\right]_{\substack{i=i_r \\ p_l=p_r}}} = \frac{k_i}{k_p} \tag{6.29}$$

つぎに、シリンダでの圧縮性を考慮した連続の式(6.24)に関しては、ピストンの中立点での微小変化を考え、初期値を0と置いてラプラス変換し両式の和をとると、

$$\Delta Q(s) = A_p s \Delta y(s) + \frac{V_o s}{2K} \Delta p_l(s) \tag{6.30}$$

が得られます。最後に、シリンダの運動方程式(6.25)に関しては、微小変化に対して、初期値を0と置いてラプラス変換すれば、

$$A_p \Delta p_l(s) = ms^2 \Delta y(s) \tag{6.31}$$

が求められます。式(6.26)、(6.30)、(6.31)より、$\Delta Q(s)$、$\Delta p_l(s)$を消去すると、入力を電流i、出力をシリンダのピストン変位yとする**伝達関数**$G(s)$が微小変化において次式のとおり、二次遅れ要素と積分要素の積で表されます。

$$G(s) = \frac{\Delta y(s)}{\Delta i(s)} = \frac{K_o \omega_n{}^2}{s(s^2 + 2\zeta\omega_n s + \omega_n{}^2)} \tag{6.32}$$

ここに、伝達関数$G(s)$のゲインK_o、減衰係数ζ、非減衰固有角周波数ω_nは、次式で与えられます。

$$
\left.
\begin{aligned}
K &= \frac{k_i}{A_p} \\
\zeta &= \sqrt{\frac{{k_q}^2 mK}{2V_o {A_p}^2}} \\
\omega_n &= \sqrt{\frac{2K{A_p}^2}{mV_o}}
\end{aligned}
\right\} \tag{6.33}
$$

もし、作動油の圧縮性が無視できると仮定するならば、圧縮率が$\beta=0$、すなわち体積弾性係数は$K=\infty$となります。したがって、同じく式(6.26)、(6.30)、(6.31)より、入力を電流i、出力をシリンダのピストン変位yとする伝達関数$G(s)$が微小変化において次式のとおり、一次遅れ要素と積分要素の積で表されます。

$$
G(s) = \frac{\Delta y(s)}{\Delta i(s)} = \frac{K_o}{s(\tau s+1)} \tag{6.34}
$$

ここに、目標値の63.2%に達する時間の時定数τは、

$$
\tau = \frac{k_p m}{{A_p}^2} \tag{6.35}
$$

です。

また、シリンダのピストン変位yと速度Uの関係は、

$$
U = \frac{dy}{dt} \tag{6.36}
$$

なので、微小変化に対してラプラス変換すれば、

$$
\Delta U(s) = s\Delta y(s) \tag{6.37}
$$

です。したがって、式(6.32)より、電流iを入力、シリンダのピストン速度Uを出力とする伝達関数$G(s)$は、

$$
G(s) = \frac{\Delta U(s)}{\Delta i(s)} = \frac{\Delta U(s)}{\Delta y(s)} \frac{\Delta y(s)}{\Delta i(s)} = \frac{K_o {\omega_n}^2}{s^2 + 2\zeta\omega_n s + {\omega_n}^2} \tag{6.38}
$$

のとおり、二次遅れ要素で表されます。

第7章　付属機器と要素

油圧システムには、油圧バルブ、ポンプ、アクチュエータの主要機器のほかに、様々な付属機器や要素が組み込まれ、流体動力の伝達機構が構成されます。これらの機器を**アクセサリー**と呼びます。

本章では、①流体エネルギーを蓄えるアキュムレータ、②作動油の適切な汚染管理や温度管理をするフィルターや熱交換器、③必要な箇所の圧力を測定する圧力計、④作動油を貯める油タンク、⑤それぞれの油圧機器に作動油を送る配管、⑥油圧ポンプを駆動する電動機について述べます。

7-1 アキュムレータ

アキュムレータは、蓄圧器とも呼ばれ、作動油の流体エネルギーを蓄えるための加圧容器です。このような蓄圧方式は、気体の圧縮性で加圧する**気体式アキュムレータ**、錘などの重量物により重力で加圧する**おもり式アキュムレータ**、ばねの弾性でピストンを介して加圧する**ばね式アキュムレータ**に分類できます。おもり式は、推力が時間変化に影響せず一定値を持つ利点があるものの重たく大型で高価です。ばね式は簡単な構造で安価ですが低圧で小容量のみに限定されます。上記の両方式は、ともに温度変化に対して特性が変化しません。これに対して、気体式は比較的に安価ですが、高圧ガス保安法の適用を受けなければならず、気体が隙間や隔離膜を通して漏れ、油中に気体混入を招く恐れがあります。

● 気体式アキュムレータ

図7-1(a)に示すように気体式アキュムレータは、作動油と気体との隔離構造の違いにより、ブラダ形、ダイアフラム形、ピストン形に分けられます。ダイアフラム形は小容量に、ピストン形は大容量に適しています。しかし、ブラダ(Bladder：気嚢(きのう))と呼ばれるゴム袋に窒素ガスなどの不活性ガスを封入する**ブラダ形アキュムレータ**がブラダ自身の圧縮膨張の際の安定性などの長所のために最も標準的に使用されています。**図7-1(b)**、**(C)**は、それぞれの形式での図記号と外観を示します。

● ブラダ形アキュムレータの作動

図7-2は、ブラダ形アキュムレータの作動状態を表しています。ブラダ形アキュムレータは、窒素ガスが封入されているブラダ、ブラダに外部のボンベから窒素ガスを供給あるいは排出するガス供給排出口、作動油を流入出させブラダのはみ出しを防ぐポペット、これらを収納し作動油を加圧させるための容器から構成されます。**同図(a)**のとおり、作動前では、アキュムレータ本体内の作動油にもブラダ内の窒素ガスにも圧力が加えられずに、作動油の圧力p_hならび窒素ガスの圧力pは大気圧p_0と等しく$p_h=p=p_0$です。**同図(b)**のガス封入時①では、窒素ガスが給気弁よりブラダに封入され、このガス封入圧力$p=p_1$は作動油の圧力p_hより高いので、ブラダは本体内壁にわたり充満し膨張しています。このときのブラダ内のガス体積$V=V_1$を**アキュムレータのガス容積**と呼びます。

同図(c)の流体エネルギー蓄積時②では、油圧管路すなわち油圧回路内の圧力p_hがガス封入圧力pより上昇すると、ポペットが開き作動油の流入を開始します。これにより、ブラダ内の窒素ガスは圧縮されて、作動油の流体エネルギーがアキュムレータに蓄積されはじめます。アキュムレータの圧力が圧力スイッチなどの信号にもとづき設定された最高作動圧力p_3に達すると、ブラダのガス体積Vは最も収縮し$V=V_3$となります。ここで、作動油の圧力p_hと窒素ガスの圧力pは釣り合い$p_h=p=p_3$で保持されます。

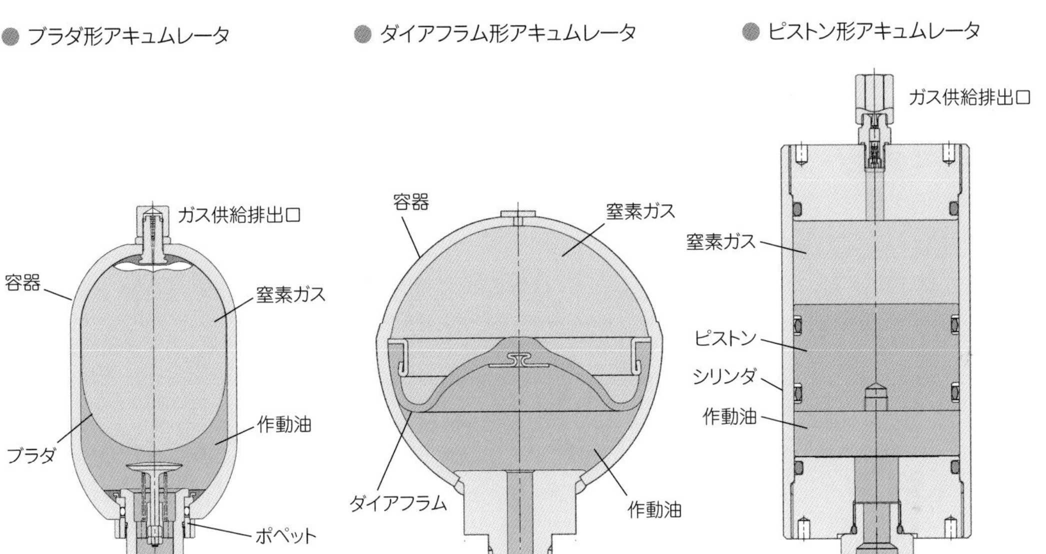

(a)内部構造

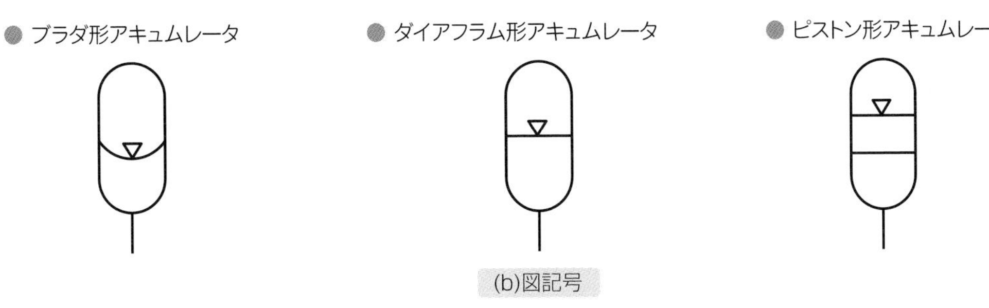

(b)図記号

● ブラダ形アキュムレータ

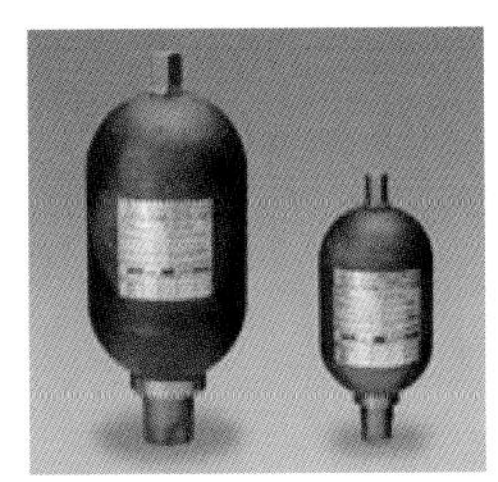

● ダイアフラム形アキュムレータ

● ピストン形アキュムレータ

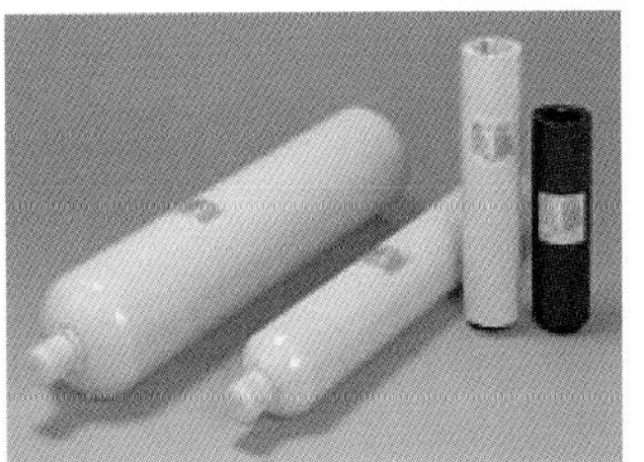

(c)外観

図7-1　気体式アキュムレータの作動原理図と図記号[16)]

同図(d)の流体エネルギー放出時③では、油圧管路内の圧力p_hがガス封入圧力pより下降すると、ブラダ内の窒素ガスが膨張し、蓄えられた流体エネルギーはアキュムレータから放出されます。設定された最低作動圧力p_2になると、ブラダのガス体積Vは膨れて$V=V_2$となり、両者の圧力は$p_h=p=p_2$に保たれます。

● 作動圧力比とガス封入圧力比

これらの作動過程において、最高作動圧力p_3と最低作動圧力p_2との比を**作動圧力比**といい、ガス封入圧力p_1と最低作動圧力p_2との比を**ガス封入圧力比**といいます。それぞれをλとεで表すと次式で定義されます。なお本節で扱う圧力は、大気圧を基準とした絶対圧力です。

$$\lambda = \frac{p_3}{p_2} \tag{7.1}$$

$$\varepsilon = \frac{p_1}{p_2} \tag{7.2}$$

上式にて、ガス封入圧力比εは、用途によって異なりますが、ブラダの容器底への接触を防止するため、一般に$\varepsilon=0.6$ ～ 0.9が採用されています。また、$\lambda/\varepsilon=p_3/p_1$は**ガス最大圧縮比**と呼び、ブラダの過剰変形を防止し、一定な寿命を保持するために$\lambda/\varepsilon \leqq 4$が推奨されています。

● アキュムレータの吐出し容積

流体エネルギーの蓄積と放出は、一般に**同図(c)**と**同図(d)**との行程を繰り返しながら作動します。アキュムレータに加えられた圧力が油圧回路の最高作動圧力p_3から最低作動圧力p_2まで変化する間に、アキュムレータから吐き出される作動油の体積は、ブラダによって押しのけられた容積に等しく、

$$\Delta V = V_2 - V_3 \tag{7.3}$$

です。この容積変化ΔVをアキュムレータの**吐出し容積**といい、吐出し容積を吐出しに要した時間で割れば、アキュムレータからの吐出し流量になります。

以下では、**図7-2**に示すブラダ内での封入ガスの体積Vと圧力(絶対圧力)pの状態変化について考えましょう。まず、**同図(c)**と**同図(d)**との過程③、②では、窒素ガスは圧縮および膨張するので、ポリトロープ指数をnとすれば、

$$p_2 V_2^{\,n} = p_3 V_3^{\,n} \tag{7.4}$$

で表されます。実際にはガスのポリトロープ指数は、圧縮過程と膨張過程とで異なります。しかし、ここでは簡単のため同じ値として扱います。つぎに、**同図(b)**から**同図(c)**への最初の過程①、③では、最高作動圧力p_3の状態までガスが圧縮するので、ポリトロープ指数をmと置けば、気体の状態方程式は、

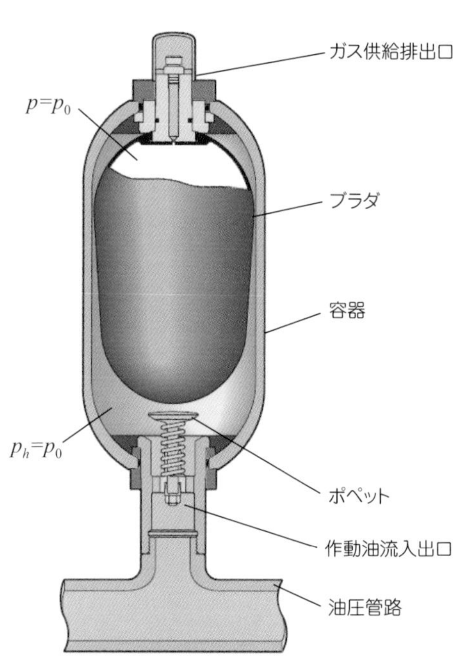

(a)ガスも作動油も入っていない時

$p=p_1$
$V=V_1$
窒素ガス
作動油
p_h

(b)ガス封入時①

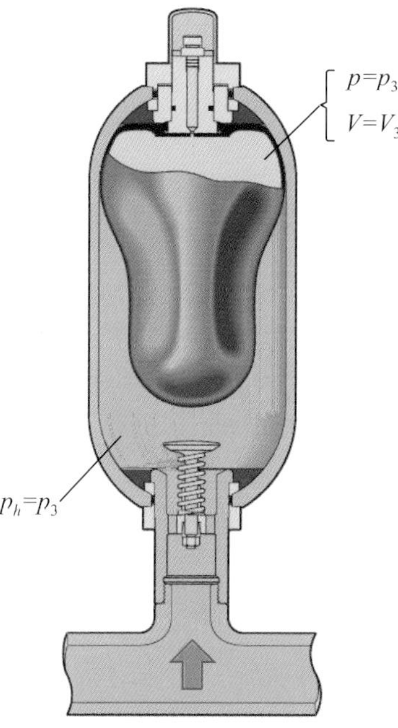

(c)蓄積時③

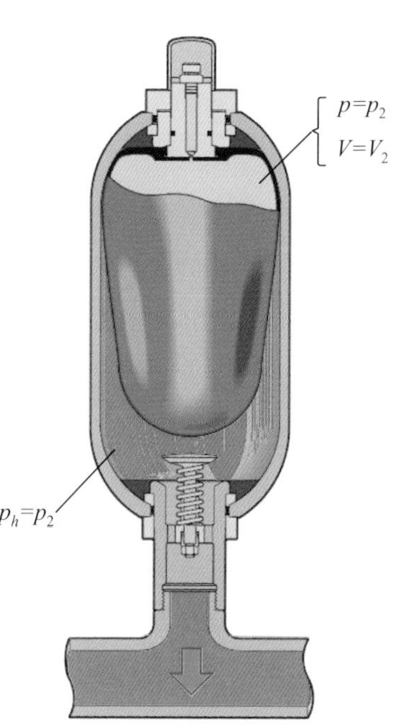

(d)放出時②

図7-2　ブラダ形アキュムレータの作動状況[16]

$$p_1V_1^m = p_3V_3^m \tag{7.5}$$

となります。横軸にブラダ内のガス体積 V、縦軸にガス圧力(絶対圧力)p をとり、式(7.4)、(7.5)の状態変化を描くと**図7-3**となります。

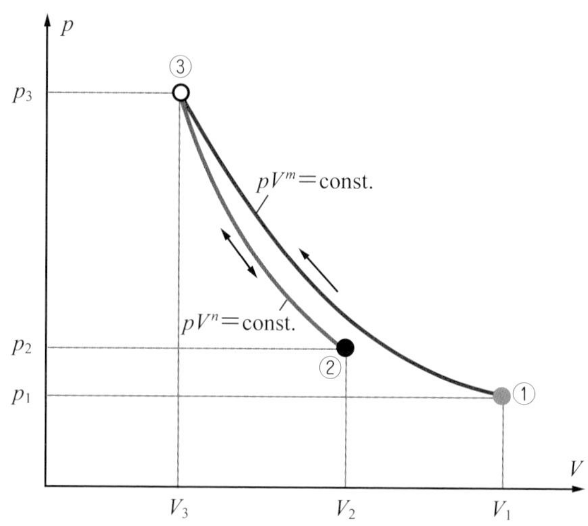

図7-3　ブラダ内のガスの状態変化

アキュムレータの用途としては、①流体エネルギーの蓄積、②バルブなどの急激な開閉による衝撃圧の緩衝、③油圧回路内での作動油の漏れや温度変化に対応するための圧力保持、④油圧ポンプから生じる圧力脈動の吸収などが挙げられます。ここで**圧力脈動**は、圧力が時間とともに周期的に変化し、変動が大きくなると油圧システムに振動や騒音を引き起こします。

以下では、上記の①～③の利用方法に関して、アキュムレータが必要とするガス容積 V_1 の算出方法を考えましょう。

● 流体エネルギーの蓄積

油圧アクチュエータの作動が間欠的なとき、ポンプからの余剰流量をアキュムレータに貯め、必要に応じて放出します。これにより、ポンプ動力すなわち電動機の容量を下げることができ、イニシャルコスト(初期設備投資)の低減や消費電力の節減ができ、省エネルギー化を図れます。**図7-4**は、アキュムレータを用いた流体エネルギーの蓄積回路の代表的な例です。油圧源からの圧油は、同図に示すように電磁方向切換弁が閉じた状態であるので、アキュムレータへ流体エネルギーを蓄積します。圧力スイッチによって最高作動圧力を検知すると電磁方向切換弁が開き、アキュムレータから放出された圧油は、シリンダのキャップ側へと流れて、ピストンロッドは右側に移動します。

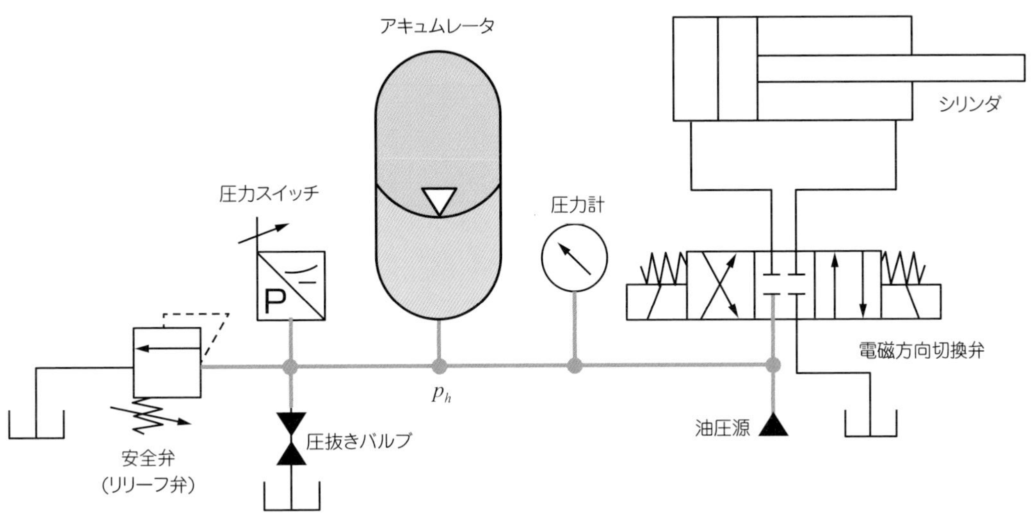

図7-4　アキュムレータを用いた流体エネルギーの蓄積回路

アキュムレータの吐出し容積ΔVは、式(7.3)、(7.4)より、

$$\Delta V = V_3\left\{\left(\frac{p_3}{p_2}\right)^{\frac{1}{n}} - 1\right\} \tag{7.6}$$

です。また、式(7.5)から、

$$V_3 = \left(\frac{p_1}{p_3}\right)^{\frac{1}{m}} V_1 = \left(\frac{p_1}{p_2}\right)^{\frac{1}{m}}\left(\frac{p_2}{p_3}\right)^{\frac{1}{m}} V_1 \tag{7.7}$$

となるので、式(7.7)を式(7.6)に代入して整理すると、ブラダのガス容積V_1は、

$$V_1 = \Delta V \frac{{p_2}^{1/n}{p_3}^{1/m}}{{p_1}^{1/m}({p_3}^{1/n} - {p_2}^{1/n})} \tag{7.8}$$

で表されます。あるいは式(7.1)、(7.2)での作動圧力比λならびにガス封入圧力比εの定義を用いると、

$$V_1 = \Delta V \frac{\lambda^{1/m}}{\varepsilon^{1/m}(\lambda^{1/n} - 1)} \tag{7.9}$$

となります。ここに、ポリトロープ指数n、mは、アキュムレータの蓄積･放出時間、作動ガス圧力、油温などの実際の条件により異なります。一般に、ブラダ内のガスの圧縮および膨張が急激になされるときには断熱変化と仮定され、ポリトロープ指数は比熱比κに近く、窒素ガスでは標準大

気圧の20℃で$n \fallingdotseq 1.40$、$m \fallingdotseq 1.40$です。また、緩やかになされるときには等温変化に近似でき$n \fallingdotseq 1$、$m \fallingdotseq 1$となります。

● 衝撃緩衝

図7-5に示すように電磁方向切換弁によって、油圧回路が急激に閉鎖されると、流速が低下し圧力が過渡的に上昇します。このような**油撃**を回避するために、アキュームレータは、圧力エネルギーを吸収し緩衝効果を与え、機器の損傷などを防止します。

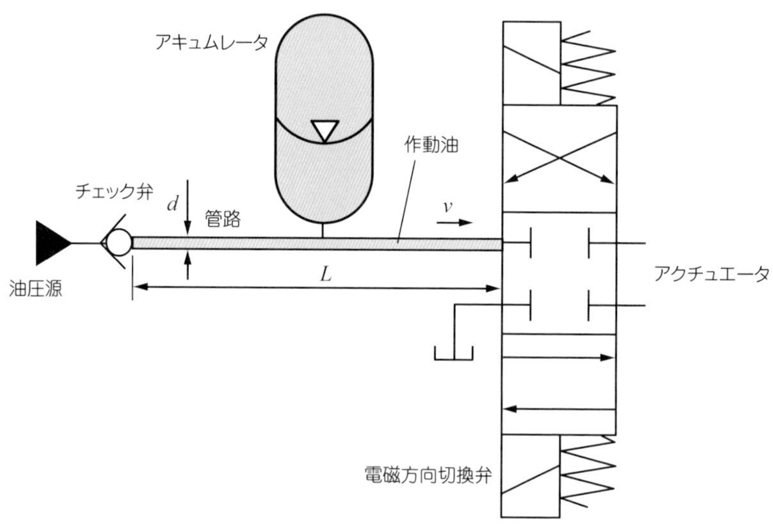

図7-5　衝撃緩衝の用途

まず、作動油の持つ運動エネルギーE_kは、作動油の平均速度をvとすれば、

$$E_k = \frac{1}{2}Mv^2 \tag{7.10}$$

です。ここに、Mは直管路内の作動油の質量であり、管路の長さをL、直径をd、作動油の密度をρとすれば、

$$M = \rho\frac{\pi}{4}d^2L \tag{7.11}$$

です。つぎに、この運動エネルギーE_kが、アキュムレータの容積V_AをV_Bに変化させて流体エネルギーE_fに変換されると考えれば、**図7-6**に示す台形状の面積に相当し、

$$E_f = \int_{V_B}^{V_A} pdV \tag{7.12}$$

で表されます。ここに、圧力pと容積Vは、ポリトロープ変化すると考えれば、

$$pV^n = \text{const.} \tag{7.13}$$

であるので、const.$=C$と置き、

$$p = CV^{-n} \tag{7.14}$$

を式(7.12)に代入して定積分すると、

$$E_f = \frac{p_B V_B - p_A V_A}{n-1} \tag{7.15}$$

となります。ここに、p_A、p_Bは状態点AおよびBでの絶対圧力です。作動油の持つ運動エネルギーE_kが流体エネルギーE_fにすべて変換されたと考えれば、式(7.10)と式(7.15)を等しく置いて整理すると、

$$V_A = \frac{Mv^2(n-1)}{2p_A\left\{\left(\dfrac{p_B}{p_A}\right)^{\frac{n-1}{n}} - 1\right\}} \tag{7.16}$$

となります。ガス封入時の状態点①と状態点Aとの関係を等温変化と仮定すると、$p_1V_1 = p_AV_A$であるので、上式より、ブラダに封入すべきガス体積V_1は、

$$V_1 = \frac{Mv^2(n-1)}{2p_1\left\{\left(\dfrac{p_B}{p_A}\right)^{\frac{n-1}{n}} - 1\right\}} \tag{7.17}$$

のとおり得られます。

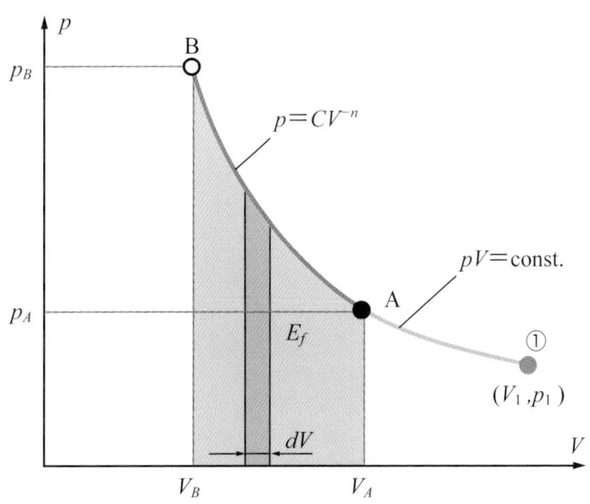

図7-6　衝撃による流体エネルギーへの変換

● 油圧回路内の温度上昇による作動油の熱膨張

油圧回路が閉鎖されているとき、作動油の温度上昇によって油および管路は熱膨張して体積が増加します。作動油の膨張体積は、配管部材の膨張体積に比べて大きく、結果的に管路内の圧力を高めます。アキュムレータは、この圧力上昇を緩衝させるためにも用いられます。**図7-7**に示すように、ガス圧力封入の状態①、油温が低温の状態②、油温が高温の状態③に関しては、状態変化は時間的に緩やかな等温変化であり、

$$p_1V_1 = p_2V_2 = p_3V_3 = \text{const.} \tag{7.18}$$

で表せます。よって、体積変化は、

$$\Delta V = V_2 - V_3 \tag{7.19}$$

ですので、上式と式(7.18)より、

$$\Delta V = V_1\frac{p_1}{p_2}\left(1 - \frac{p_2}{p_3}\right) \tag{7.20}$$

となります。ここに、ΔVは、温度上昇によって生じる実質的な作動油の体積変化であるから、

$$\Delta V = \Delta V_f - \Delta V_l \tag{7.21}$$

です。ここに、ΔV_fは、管路内の作動油体積V_fが油温ΔTだけ上昇したとき、作動油が膨張した体積であり、作動油の熱膨張率をβとすれば、

$$\Delta V_f = \beta V_f \Delta T \tag{7.22}$$

です。一方、ΔV_lは、管路が膨張した体積であり、鋼の体積膨張率をγとすれば、

$$\Delta V_l = \gamma V_l \Delta T \tag{7.23}$$

となります。

以下では、固体(鋼)の体積膨張率と線膨張率との関係について考えます。固体の線膨張率αは、温度Tの変化に対する物体の長さLの変化率と定義され、

$$\alpha = \frac{1}{L}\frac{dL}{dT} \tag{7.24}$$

と書けます。温度が$T=0$での固体の長さをL_oとすれば、

$$L = L_o(1 + \alpha T) \tag{7.25}$$

のように表されます。一方、固体の体積膨張率γは、温度Tの変化に対する物体の体積Vの変化率と定義され、

$$\gamma = \frac{1}{V}\frac{dV}{dT} \tag{7.26}$$

と書けます。体積 V と長さ L は $V = L^3$ の関係があるので、式(7.24)より、固体の体積膨張率は、

$$\gamma = \frac{1}{L^3}\frac{dV}{dL}\frac{dL}{dT} = \frac{3L^2}{L^3}\frac{dL}{dT} = 3\alpha \tag{7.27}$$

です。したがって、ブラダに封入すべきガス容積 V_1 は、式(7.20) ～ (7.24)、(7.27) から、

$$V_1 = \frac{p_2(\beta V_f - 3\alpha V_i)\Delta T}{p_1\left(1 - \frac{p_2}{p_3}\right)} \tag{7.28}$$

のとおり得られます。

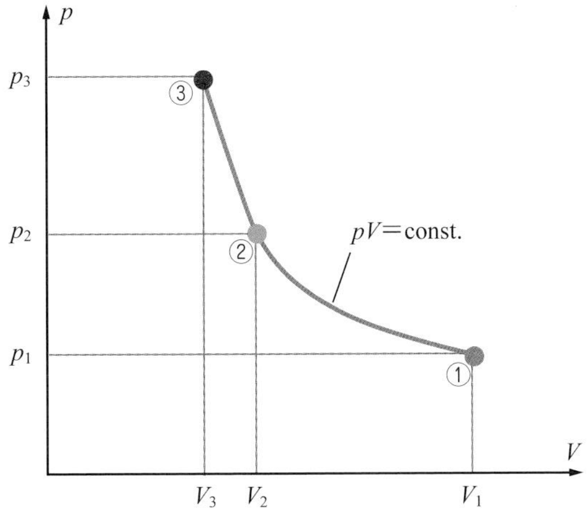

図7-7　油圧回路内の油温上昇によるガスの状態変化

第7章
付属機器と要素

7-2 フィルタ

● 汚染物質

作動油中には、油圧システムに悪影響を及ぼす異物や塵などの様々な**汚染物質**(Contaminant：コンタミナント)が含まれます。このコンタミナントを略称ではコンタミと呼びます。作動油の汚染は、油圧ポンプ、バルブ、アクチュエータなどの隙間部に損傷を引き起こし、これら油圧機器の作動不良や寿命低下を招きます。その中でもノズルフラッパ型の2段形電気油圧サーボ弁のように部品間の隙間が狭く高精度な油圧機器にとって、フィルタは必須な付属機器です。また、特別な洗浄油を用いて油圧機器内の汚染物質を清浄するための運転を**フラッシング**と呼びます。

● フィルタの種類

フィルタは、汚染物質を汚染粒子の大きさに対応して捕捉する機器で、ろ過作用を実際に司るフィルタエレメント(ろ材)を主な構成部品としています。フィルタの種類は、油タンク内の吸込み管路に取り付けられる比較的に目の粗いストレーナと、管路に取り付けられるインラインフィルタに大別されます。**図7-8**に示すように、インラインフィルタは高圧側のポンプ吐出し管路に取付けられるほかに、低圧側のポンプの吸込み管路に取り付ける**サクションラインフィルタ**や戻り管路に取り付けられる**リターンフィルタ**があります。また、油タンクの上部に設け、油タンクに吸込まれる空気に混入する汚染物質を取り除く**エアブリーザ**や、主油圧回路とは別にタンク油中の汚染物質をろ過する**オフラインフィルタ**があります。フィルタの図記号の例を**図7-9**に示します。**同図(a)**は一般的なフィルタ、**同図(b)**はエアブリーザ、**同図(c)**はバイパス弁と目視目詰表示器が付いたフィルタです。

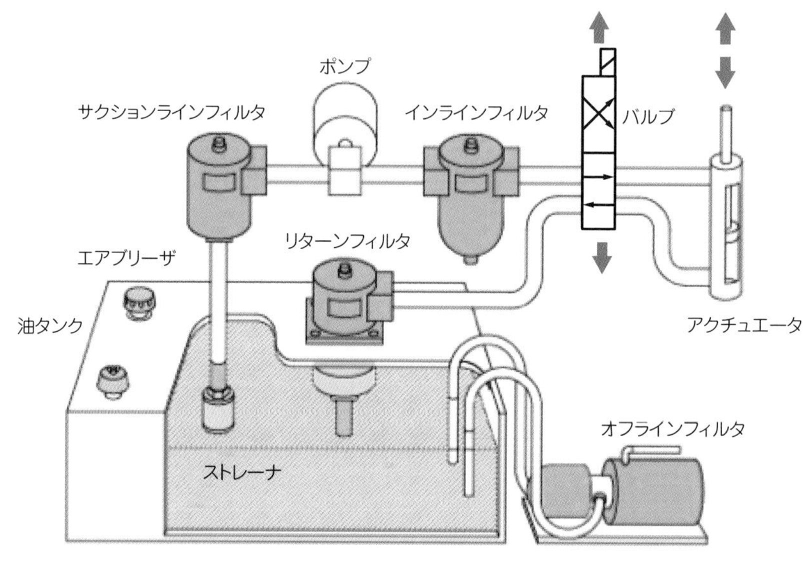

図7-8 フィルタの種類[17)]

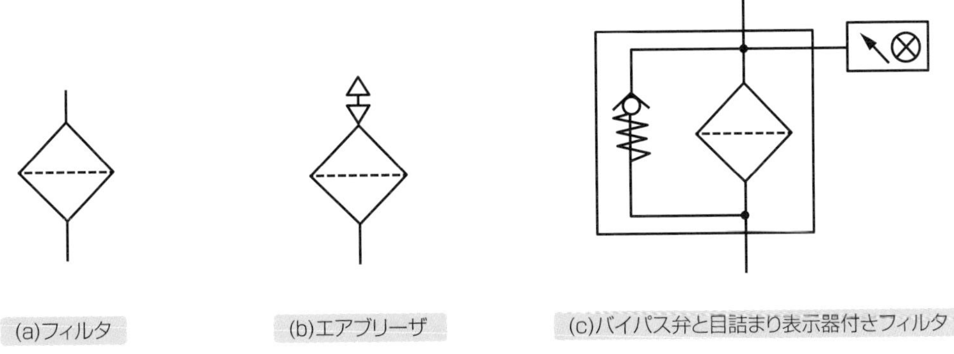

図7-9　フィルタの図記号

● ストレーナ

図7-10に示す**ストレーナ**は、ろ材、内筒、端板、口金などから成り、一般に油タンクにポンプの吸込み管路を介して内装されています。作動油は、ろ材を通り汚染物質が取り除かれ、吸込み管路に接続された口金へと流出します。ストレーナのフィルタエレメントには、ステンレス針金を凹凸に成型したノッチワイヤおよび、ひだ折りしたステンレス金網が用いられます。ストレーナは、油圧ポンプの吸込み抵抗の兼ね合いから、目の細かなろ材は使用することができません。

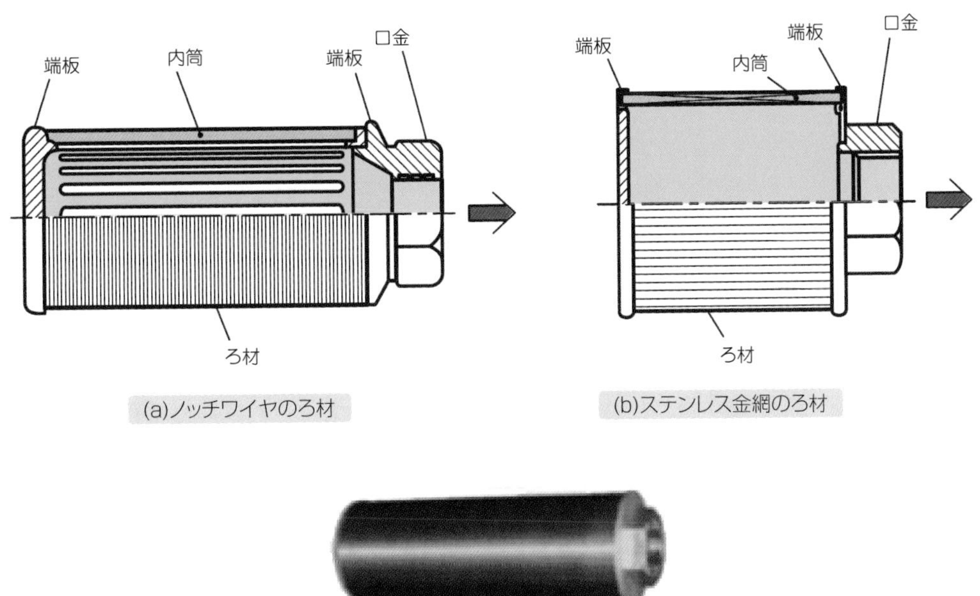

(c)外観

図7-10　ストレーナ[17)]

● インラインフィルタ

図7-11(a)に、**インラインフィルタ**の構造を示します。このフィルタは、ボディー、カバー、フィルタエレメントから成り、吸込み管路へ直接に接続されます。作動油は、流入口から入り、フィルタエレメントの外周から内周を通り、センターロッドの4か所の長穴を抜けて流出口へと出ます。このフィルタエレメントは、着脱式で交換可能な構造となっています。**同図(c)**、**(d)**にISO VG32(動粘度32mm^2/s、比重0.86)の作動油を用い、油温40℃で試験した圧力損失Δpを流量Qに対して示します。なお同図中の02～08は、接続口径でRc1/4～Rc1を表します。

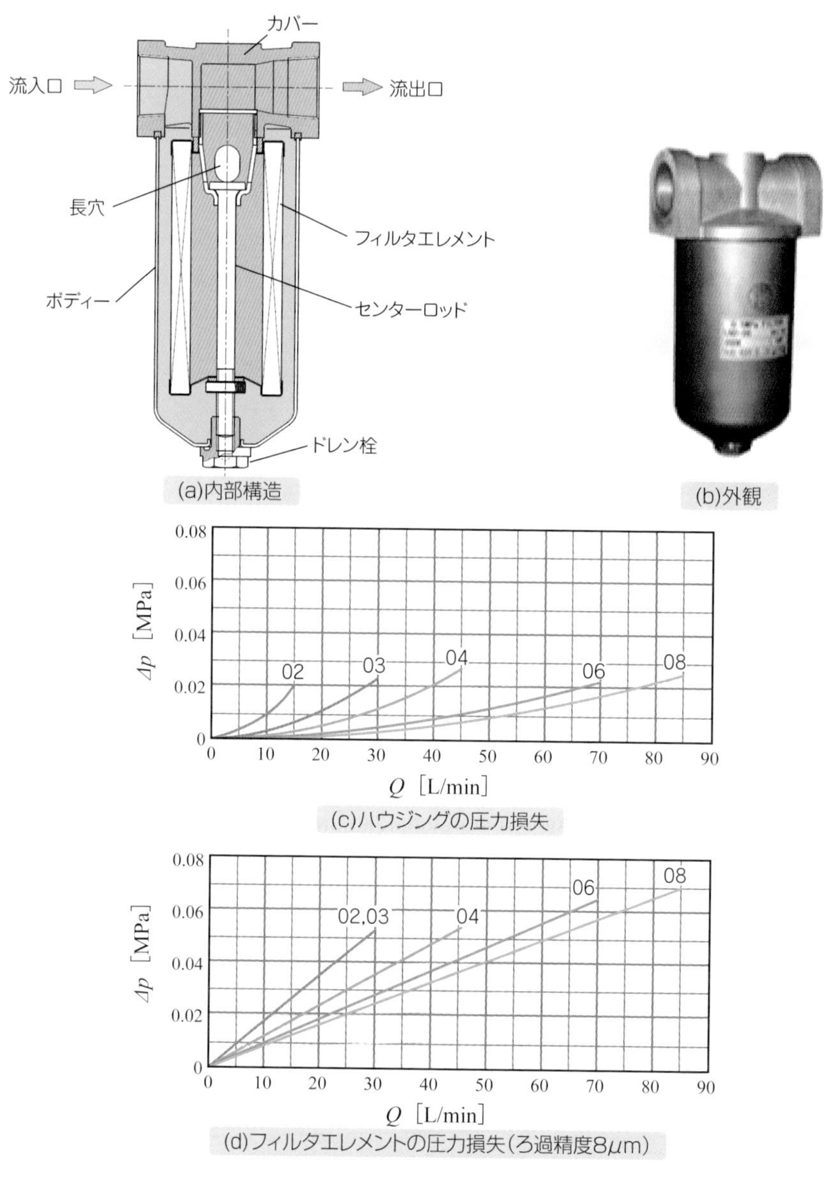

図7-11　インラインフィルタ[17)]

● 目詰表示器を持つバイパス付インラインフィルタ

図7-12に、**フィルタ目詰表示器**を持つ**バイパス付インラインフィルタ**を示します。このフィルタは、油圧ポンプの吐出し管路などに置かれます。フィルタエレメントに固体粒子などの堆積により通過流量の減少や差圧の増加があるとき、目詰表示器によりフィルタエレメントの交換時期を検知します。この**目詰まり**の表示方法には、インジケータの色が変わる目視式や外部に電気信号を送る電気接点式があります。さらに、何らかの原因により差圧が上昇するとき、リリーフ弁が開いて流出口への流れを直接に確保し、フィルタエレメントの損傷を未然に防止するバイパス機能が働きます。また、フィルターケースの中に磁石を置き、油中に含まれる磁性体の汚染物質を吸着して取り除く機種もあります。

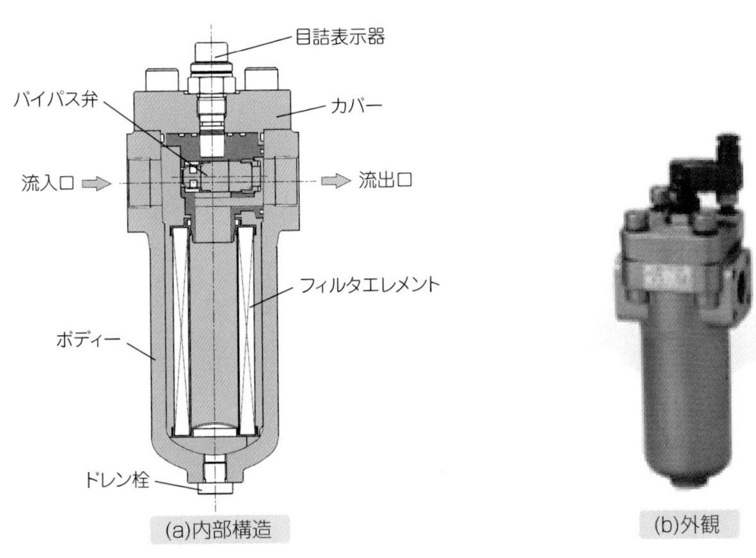

図7-12　目詰表示器を持つバイパス付インラインフィルタ[17)]

● フィルタエレメント

図7-13に、**フィルタエレメント**の構造を示します。**同図(a)**のろ紙のフィルタエレメントは、ろ筒、内筒、上下面のエンドプレートなどから成ります。ろ筒は、ろ材をプリーツ(ひだ付き)加工して円筒形状に巻かれ、穴のあいた補強用内筒を覆うように包み、その上下面を2枚のエンドプレートに接着剤で固定しています。金網のフィルタエレメントも**同図(a)**と同じように、金網をプリーツ加工して内筒外面に被せています。**同図(b)**にノッチワイヤのエレメントを示します。ノッチワイヤのエレメントは、ろ紙エレメントとは異なり、内筒の代わりに外側に突起が付いているフィンチューブを用いて、筒状のノッチワイヤエレメントを支えています。

同図(c)、**(d)**、**(e)**に示す3種類のフィルタエレメントは、それぞれ以下のような特徴も持っています。ろ紙は一般的に用いられ、低価格です。金網はステンレス線などを網み込んで製作され、洗浄することで再利用できます。ノッチワイヤはステンレス線を凹凸に成型して加工され、金網よりも高いろ過精度を持ち、外面が平坦なので清掃が容易です。

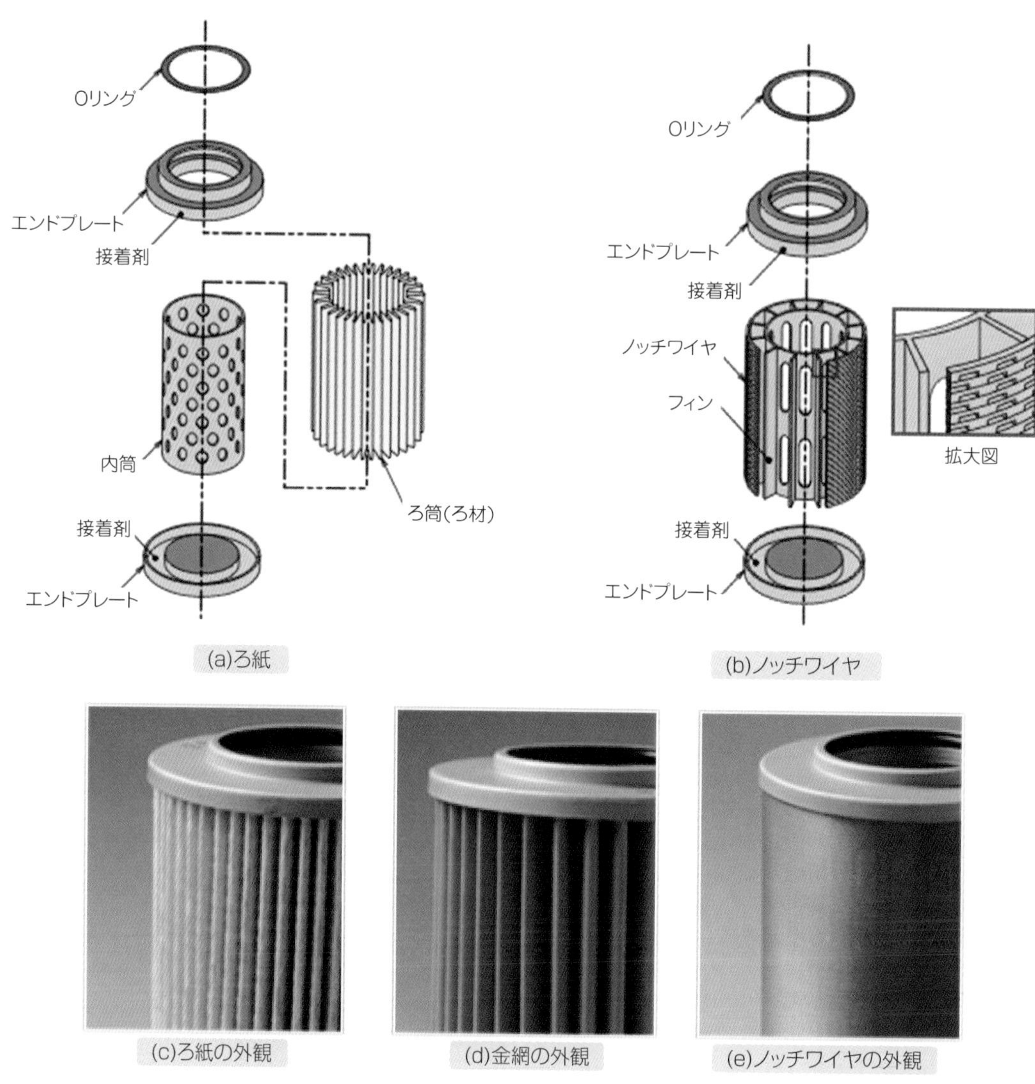

図7-13　フィルタエレメント[17)]

● エアブリーザ

図7-14に、**エアブリーザ**の構造と外観を示します。このフィルタは、油タンクの上面に設けて、タンク油面の上下運動による吸排気に対し、空気を入れ替えろ過を行います。

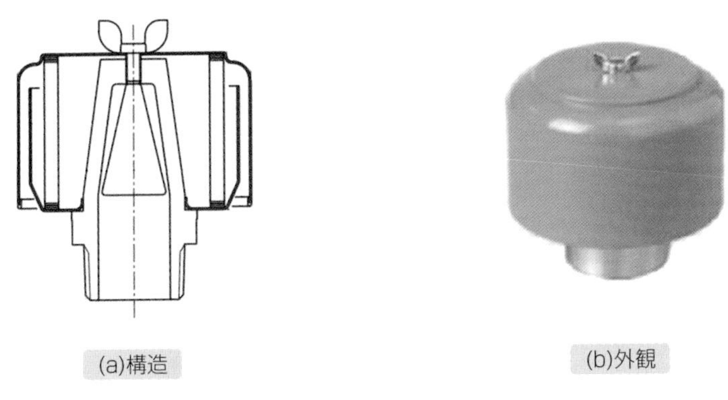

(a)構造　(b)外観

図7-14　エアブリーザ[17)]

● ろ過比率と公称ろ過精度

フィルタの性能を示す尺度に、ろ過比率と公称ろ過精度があります。**ろ過比率**は、ろ過比とも**ベータ値**とも呼ばれ、粒径x[μm(c)]における平均ろ過比率は、JISならびにISOにより次式で定義されています。

$$\beta_{x(c)} = \frac{\overline{A}_{u,x}}{\overline{A}_{d,x}} \tag{7.29}$$

ここに、$\overline{A}_{u,x}$、$\overline{A}_{d,x}$は、それぞれフィルタ入口および出口で計測された粒径x[μm(c)]以上の平均粒子数、すなわち単位体積あたりの個数[個/mL]です。また、記号の(c)は、ISOあるいはJISにもとづく粒子計測器での性能評価を示します。たとえば、$\beta_{12(c)}=200$とは、12μmの大きさの粒子が1−(1/200)=0.995=99.5%除去されたことを意味します。すなわち、より高いβ値を持つフィルタがろ過効率に優れています。**図7-15**は、ろ過精度をβ値で評価するための試験装置の概要です。供試フィルタの上下流には、それぞれ微粒子カウンタが設けられています。ダスト投入装置から様々な直径の粒子が投入され、微粒子カウンタは通過する粒子数を計測します。

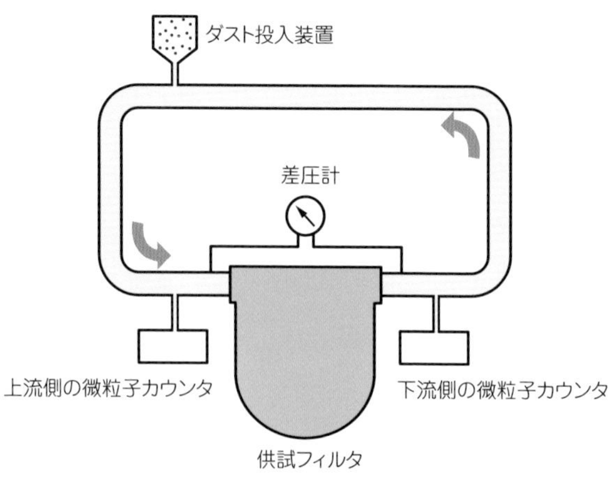

図7-15　β値によるろ過精度評価

● 公称ろ過精度

公称ろ過精度とは、それぞれの製造業者が独自に規定した、ろ過の程度を表す公称値であり、ミクロンならびにメッシュで表現されます。**図7-16**にメッシュとミクロンの関係などについて示します。一般に、ろ紙や金網は**ミクロン**(Micron)を用い、フィルタで捕集される粒子径をμmの単位で示します。金網では、網目の目開き(隙間の距離)が**メッシュ**(Mesh)でも示され、1インチの長さの間に含まれる網目の数をもって表されます。ミクロンとメッシュの関係は、大まかに次式で換算できます。

$$i \approx \frac{L}{m+d} \tag{7.30}$$

ここに、mは目開き(ミクロン)、dは金網(針金)の直径、iはメッシュ、Lは1インチで$L=25.4$mmです。たとえば、目開き$m=37\mu m=0.037$mm、金網直径$d=26\mu m=0.026$mmであるならば、メッシュ数は$i=403\fallingdotseq 400$となります。フィルタでのミクロンとメッシュの換算は、製造業者によって異なりますが、参考として**同図(b)**にその関係を両対数グラフにて示します。また、**同図(c)**に様々なろ材のろ過精度の違いをミクロンとメッシュで表します。

● マグネットセパレータ

フィルタエレメント以外の方法で汚染物質を分離する機器に、**セパレータ**があります。その代表例が**図7-17**に示す**マグネットセパレータ**です。油タンク内に置き磁石が磁力によって強制的に磁性体の汚染物質を凝縮沈殿して捕捉し、作動油の清浄度が保たれる機器です。設置場所は、流速が低く全流量が通過し、流れに沿って長手方向に置くのが効果的です。

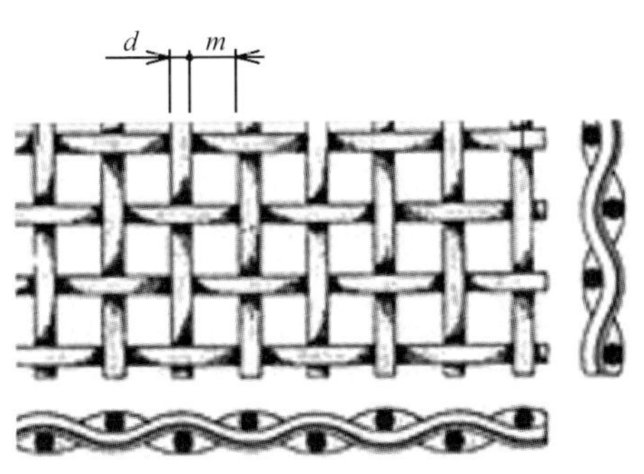

(a)金網

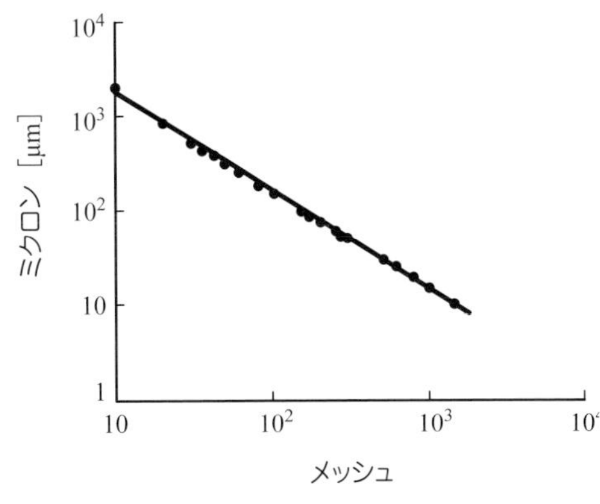

(b)両対数グラフ

ろ材 ＼ ろ過精度	
巻線	
ノッチワイヤ	
金網	
不織布	
グラスファイバ	
ろ紙	
ろ材 ＼ ろ過精度	10 20 50 75 100 120 150 200 ミクロン
	300 200 150 120 100 80 メッシュ

(c)ろ材のろ過精度

図7-16　メッシュとミクロン[17)]

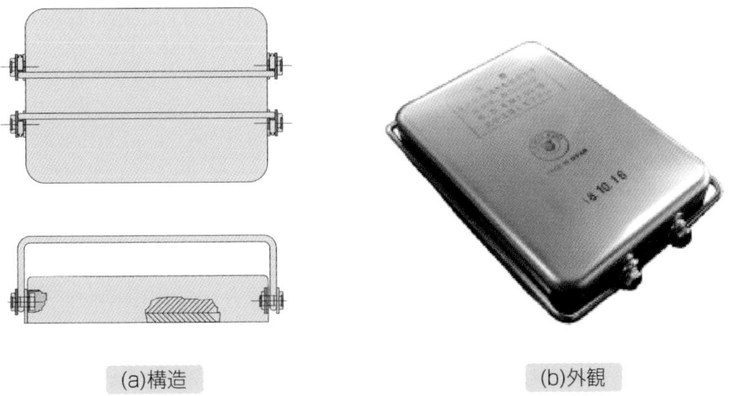

(a)構造　(b)外観

図7-17　マグネットセパレータ[18)]

7-3 熱交換器

熱交換器とは、固体壁面を介して高温流体と低温流体の間での熱の授受を行い、作動油の温度を変化ならびに維持させる装置です。油圧システムに用いられる主な熱交換器は、一般に水冷式あるいは空冷式により作動油を冷却する**クーラ**(冷却器)、作動油に電熱器などを用いて外部より熱を加える**ヒータ**(加熱器)があります。**図7-18**に熱交換器の図記号を示します。

油圧システムで用いられるクーラには、シェルアンドチューブ型の水冷式、プレート型の水冷式、ラジエータ型の空冷式などがあります。一般的には水冷式が用いられますが、水源が無い場合や水を嫌う装置には空冷式が利用されます。

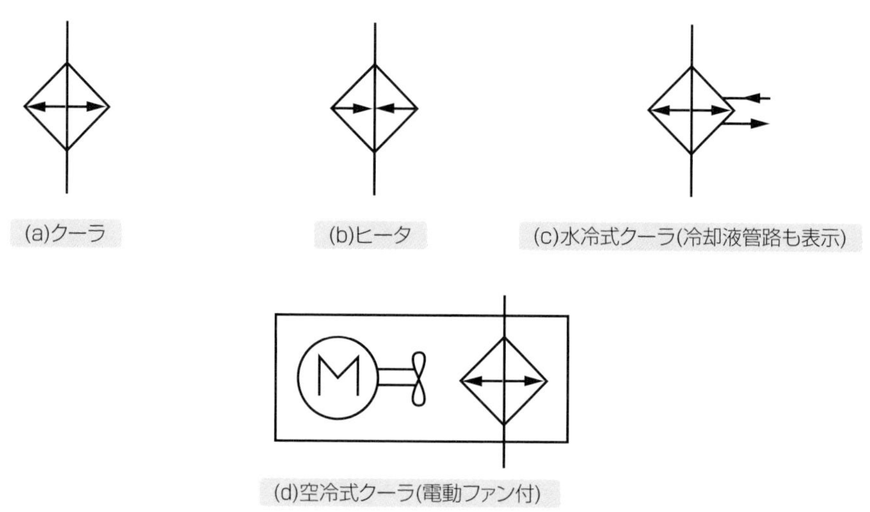

図7-18　熱交換器の図記号

● シェルアンドチューブ型水冷式クーラ

図7-19に**シェルアンドチューブ型水冷式クーラ**を示します。この熱交換器は、多数本の伝熱管を用いて液体間の熱交換を行い、油圧のような高圧流体に適しています。同図の構造に示すように、円形の外殻(Shell)の両端には数本の伝熱管(Tube)を支持するための管板が設置されています。作動油は、外殻に接続されている作動油流入口から入り、伝熱管の外側を通って、流れと直角に設けられた数個のバッフル（じゃま板)を抜けながら作動油流出口へと流れ出ます。これに対して、冷却水は、冷却水流入口より入り、左側の下部水室カバーを介して何本かの伝熱管の内部を通過します。右側の水室カバーを経由して再び伝熱管を通り、左側の上部水室カバーを経て冷却水流出口から出ます。熱交換によって作動油が単位時間に失う熱量H_hは、

$$H_h = \rho_h Q_h c_h (T_{h2} - T_{h1}) \tag{7.31}$$

で表されます。ここに、ρ_hは作動油の密度、Q_hは作動油の流量、c_hは作動油の比熱、T_{h1}はクー

ラ入口の油温、T_{h2}はクーラ出口の油温です。一方、熱交換によって水が単位時間に得る熱量H_wは、

$$H_w = \rho_w Q_w c_w (T_{w2} - T_{w1}) \tag{7.32}$$

で表されます。ここに、ρ_wは水の密度、Q_wは水の流量、c_wは水の比熱、T_{w1}はクーラ入口の水温、T_{w2}はクーラ出口の水温です。熱交換器において外部へのほかの熱の逃げが無ければ、両者の単位時間あたりの熱量、すなわち熱交換量Hは等しく、

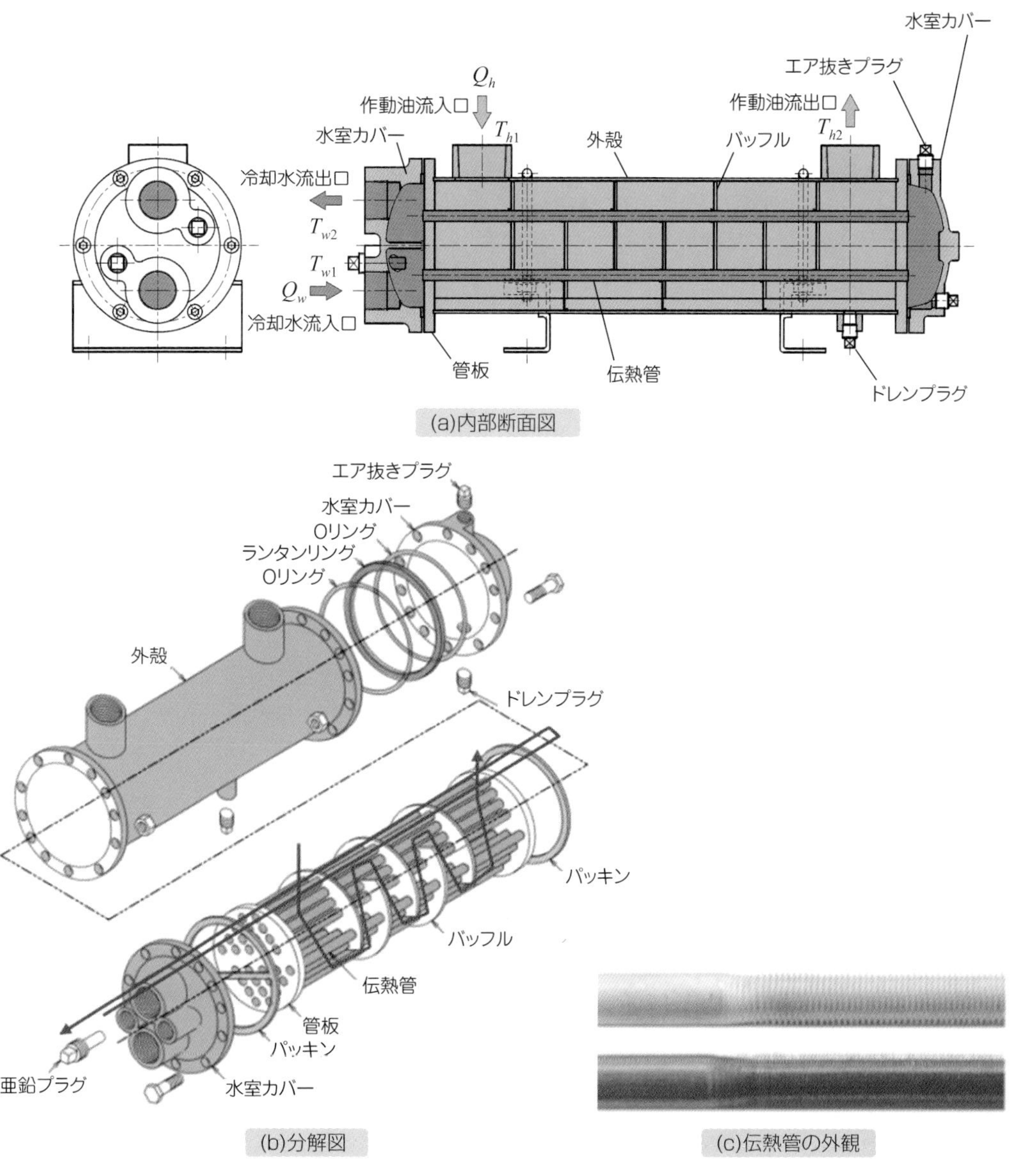

図7-19　シェルアンドチューブ型水冷式クーラ[17)]

$$H = H_h = H_w \tag{7.33}$$

です。熱交換は、高温流体(作動油)から低温流体(水)への伝熱面積Aを通しての熱移動により成され、熱交換量Hと伝熱面積Aの関係は、

$$A = \frac{H}{K_c \Delta T_m} \tag{7.34}$$

で与えられます。ここに、K_cはクーラにおける熱伝達率であり、その構造や容量などによって異なります。また、ΔT_mは作動油と水の平均温度差であり、次式のとおり対数平均温度差ΔT_mが用いられます。

$$\Delta T_m = \frac{\Delta T_1 - \Delta T_2}{\ln \dfrac{\Delta T_1}{\Delta T_2}} \tag{7.35}$$

上式において、ΔT_1、ΔT_2は、2種の流体の入口と出口の温度から求められ、両者の流体が同一方向に流れる並流形式の場合と、反対方向に流れる対向流形式の場合で異なり、次式のとおり与えられています。並流形式では、

$$\begin{cases} \Delta T_1 = T_{h1} - T_{w1} \\ \Delta T_2 = T_{h2} - T_{w2} \end{cases} \tag{7.36}$$

であり、対向流形式では,

$$\begin{cases} \Delta T_1 = T_{h1} - T_{w2} \\ \Delta T_2 = T_{h2} - T_{w1} \end{cases} \tag{7.37}$$

です。また、温度差が比較的に少ないときには、作動油と水との算術平均温度差をとり、

$$\Delta T_m = \frac{T_{h1} + T_{h2}}{2} - \frac{T_{w2} + T_{w1}}{2} \tag{7.38}$$

で近似できます。

● プレート型水冷式クーラ

図7-20に、**プレート型水冷式クーラ**を示します。**同図(a)**の構造に示すように、このクーラは、層状に重ねられた数枚の伝熱プレート、伝熱プレートを吊り下げる上下端のガイドバー、左右端のフレームから主に成ります。作動油および冷却水は、流入口から入り積層状の伝熱プレート内を互いに両液体が対向するように流れ、熱交換を促進します。**同図(b)**の伝熱プレートは、耐食性を持つ金属薄板をプレス成形して製作されています。伝熱部には、種々の突起や溝をプレス加

工して乱流の渦流れを起こし、伝熱効率を向上させています。伝熱プレートは用途によりガスケットの配置が異なる①～④の4種類(**同図(c)**)から構成されます。プレート①は、隣接するフレームと接液しないように4隅の通路にはリング状のガスケットを装着しています。プレート②と③はガスケット形状が互いに左右対称であり、プレート④は4隅には通路孔を設けていません。

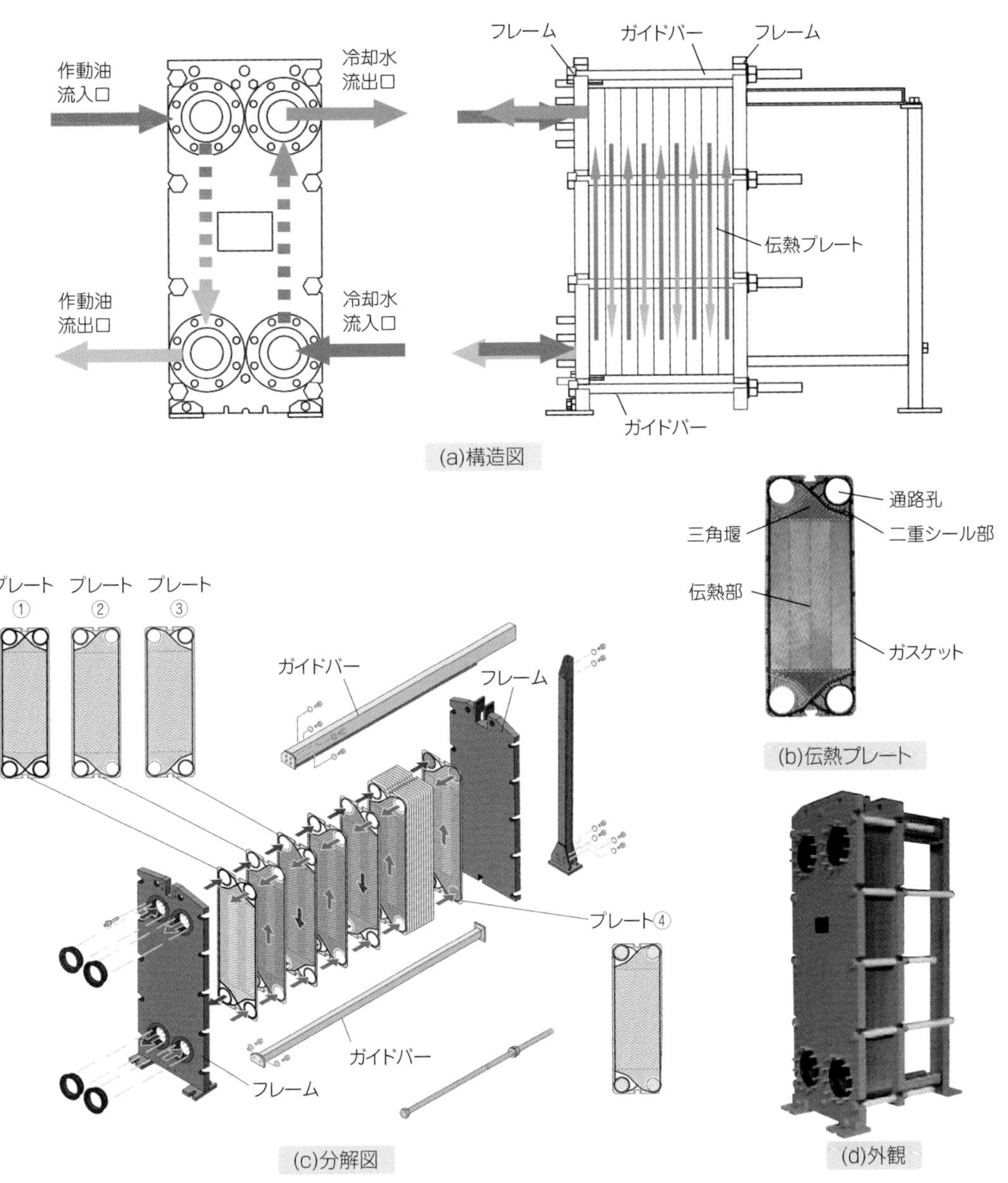

図7-20　プレート型水冷式クーラ[19)]

● 空冷式クーラ

図7-21に、**空冷式クーラ**の一例を示します。この熱交換器は、作動油をラジエータ内部に流し込み、電動ファンからの冷風により熱伝導で作動油を放熱させます。ラジエータはアルミニウム製で、作動油と空気がフィン付き流路を互いに直角に通ることにより、単位体積当たりの伝熱面積を大きく取れる積層式構造となっています。

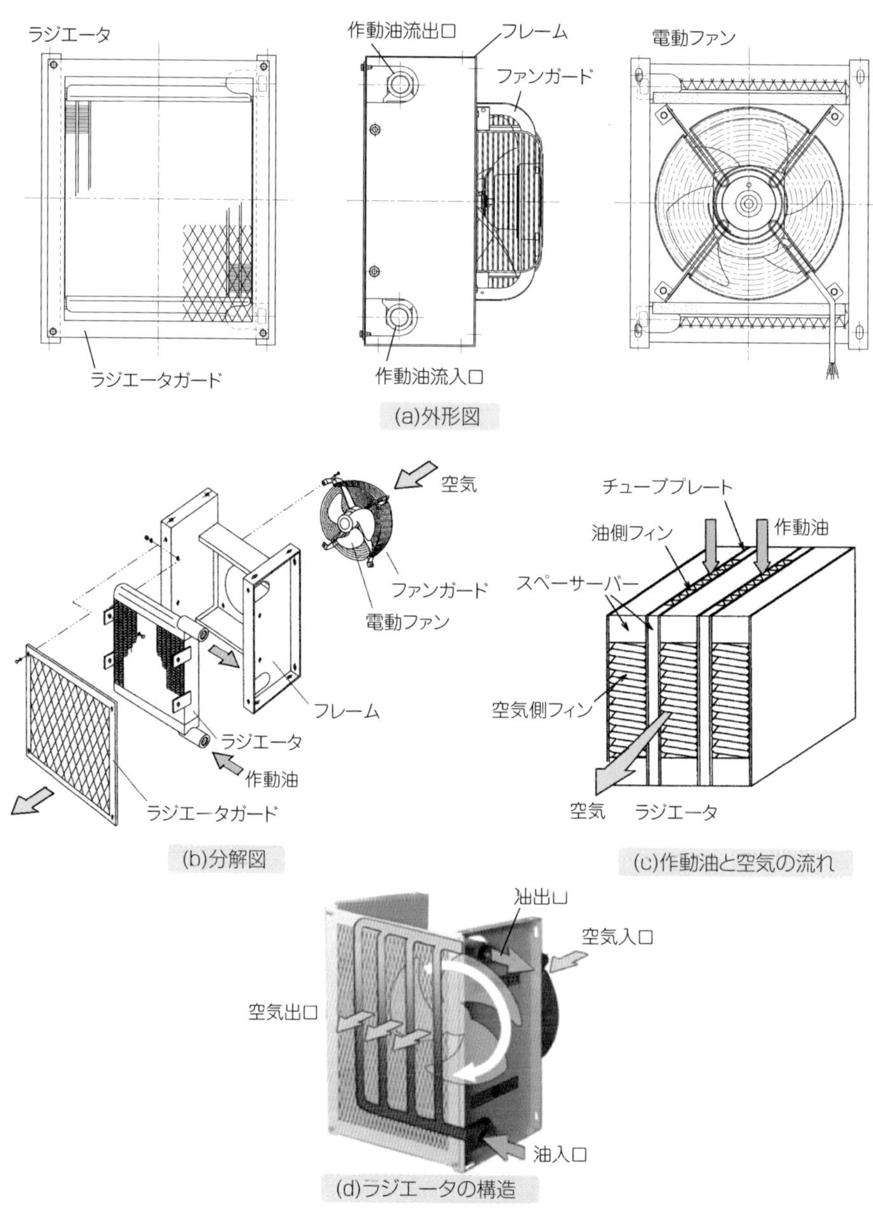

図7-21　空冷式クーラ[20]

● ヒータ

油圧ポンプを初期起動する際に、作動油の粘度が高い、すなわち寒冷地など油温が低い場合に油タンク内に**ヒータ**を設置して作動油を適温まで上昇させる必要があります。**図7-22**は、金属製のシースパイプの中にコイル線状の抵抗発熱体を包み込み、絶縁体で充填したシーズ型ヒータで、管用ねじにて油タンク壁面とシール接合できます。ここでシース(Sheath)とは、「鞘(さや)」、「保護被膜」の意味です。ヒータにより、体積Vの油タンクの油温をΔTだけ上昇させるのに必要な熱量L_hは、対流、放射、伝導など放熱が無いと仮定すれば、

$$L_h = \rho_h V c_h \Delta T \tag{7.39}$$

で与えられます。ここに、ρ_hは作動油の密度、c_hは作動油の比熱です。

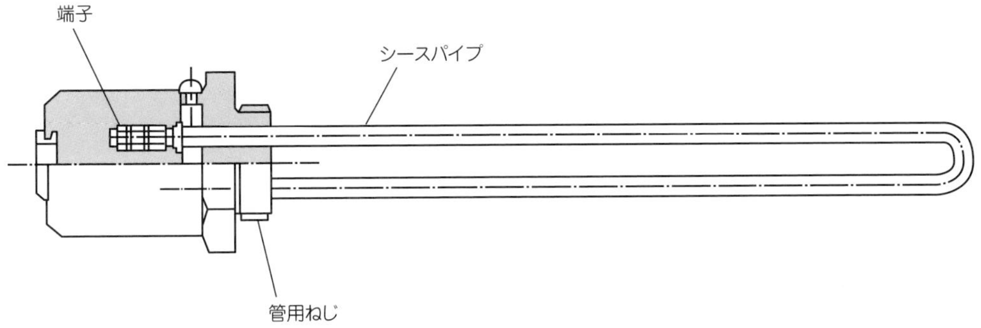

図7-22　ヒータ(シーズ型)[21]

7-4 油タンク

油タンクは、油圧回路で必要とされる作動油を貯える容器です。油タンクには、大気圧下で貯蔵されている**大気開放タンク**、大気圧より高い状態で貯蔵されている**加圧タンク**、大気状態から作動油が遮断されている**密封タンク**があります。**図7-23**は、鋼板溶接で製作された大気圧開放タンクの一例です。前述のストレーナ(サクションフィルタ)のほかに、直接の流れを遮り他の方向に逸らす**バッフル**、油面計(レベルゲージ)、給油口(エアブリーザ兼用)、作動油抜き口、それぞれの管路から構成されています。ここで**油面計**は、液体の表面高さを観察するために透明部材で作られ、**レベルゲージ**または**のぞき窓**とも呼ばれます。**タンク容量**は、作動油の温度を適切な範囲に保ち、作動油に含まれる空気を分離し、異物をタンク底部に沈殿させるために十分な容積が必要です。また、この効果を高めるために、戻り管路やドレン管路からポンプ吸込管までの経路をできる限り長くするため、バッフルがタンク中央部に隔壁として置かれています。油タンクの上板に油圧ポンプ、ポンプ駆動用電動機、リリーフ弁などの制御弁が一体化して設置されれば、**パワーユニット**と呼ばれる油圧装置になります。

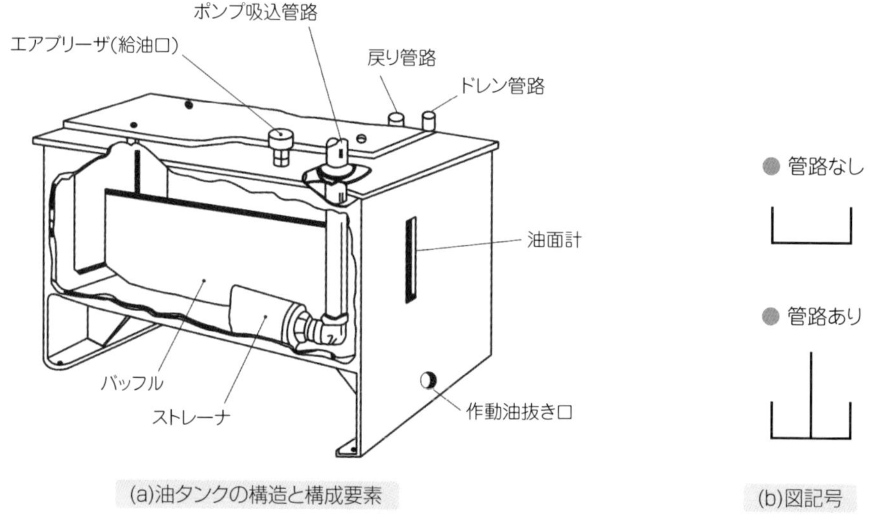

図7-23　油タンク[1)]

● 油タンク内での作動油の温度上昇

油タンクのタンク容量は、通常では毎分当たりポンプ吐出し量の数倍程度の値が採用されています。以下では、油圧回路で生じる発熱量と油タンクの放熱量について考え、油タンク内での作動油の温度上昇を見積ってみましょう。まず、油圧ポンプでの動力損失L_pは、ポンプの吐出し圧力および流量をp、Q、ポンプ効率をη_pとすれば、

$$L_p = (1-\eta_p)pQ \tag{7.40}$$

で表されます。つぎにバルブについての動力損失L_vは、nの個のバルブでの、それぞれの圧力損失をΔp_v、流量をQ_vとすると、

$$L_v = \sum_{i=1}^{n} \Delta p_{v,i} Q_{v,i} \tag{7.41}$$

です。また管路についての動力損失L_lは、m個の管路での、それぞれの圧力損失をΔp_l、流量をQ_lとすれば、

$$L_l = \sum_{i=1}^{m} \Delta p_{l,i} Q_{l,i} \tag{7.42}$$

です。ここに、各管路の圧力損失Δp_lは、ダルシー・ワイスバッハの式を用いて求められます。これらの損失動力がすべて熱に変換されると仮定し、起動時に油温を上げるためにヒータがタンク内に付けられることを想定します。その容量がL_hであるならば、油温を上昇させるための単位時間当たりの熱量L_{in}は、熱流量と呼ばれ、

$$L_{\mathrm{in}} = L_p + L_v + L_l + L_h \tag{7.43}$$

となります。一方、タンク容量Vの油タンクにて吸収される熱流量L_oは、作動油の比熱をc_h、密度をρ_hとすれば、温度差T_dが時間tとともに変化するので、

$$L_o = \rho_h V c_h \frac{dT_d}{dt} \tag{7.44}$$

で表されます。ここにT_dは、タンク内の作動油温度T_hとタンク外側の空気温度T_aとの温度差であり、

$$T_d = T_h - T_a \tag{7.45}$$

です。また、タンクより放出される熱流量は、タンクの放熱面積をA、熱伝達率(放熱係数)をKと置けば、

$$L_{\mathrm{out}} = KAT_d \tag{7.46}$$

で与えられます。油タンクについての熱収支を考えれば、

$$L_{\mathrm{in}} - (L_{\mathrm{out}} + L_o) = 0 \tag{7.47}$$

であるので、上式に式(7.43)～(7.46)を代入すると、

$$\alpha - \gamma T_d - \beta \frac{dT_d}{dt} = 0 \tag{7.48}$$

となります。ここに、それぞれの定数α、β、γは次式となります。

$$\alpha = L_{\text{in}}, \quad \beta = \rho_h V c_h, \quad \gamma = KA \tag{7.49}$$

変数分離型の微分方程式(7.48)を両辺積分して解くと、

$$-\frac{1}{\gamma}\ln(\alpha - \gamma T_d) = \frac{t}{\beta} + C' \tag{7.50}$$

となります。ここで、上式の積分定数C'を次式のとおり新たな定数Cを用いて定義し直します。

$$C' = \frac{1}{\gamma}\ln\frac{1}{C} \tag{7.51}$$

そして、式(7.50)を指数の形に整理して、式(7.49)を用いれば、

$$T_d = \frac{L_{\text{in}}}{KA}\left(1 - \frac{C}{L_{\text{in}}}e^{-\frac{t}{\tau}}\right) \tag{7.52}$$

となり、温度差T_dは時間tの関数となります。ここに、τは次式で表されます。

$$\tau = \frac{\rho_h V c_h}{KA} \tag{7.53}$$

式(7.52)において$t=0$での初期条件で、油タンクの油温T_hとタンク外側の空気温度T_aとが等しく、その温度差が$T_d=0$の境界条件を用いれば、定数Cは、$C=L_{\text{in}}$となります。したがって、温度差T_dは、

$$T_d = \frac{L_{\text{in}}}{KA}\left(1 - e^{-\frac{t}{\tau}}\right) \tag{7.54}$$

と得られます。**図7-24**は、式(7.54)をもとに、時間tに対する温度差T_dの変化の状態を描いたグラフです。$t=\infty$において、温度差は飽和し、$T_d=L_{\text{in}}/(KA)$に漸近していき、$t=\tau$では飽和温度$T_d=L_{\text{in}}/(KA)$の63.2%に達しています。このτは、一次遅れ要素の**時定数**と呼ばれ、応答性の速さを評価する尺度として利用されています。

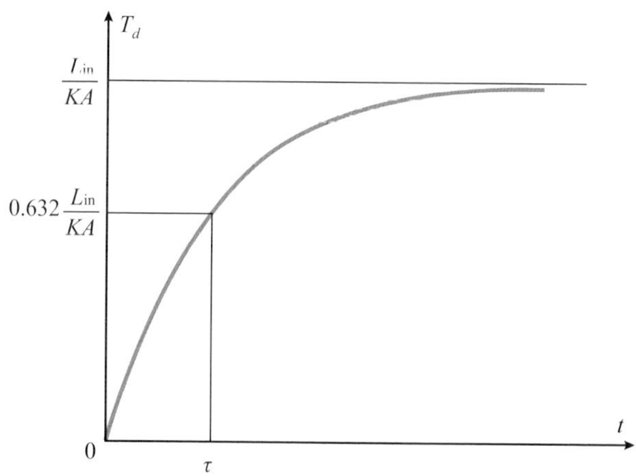

図7-24　時間に対する油タンクの温度差の変化

7-5 圧力測定器

圧力および差圧を測定表示する機器を**圧力測定器**といいます。主にゲージ圧力を測定する圧力計、圧力を電気信号に変換する圧力変換器、そして圧力が任意のしきい値に達した時点で電気信号を開閉する圧力スイッチなどがあります。これら圧力測定器の図記号を**図7-25**に示します。**同図(a)**, **(b)**は、圧力計および2点の圧力差を計測できる差圧計であり、**同図(c)**はアナログ信号出力の圧力変換器を示します。また、**同図(d)**, **(e)**はともに圧力スイッチであり、**同図(d)**は電気機械式でかつ設定圧力の調整が可能であることを示し、**同図(e)**は電気的な調整式でスイッチ信号出力できる機能を持っています。

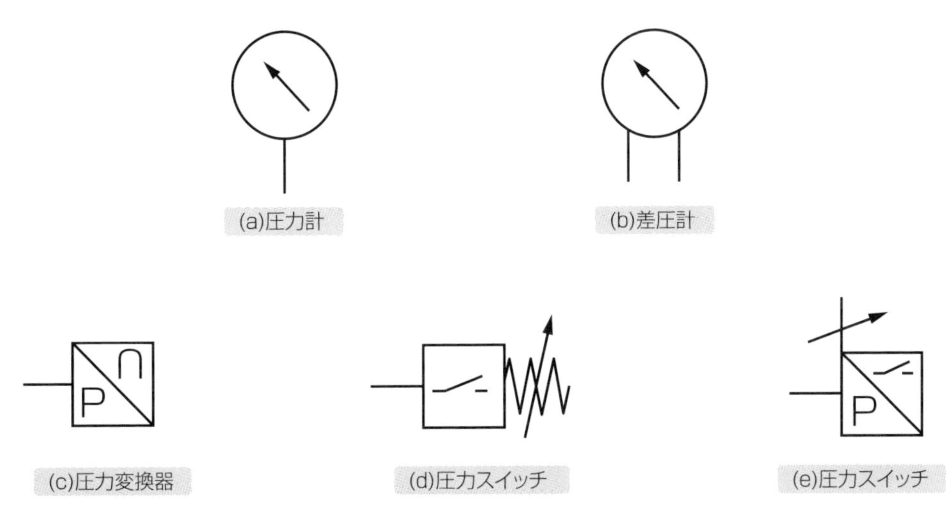

図7-25　圧力測定器の図記号

● ブルドン管圧力計

ブルドン管圧力計は、ブルドン管という扁平な管の変形量を機械的に拡大してゲージ圧力を求める圧力計で、200MPa程度までの圧力計測が可能です。**図7-26**に示すようにブルドン管は、楕円あるいは平円形の断面形状を持つ管がC形の円弧状に曲げられています。圧力導入口を介してブルドン管内に圧力が加わると、管の長手方向に微小な伸びが発生し、ブルドン管は全体的に外側方向に膨らむと同時に、閉鎖されている管先は上方に移動します。この変位量は、リンク機構にて回転運動に変換され、歯車で回転角度を増幅して指針を所定の圧力目盛まで動かします。圧力測定箇所に圧力脈動や衝撃圧が生じる恐れがあるときには、圧力計内部にグリセリン水溶液を注入して完全密封させ、その粘性抵抗によってブルドン管や指針の動きを抑制するグリセリン入りのブルドン管圧力計があります。

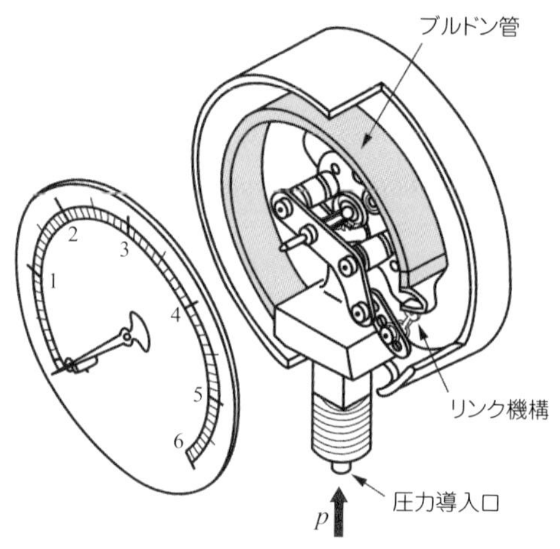

図7-26　ブルドン管圧力計[22)]

● 圧力変換器

圧力の量を電気信号に変換する圧力測定器を**圧力変換器**と呼びます。その一例として**図7-27**にひずみ式圧力変換器の構造を示します。圧力導入口からの流体の圧力pが、外周の固定されているダイアフラム(厚さ0.3～2.0mm程度の円形薄板)に加わると中央と周辺で、それぞれ引張りと圧縮のひずみが生じます。このひずみは、裏面に貼り付けてあるひずみゲージ(抵抗体)で検出された後に、電気抵抗に変換されブリッジ回路を経て出力信号として取り出されます。圧力変換器には、ひずみ式のほかに静電容量式などがあります。静電容量式圧力変換器は、ダイアフラムの変位量によって、移動電極と基準電極の間に蓄積される静電容量が変化する原理を用いています。

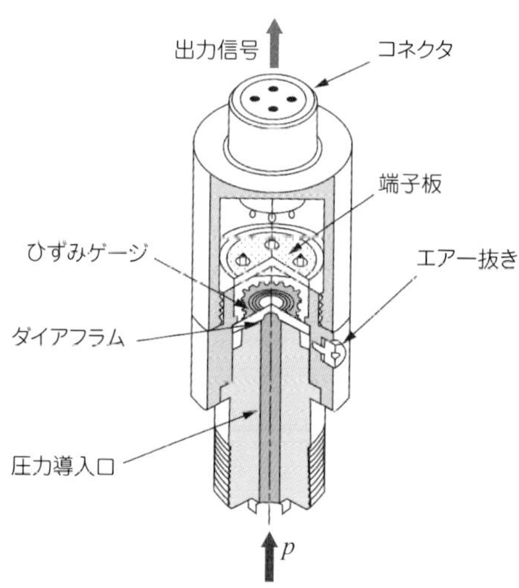

図7-27　ひずみ式圧力変換器[23)]

● 圧力スイッチ

圧力スイッチは、圧力が所定の設定値に達したときに電気接点が開くかまたは閉じる機器です。圧力スイッチには、ベローズ形、ダイアフラム形、ブルドン形、プランジャ形など圧力を機械的に変換するもののほかに、圧力変換器からの出力電圧を得て比較器により切り替える電子式もあります。**図7-28**にプランジャ形の圧力スイッチの構造を示します。圧力導入口からの作動油の圧力が設定値より低いときは、ばね力により受圧素子であるプランジャは下方部に位置しています。圧力が設定値より高くなると、プランジャはばね力に対抗しながら上方に移動し、電気接点が作動します。

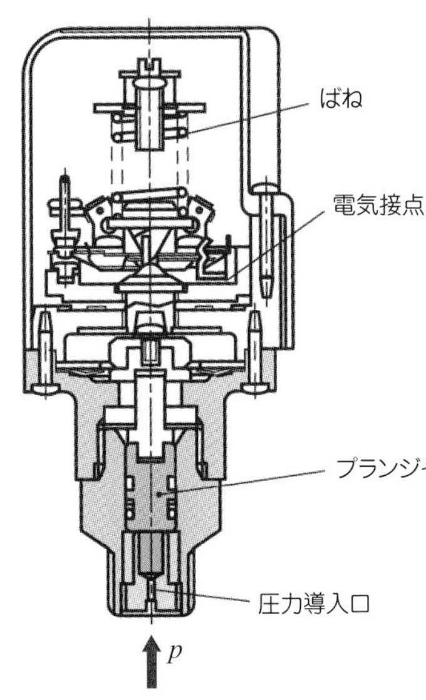

図7-28　圧力スイッチ[24)]

7-6 配管

● 配管の種類

作動油が様々な油圧機器を流れるためには管路が必要であり、それらを相互に結びつけるために、鋼管のほかにホース、管(くだ)継手などが用意されています。これらを総称して**配管**と呼びます。油圧での**管路**は、それぞれの油圧機器を結びつけ、流体エネルギーを伝達するために重要な役割を担っています。管路を分類すれば、作動油が圧力源から制御機器まで供給される管路を**圧力供給管路**、アクチュエータまで作動油を送る**動力伝達管路**、作動油を油タンクに戻す**戻り管路**、油圧機器の各部の漏れを油タンクに戻す**ドレン管路**、油圧機器のパイロット動作を与えるための**パイロット管路**、油タンクからポンプまでの**吸込み管路**などがあります。管路の内径dや厚さδおよび材質は、それぞれの用途に合わせて、使用する流量Qや圧力pによって選定されます。

● 配管内の流速と流量

石油系作動油では管内の断面平均流速vは、ポンプ吸込み管路のとき$v<1.2\mathrm{m/s}$、圧力供給管路や動力伝達管路のとき$v<5.0\mathrm{m/s}$、戻り管路のとき$v<4.0\mathrm{m/s}$が推奨されています。しかし、圧力損失を少なくする観点などから、できる限り低い流速が望まれます。管路を流れる流量Qは、連続の式より、平均流速vと管路寸法から求められ次式で与えられます。

$$Q=\frac{\pi d^2}{4}v \tag{7.55}$$

ここに、dは管路内径であり、Dを管路外径、δを管路厚さとすれば、$d=D-2\delta$となります。

高圧用管路として使用されている鋼管は、圧力配管用炭素鋼鋼管(STPG)および高圧配管用炭素鋼鋼管(STS)があり、その寸法例を**表7-1**に示します。管路の呼び方は、呼び径と呼び厚さの両者で認識されます。呼び径にはAとBの二通りあり、呼び径の数字後部に、このA、Bを付けて表します。呼び厚さは、スケジュール番号(Sch)によって示します。計算例として、呼び径3/4B(インチ呼称6分)で呼び厚さSch40の管路を戻り管路として使用するならば、式(7.55)より、

$$Q=\frac{3.14\times\{(27.2-2\times 2.9)\times 10^{-3}\}^2}{4}\times 4=1.44\,\mathrm{m^3/s}$$

となり、$Q<86.3\mathrm{L/min}$までの流量が許容されることになります。

● 配管の耐圧強度

配管の耐圧強度については、通常では薄肉の直管として扱われ、薄肉円筒容器の式より、管路の厚さδは、管路の内圧をp、管路内径をd、垂直応力をσすると、

$$\delta=\frac{pd}{2\sigma} \tag{7.56}$$

で表されます。薄肉なので管路の内径dと外径Dを等しく$d=D$と近似すれば、つぎの**バルローの実験式**があります。

$$\delta = \frac{pD}{2\sigma_a} \tag{7.57}$$

式(7.57)においてσ_aは許容応力であり、とくに、圧力供給管路や動力伝達管路ではバルブの閉鎖やアクチュエータの停止などで急激な圧力上昇が生じることがあるので、次式のとおり管材料の引張強さσ_tや降伏応力σ_yに安全率Sを考慮して、

$$\sigma_a = \frac{\sigma_t}{S} \tag{7.58}$$

$$\sigma_a = \frac{\sigma_y}{S} \tag{7.59}$$

と定めます。上式において、基準応力である管材料の引張強さσ_tに対して安全率をS=5～8に、降伏応力σ_yに対して安全率をS=3～5にとって設計する必要があります。**表7-2**に管材料の種類についての引張強さと降伏応力を示します。計算例として、管材料がSTPG370で呼び径が3/8B(インチ呼称3分)、呼び厚さがSch80の管路を圧力供給管路として用いるならば、式(7.57)、(7.58)より安全率をS=5と置くと、

$$p = \frac{2\sigma_t\delta}{SD} = \frac{2\times\left(370\times10^6\right)\times\left(3.2\times10^{-3}\right)}{5\times\left(17.3\times10^{-3}\right)} = 27.4\times10^6\ \mathrm{Pa}$$

となり、管路内の圧力は$p<27.4$MPaで使用する必要があります。

表7-1　油圧用鋼管の寸法

呼び径			呼び厚さ δ [mm]		
A	B	外径 D [mm]	Sch 40	Sch 80	Sch 160
6	1/8	10.5	1.7	2.4	–
8	1/4	13.8	2.2	3.0	–
10	3/8	17.3	2.3	3.2	–
15	1/2	21.7	2.8	3.7	4.7
20	3/4	27.2	2.9	3.9	5.5
25	1	34.0	3.4	4.5	6.4
32	1-1/4	42.7	3.6	4.9	7.1
40	1-1/2	48.6	3.7	5.1	8.7
50	2	60.5	3.9	5.5	9.5
65	2-1/2	76.3	5.2	7.0	11.1
80	3	89.1	5.5	7.6	12.7
90	3-1/2	101.6	5.7	8.1	13.5
100	4	114.3	6.0	8.6	15.9

表7-2　管材料の種類についての引張強さと降伏応力

	圧力配管用炭素鋼鋼管		高圧配管用炭素鋼鋼管		
規格	JIS G 3454:2007		JIS G 3455:2005		
材料の種類	STPG 370	STPG 410	STS 370	STS 410	STS 480
引張強さ［MPa］	370	410	370	410	480
降伏応力［MPa］	215	245	215	245	275

● 管用ねじ

管路と油圧機器などを接合するとき、溶接によるほかに**図7-29**のようなインチ寸法のねじ山形状を持つ**管**(くだ)**用ねじ**が使われます。このねじには、**管用平行ねじ**と**管用テーパねじ**があります。ねじの呼びは、たとえば1/2B(インチ呼称4分)の場合に、管用平行おねじはG1/2(旧JIS規格ではPF)、管用テーパおねじはR1/2(旧JIS規格ではPT)で表しています。なお、管路のインチ呼称は、もともとはガス管の内径を基準としていましたが、鋼管材料の進歩とともに肉厚の薄い管が製造できるようになったため、規格において、ねじを切る外径寸法をそのまま残し、内径寸法を増して適合させています。

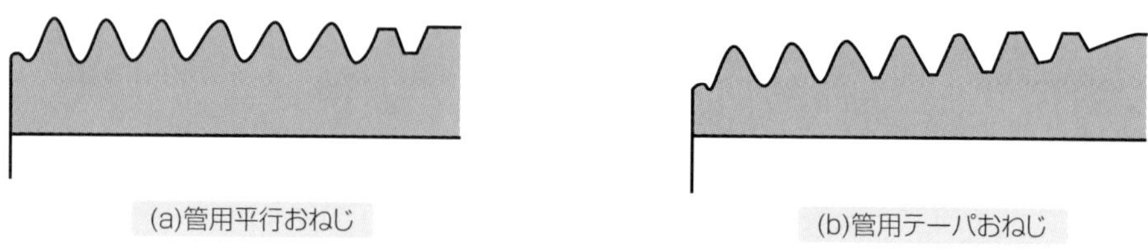

図7-29　管用おねじ

一方、管用平行めねじに関しては、G1/2(旧JIS規格ではPF)とRp1/2(旧JIS規格ではPS)と表します。Rp1/2は管用テーパおねじR1/2に対応する規格です。また、管用平行テーパめねじに関しては、Rc1/2(旧JIS規格ではPT)と表します。なお、**表7-3**に管用めねじを加工するための下穴寸法を参考として示します。

表7-3　管用めねじの下穴ドリル寸法[mm]

呼び径	1/8	1/4	3/8	1/2	3/4	1	1-1/4	1-1/2	2
G	8.6	11.5	15.0	19.0	24.5	30.5	39.0	45.0	57.0
Rp	8.5	11.4	14.9	18.6	24.1	30.3	38.9	44.8	56.6
Rc	8.2	11.0	14.5	18.0	23.5	29.5	38.0	44.0	55.5

● ホース

ホースは、配管された油圧機器が移動する場合や固定配管が困難な場合など、自由な屈曲性が必要なときに用いられます。ホースの構造は、**図7-30**に示すとおり、ゴム製や樹脂製の内面層と外面層、両者の間には鋼線製や繊維製の補強層から成っています。内面層は、耐油性と耐熱性を備え、外面層は耐油性に加え耐候性、耐摩耗性を持ち、補強層は耐圧性および耐衝撃性を有しています。

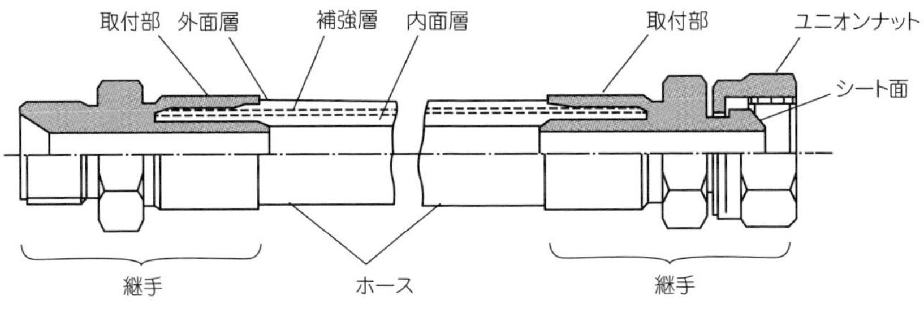

図7-30　ホースの構造[25)]

● 管継手

鋼管やホースなどの管路の接続や分岐のために用いられる着脱可能な配管金具類を**管**(くだ)**継手**またはホース継手と呼びます。管継手は、接続方法の分類として、フレア加工(朝顔型の開き形状加工)した管路端を持つ**フレア式管継手**、スリーブを袋ナットにより圧縮する**くい込み式管継手**などがあります。また、流れの方向や分岐を目的とした分類として、90°あるいは45°の角度に曲げる**エルボ継手**、T字形状をした**ティー継手**などがあります。**図7-31**に、これら管継手の例を示します。

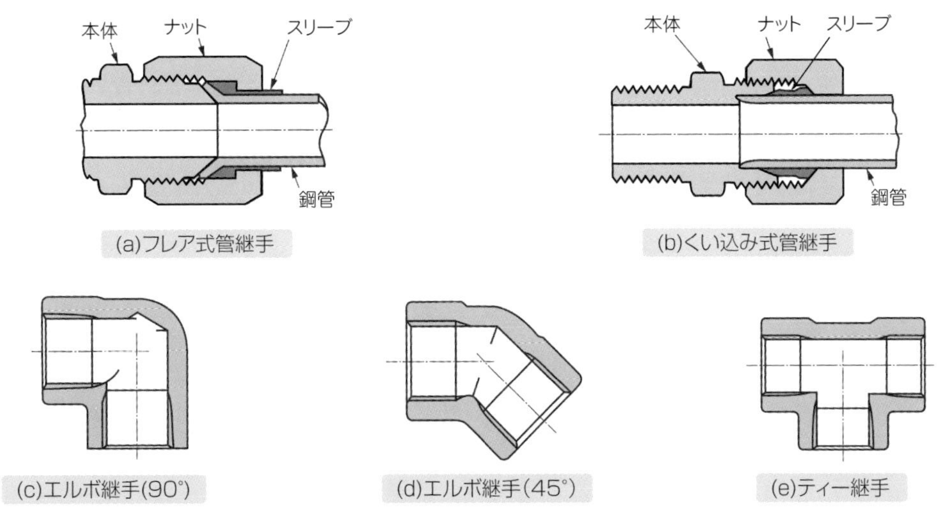

図7-31　管継手

7-7 電動機

図7-32に、典型的な**電動機**(モータ)の全閉外扇型の三相かご形誘導電動機を示します。この電動機は、三相の交流電源により駆動され、構造が簡単で安価であるため、油圧ポンプの駆動用をはじめ産業用のモータとしても広く利用されています。全閉外扇とは、外部からの水滴や塵などが電動機本体に入り難い構造で、駆動軸の後端部に取り付けられたファンで外表面を冷却する構造上の意味を持っています。三相かご形誘導電動機の電源電圧は、AC(交流)の200V、220V、400V、440Vが用意されており、動力(出力)は0.4kWから75kWまでが規格化されています。なお、これらの動力の数値は、馬力からの換算によって生じたものであり、たとえば0.75kWは、馬力単位に直すとおおよそ1PSとなります。

● 電動機の動力と回転速度

油圧ポンプを駆動するための電動機の容量(動力)を決定する際には、使用する予定の最高動力から単純に求める方法と、油圧システムのサイクル中の負荷変動に対して平均動力を算出する方法があります。最高動力時から選定するには、そのときのポンプ吐出し圧力をp[Pa]、吐出量をQ[m^3/s]、ポンプ全効率をη_pとすると、必要とされる電動機の出力動力(ポンプの軸動力)L_s[W]は、

$$L_s = \frac{pQ}{\eta_p} \tag{7.60}$$

で表されます。負荷変動やサイクルの工程が比較的に規則正しいならば、電動機の平均動力L_m[W]は二乗平均平方根(Root Mean Square)を用い、次式から選定されます。

$$L_m = \sqrt{\frac{\sum_{i=1}^{n} t_i L_i^{\ 2}}{t_o}} = \sqrt{\frac{t_1 L_1^{\ 2} + t_2 L_2^{\ 2} + \cdots + t_{n-1} L_{n-1}^{\ \ 2} + t_n L_n^{\ 2}}{t_o}} \tag{7.61}$$

ここに、t_oは1サイクルに要する時間[s]であり、t_nはn工程目での所要時間[s]、L_nはn工程目での所要動力[W]です。したがって、電動機の容量Lは、$L \geqq L_s$または$L \geqq L_m$となるように選定します。一時的な過負荷であれば、実際面では120～150%程度まで許容されています。電動機の効率η_eは、電動機の入力電力L_eと出力動力L_sとの比で表され、

$$\eta_e = \frac{L_s}{L_e} \tag{7.62}$$

です。一般に75～100%において負荷で電動機は高効率であり、必要以上の電動機容量を選定することは、軽負荷での運転状態となり低効率化を招きます。

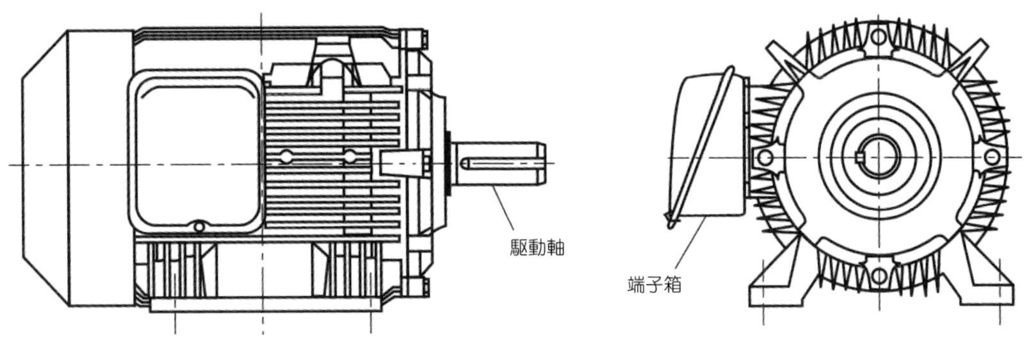

図7-32　三相かご形誘導電動機[26)]

電動機の回転速度Nは、次式によって得られます。

$$N = \frac{120(1-s)f}{P} \tag{7.63}$$

ここに、sはスリップ率でありポンプの負荷によって変わり、Pは電動機の極数であり$P=2$、4、6があります。fは商用電源の周波数[Hz]であり、東日本では$f=50$Hz、西日本では$f=60$Hzです。計算例として、東京で4極の電動機を運転したとすると、その状態でのスリップ率を3.3%とすれば、$s=0.033$であり、回転速度は、

$$N = \frac{120\times(1-0.033)\times 50}{4} \fallingdotseq 1450\mathrm{min}^{-1}$$

となります。

第7章　付属機器と要素

memo

資　料

資料　SI（国際単位系）

油圧についての仕様、特性、性能曲線を表すために多くの単位が用いられています。ここでは、国際的に共通な実用単位系として1960年に制定されたSI（International System of Units)について記述します。**付図1**にSI（国際単位系)の構成を示します。

SI単位は**付表1**に示す7個の基本単位から成っています。その中で、油圧で用いられる量および単位は、長さ[m]、質量[kg]、時間[s]、絶対温度[K]、電流[A]です。これらの基本単位を相互に結びつけ、固有な名称を持たせた組立単位の例を**付表2**に示します。

またSI単位は、**付表3**に示す10の整数乗倍のSI接頭語を用いて適当な桁数を表しています。一般には、量はイタリック体(斜体)で表記され、単位の記号はローマン体(立体)が用いられます。また、量の記号として、**ギリシャ文字**が頻繁に使用されているので、**付表4**に読み方とともに示します。

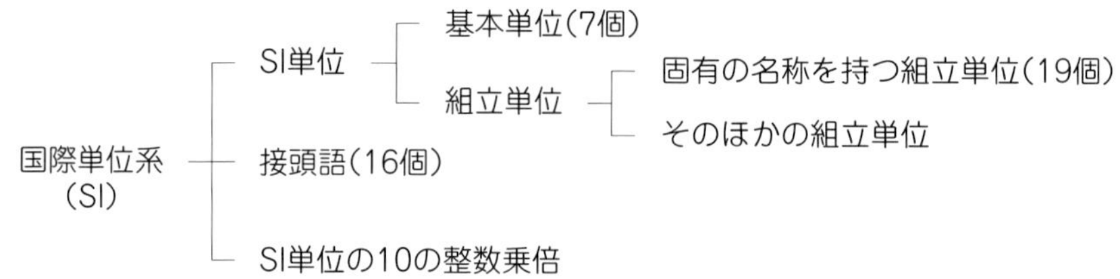

付図1　SIの構成

付表1　基本単位

量	名称	単位
長さ	メートル	m
質量	キログラム	kg
時間	秒	s
電流	アンペア	A
絶対温度（熱力学温度）	ケルビン	K
物質量	モル	mol
光度	カンデラ	cd

付表２　組立単位

量	名称	単位	定義
面積	平方メートル	m^2	—
体積	立方メートル	m^3	—
速度	メートル毎秒	m/s	—
加速度	メートル毎秒毎秒	m/s^2	—
角速度	ラジアン毎秒	rad/s	—
平面角	ラジアン	rad	m/m
周波数	ヘルツ	Hz	1/s
力	ニュートン	N	$kg{\cdot}m/s^2$
圧力，応力，体積弾性係数	パスカル	Pa	N/m^2
熱量，仕事，エネルギー	ジュール	J	N·m
仕事率，動力，熱交換量	ワット	W	J/s
トルク，力のモーメント	ニュートンメートル	N·m	$kg{\cdot}m^2/s^2$
密度	—	kg/m^3	—
粘度	—	Pa·s	$N{\cdot}s/m^2$
動粘度	—	m^2/s	—
流量	—	m^3/s	—
質量流量	—	kg/s	—
表面張力	—	N/m	—
比熱，ガス定数	—	J/(kg·K)	N·m/(kg·K)

付表３　SI接頭語

倍数	名称	記号	量	名称	単位
10^{12}	テラ	T	10^{-1}	デシ	d
10^{9}	ギガ	G	10^{-2}	センチ	c
10^{6}	メガ	M	10^{-3}	ミリ	m
10^{3}	キロ	k	10^{-6}	マイクロ	μ
10^{2}	ヘクト	h	10^{-9}	ナノ	n
10^{1}	デカ	da	10^{-12}	ピコ	p

付表4　ギリシャ文字

大文字	小文字	読み方	大文字	小文字	読み方	大文字	小文字	読み方
A	α	アルファ	I	ι	イオタ	P	ρ	ロー
B	β	ベータ	K	κ	カッパ	Σ	σ	シグマ
Γ	γ	ガンマ	Λ	λ	ラムダ	T	τ	タウ
Δ	δ	デルタ	M	μ	ミュー	Y	υ	ウプシロン
E	ε	イプシロン	N	ν	ニュー	Φ	ϕ	ファイ
Z	ζ	ゼータ	Ξ	ξ	グザイ	X	χ	カイ
H	η	エータ	O	o	オミクロン	Ψ	ψ	プサイ
Θ	θ	シータ	Π	π	パイ	Ω	ω	オメガ

SI（国際単位系）が普及したとはいえ、現在でも十分に統一された状態ではありません。従来から国内で多く用いられてきた**工学単位系**が油圧機器やカタログなどに見受けられ、SIと併記されることもあります。質量を基本単位とするSIに対して、工学単位系は力を基本単位としているため、同じキログラムの呼称を使いますが、根本的に単位の概念が異なります。

重量や重さは、そもそもは工学単位系から発した力の単位用語で、[kgf]で表します。これに対して重力は、地球上の物体に働く力の大きさを示し、質量mと重力の加速度gとの積で表され単位[N]を持ちます。すなわち、工学単位の1kgf（重量キログラム）は、重力加速度g=9.8m/s^{2}の場において、質量m=1kg（キログラム）に働く重力です。したがって、ニュートンの運動方程式から、両者の関係は次の関係式で表せます。

$$\boxed{m=1[\mathrm{kg}]} \times \boxed{g \fallingdotseq 9.8[\mathrm{m/s^2}]} = \boxed{F=1[\mathrm{kgf}]}$$

すなわち、力のSIと工学単位との変換は、

$$1\mathrm{kgf}=9.8\mathrm{N}$$

であり、また圧力の変換は、

$$1\mathrm{kgf/cm^2}=0.098\mathrm{MPa}$$

となります。

索　引

索 引

英数

あ

か

さ

た

な

は

ま

や

ら

参考文献

本書を執筆するにあたり、多くの書籍・論文・技術資料などを参照および引用させて頂きました。出典文献の提供にご協力賜わった油圧関連企業の方々ならびに、参考文献の著者や編集者に対して深い謝意を表します。

■図表出典文献

以下は、本著にて掲載された図表の出典文献です。これらの片括弧番号は、図表題目の右肩に示しています。

1) 油研工業(株):a)油圧機器総合カタログ(2018), b)油圧機器作動原理図集(2012), c)油圧とその応用(2018), d)日エセミナー2019 油圧技術基礎講座(油圧の理論から実践まで)(2019)

2) http://www.subbrit.org.uk

3) (株)今野製作所:技術資料

4) 日本フルードパワーシステム学会:資料

5) KYB(株):油圧機器総合案内(詳細版)(2014)

6) 防災科学技術研究所:資料

7) 市川, 清水:機械学会論文集 Vol.31, No.222, p.317(1965)

8) 阿武, 秋山:機械学会論文集 Vol.36, No.286, p.974(1970)

9) ダイキン工業(株):ダイキン油圧機器(2011)

10) (株)タカコ:技術資料

11) 新電元メカトロニクス(株):技術資料

12) 高美精機(株):技術資料

13) 川崎重工業(株) (Sun Hydraulics co.):SUN カートリッジバルブ製品カタログ

14) 青山特殊鋼(株):技術資料

15) 日本ムーグ(株):Servo Components Catalogue

16) NOK(株):アキュムレータ(2011)

17) 大生工業(株):フィルタ総合カタログ・熱交換器総合カタログ

18) 大幸機器(株):技術資料

19) (株)日阪製作所:技術資料

20) 神威産業(株):Heat Exchanger(2011)

21) 日本シーズ線(株):シーズヒータ

22) JIS B 7505:ブルドン管圧力計(1999)

23) (株)昭和測器:技術資料

24) (株)三和電機製作所:技術資料

25) 横浜ハイデックス(株):高圧ホース&金具のご案内

26) (株)日立製作所:日立モートル

■規格類(順不同)

27) JIS B 0125-1:油圧・空気圧システム及び機器—図記号及び回路図—第1部:図記号(2007)
28) JIS B 0142:油圧・空気圧システム及び機器—用語(2011)
29) JIS B 0142:油圧・空気圧システム及び機器—用語(1994)
30) JIS B 8356-8:油圧用フィルタ性能評価方法—第8部:フィルタエレメントのろ過性能試験(2002)
31) JIS B 8360:液圧用鋼線補強義務ホースアセンブリ(2000)
32) JIS B 8386:油圧—バルブ—差圧及び流量特性の測定方法(2000)
33) JIS D 9101:自動車用油圧式携行ジャッキ(2006)
34) ISO 5598:International Standard: Fluid power systems and components - vocabulary (2008)

■便覧・図集(順不同)

35) (社)日本機械学会:機械工学便覧 応用システム編 γ2 流体機械, 丸善(2007)
36) (社)日本機械学会:機械工学便覧 基礎編 α9 単位・物理定数・数学, 丸善(2005)
37) (社)日本機械学会:機械工学便覧 基礎編 α4 流体工学, 丸善(2006)
38) (社)日本機械学会:機械図集 油圧機器 (1970)
39) (社)日本機械学会:機械工学事典, 丸善 (1997)
40) (社)日本機械学会:機械工学SIマニュアル, 丸善(1989)
41) (社)日本機械学会:文部省 学術用語集 機械工学編, 丸善(1985)
42) (社)日本油空圧学会:新版 油空圧便覧, オーム社(1989)
43) (社)日本フルードパワーシステム学会:油圧駆動の世界—油圧ならこうする—(2003)
44) (社)日本フルードパワー工業会:実用油圧ポケットブック(2008)
45) (社)日本フルードパワー工業会:フルードパワーの世界(2009)

■書籍(順不同)

46) 竹中利夫, 浦田映三:油圧制御, 丸善(1967)
47) 石原智男 編:油圧工学, 朝倉書店(1968)
48) 辻茂:例題演習　油圧工学, 日刊工業新聞社(1968)
49) 市川常雄, 日比昭:油圧工学, 朝倉書店(1979)
50) 山口惇, 田中裕久:油空圧工学, コロナ社(1986)
51) 不二越ハイドロニクスチーム 編:新・知りたい油圧 基礎編, ジャパンマシニスト社(1970)
52) ダイキン工業油機技術グループ 編:疑問にこたえる 機械の油圧(上), 技術評論社(1974)
53) 坂本俊雄, 三木一伯:見方・かき方　油圧/空気圧回路図, オーム社(2003)

54) 熊谷英樹, 正木克典:はじめての油圧システム, 技術評論社(2009)
55) J. F. Blackburn: Fluid Power Control, The M. I. T. Press(1960)
56) H. E. Merritt: Hydraulic Control System John Wiley & Sons, Inc. (1967)
57) J. Watton: Fluid Power Systems, Prentice Hall (1989)
58) Rexroth:Basic Principles and Components of Fluid Technology(1991)
59) Vickers:Industrial Hydraulics Manual(1996)

以上、このほかにも数多くの油圧に関する国内外の文献を参照させて頂きました。

●著者紹介

西海 孝夫 (Takao Nishiumi)

1953年10月東京生まれ。青山学院高等部を経て、青山学院大学理工学部機械工学科卒業、成蹊大学工学研究科博士前期課程機械工学専攻修了、成蹊大学助手、防衛大学校助手、講師、助教授、教授を経て、現在、芝浦工業大学MJHEPプログラム（Malaysia Japan Higher Education Program）機械工学科　教授、博士（工学）、油圧をはじめ流体力学など機械工学の教育研究に従事。

e-mail：nishiumi@shibaura-it.ac.jp

●その他の著書など

小波倭文朗・**西海孝夫**：油圧制御システム，東京電機大学出版局，297頁（1999）

西海孝夫：はじめて学ぶ「流体の力学」，日刊工業新聞社，341頁（2010）

西海孝夫：絵とき「油圧」基礎のきそ，日刊工業新聞社，271頁（2012）

西海孝夫・一柳隆義：演習で学ぶ「流体の力学」入門，秀和システム，505頁（2013）

S. Konami, **T. Nishiumi**, Hydraulic Control Systems, World Scientific, pp.316（2016）

西海孝夫：油圧の基礎知識　https://www.ipros.jp/technote/basic-hydraulic/（2018）

西海孝夫：流体力学の基礎知識（内部流れ編）　https://www.ipros.jp/technote/basic-fluid-mechanics/（2019）

西海孝夫　編著：油圧システムの概要（特集　ビギナーのための油圧システム入門），機械設計，第52巻，第6号（2008）

西海孝夫　編著：環環境時代のための油圧駆動システム（特集　進展する環境問題への対応と知能化-油圧技術の今がわかる実務講座-），機械設計，第54巻，第12号（2010）

西海孝夫　編著：油圧機器・システムの技術開発動向（特集　環境時代の油圧技術最新トレンド），機械設計，第62巻，第11号（2018）

Introduction to Mechatronics Illustrated by Full Colour:
Mechanisms of Hydraulic Valves
(Structure and Principle of Hydraulic Components and Systems)

カラー図解（ずかい）　メカトロニクス入門（にゅうもん）
油圧（ゆあつ）バルブのメカニズム

発行日　2020年　3月10日　第1版第1刷

著　者　西海（にしうみ）　孝夫（たかお）

発行者　斉藤　和邦
発行所　株式会社　秀和システム
〒135-0016
東京都江東区東陽2-4-2　新宮ビル2F
Tel 03-6264-3105（販売）Fax 03-6264-3094
印刷所　三松堂印刷株式会社　Printed in Japan

ISBN978-4-7980-6104-7 C3053

定価はカバーに表示してあります。
乱丁本・落丁本はお取りかえいたします。
本書に関するご質問については、ご質問の内容と住所、氏名、電話番号を明記のうえ、当社編集部宛FAXまたは書面にてお送りください。お電話によるご質問は受け付けておりませんのであらかじめご了承ください。